量化信息融合理论及在无线传感器网络中的应用

李建勋　周　彦　许　建　张　直　著

科　学　出　版　社

北　京

内 容 简 介

量化信息融合是无线传感器网络、卫星组网、网络化控制系统等领域中受制于终端存储空间、通信能量及通信带宽条件下的有效信息处理途径。本书深入讨论了量化信息融合相关理论及在无线传感器网络中的应用情况。主要内容包括：均匀量化测量与融合、自适应量化测量与融合、量化新息与融合、分布式量化航迹融合、信道感知目标跟踪及跨层优化、对等网络中分布式协同目标跟踪等。最后开发了无线传感器网络目标跟踪硬件平台，以验证所涉方法在相关应用场景中的实际性能。

本书内容涉及面广，可作为电子信息、自动化等领域管理人员和教学、科研人员的参考用书，也可作为高等院校相关专业高年级本科生和研究生的学习参考书。

图书在版编目（CIP）数据

量化信息融合理论及在无线传感器网络中的应用 / 李建勋等著. —北京：科学出版社，2024.6

ISBN 978-7-03-076843-8

Ⅰ. ①量… Ⅱ. ①李… Ⅲ. ①无线电通信－传感器 Ⅳ. ①TP212

中国国家版本馆 CIP 数据核字（2023）第 211658 号

责任编辑：许 蕾 高慧元 曾佳佳 / 责任校对：郝璐璐
责任印制：赵 博 / 封面设计：许 瑞

科 学 出 版 社 出版

北京东黄城根北街 16 号
邮政编码：100717
http://www.sciencep.com

北京富资园科技发展有限公司印刷
科学出版社发行　各地新华书店经销

*

2024 年 6 月第 一 版　　开本：720 × 1000 1/16
2025 年 1 月第二次印刷　　印张：14
字数：282 000

定价：119.00 元

（如有印装质量问题，我社负责调换）

前　言

　　信息融合技术始于 20 世纪 70 年代初。所谓"融合","融"是过程,"合"是结果。融体现了你中有我,我中有你,且不易逆分开;"合"代表了性能好的结果。这也是融合有别于组合之所在。随着传感器技术、计算机科学和信息技术的发展,各种面向复杂应用背景的多传感器多源信息融合系统大量涌现,并且在金融管理、心理评估和预测、医疗诊断、气象预报、组织管理决策、机器人视觉、交通管制、遥感遥测等诸多领域得到了广泛的重视和成功的运用,其理论和方法已成为智能信息处理及控制的一个重要研究方向。

　　但在无线传感器网络(wireless sensor network,WSN)、卫星组网、网络化控制等系统中,由于传感器节点的计算能力、存储空间及能量带宽受限,量化成为信息处理与交换的必要和有效手续。WSN 集成了微机电技术、传感器技术、无线通信技术和分布式信息处理技术,已成为当前研究的热点之一。目标跟踪(目标状态估计)作为 WSN 的重要应用课题之一,受到 WSN 中传感器节点本身能量与带宽的严格约束,如何有效地解决这一问题,近年来一直被人们所关注。因此,本书深入讨论了量化信息融合相关理论及在无线传感器网络目标跟踪中的关键问题。

　　具体来说,本书将量化测量、量化新息、量化航迹引入状态估计与融合,为解决 WSN 系统能量和通信带宽约束条件下的目标跟踪提供可行的解决方案。主要内容包括:量化和传输策略;基于量化测量的测量系统噪声概率密度估计;针对 WSN 中的非线性等实际条件,建立量化量测状态估计,以节约传感器节点的能量损耗和通信带宽;对相关算法进行性能分析;针对量化误差统计性能分析进行信息融合研究,以进一步减少融合中心的能量损耗和节约通信带宽。其最终目标是为 WSN 中的低能耗高精度目标跟踪定位系统开发提供理论支持。

　　第 1、2 章系统地分析和总结了状态估计与量化信息融合这一研究领域的发展现状及研究方法,给出问题的数学模型,并介绍与本书相关的一些预备知识。

　　第 3 章分析 WSN 中量化测量系统的噪声概率密度估计问题,为以后各章设计讨论量化状态估计问题提供模型假设。通过理论分析和实验仿真获得了量化测量噪声的概率密度函数。该章首先给出了量化测量噪声的概率密度函数的近似表达式。接着利用非参数密度估计方法证实了理论分析的合理性。在上述量化噪声分析的基础上,介绍了一种基于量化测量的状态估计算法,它是建立在最小二乘估计和无迹变换（unscented transform）基础上的。通过最小二乘将量化测量中的有效信息提取出来后，再利用这些信息可以有效地提高量化滤波的估计精度。

第 4 章阐述了基于自适应量化测量的目标状态估计与融合方法。将原始测量信息通过自适应量化处理后传输给融合中心。融合中心根据量化的测量信息，融合各激活子传感器信息进行目标状态融合估计。重点考虑自适应带宽分配和自适应量化阈值调整两种策略，并对基于自适应量化测量的目标状态融合估计的性能进行分析，给出了其后验克拉默-拉奥下界（Cramér-Rao lower bound，CRLB）。

第 5 章为了节约传感器节点的能量和通信带宽，研究基于多水平量化的目标状态估计问题。给出了一种动态的量化新息传输策略和关于一般的向量状态-向量观测情形的量化观测状态估计问题的算法。性能分析表明该算法的估计精度几乎可以达到利用原始测量值估计所得到的精度。

第 6 章讨论了分布式量化航迹融合问题。考虑到无线传感器网络中的通信带宽和系统能量约束，先对局部状态估计的方差阵进行压缩处理，再对压缩后的方差阵和状态估计向量进行矢量量化、传输。融合中心层针对局部估计相关性未知或者不完整，给出了不依赖于相关性的稳健航迹融合方法——内椭球逼近法。

第 7 章讨论信道感知目标跟踪及跨层优化。目前研究无线传感器网络目标跟踪系统中考虑无线通信信道不确定性的信息融合结果的还很少。针对数字通信的常用信道模型——二元对称信道——进行信道感知的目标跟踪策略研究，并对其性能进行分析，给出了信道感知目标跟踪的后验 CRLB。基于此，对传感器调度问题进行跨层设计与优化，并给出了节点调度的一种启发式方法。

第 8 章分析了对等传感器网络中分布式协同目标跟踪问题。对等网络具有拓扑结构简单、易维护、较好的健壮性等优点，这对于目标跟踪应用是非常有效的。针对对等自组织传感器网络，给出分布式鲁棒滤波器与分布式 Sigma 点卡尔曼滤波器。利用动态协同策略使得分布式滤波算法仅需与邻节点进行信息交换，就能对状态估计融合达到全局一致性。基于此，给出一种新的动态协同算法和分层结构的可扩展融合框架，它对网络链接故障、节点失效以及数据包丢失具有较强的稳健性。

第 9 章在上述各章量化信息状态估计与融合研究的基础上，针对 WSN 中目标跟踪的任务需求，设计了基于量化信息目标跟踪算法的数据处理流程。同时开发了 WSN 目标跟踪硬件平台，对 WSN 中的实际情景进行实验，以验证上述各章中估计融合算法在相关应用场景中的实际性能。

本书是研究量化信息融合方面的专著，包含了作者近十年的相关研究成果，相关研究成果曾获得国防科学技术进步奖、IET 优秀论文奖。感谢国家自然科学基金项目（60304007、61175008、61673265、61104210、61403352）、上海市基础研究重点项目（08JC1411800）、国家安全重大基础项目和航空科学基金项目等的支持。

　　本书参考或引用了大量的国内外论文和著作，在此向这些论文和著作的作者表示真心的感谢。本书第一作者特别感谢导师戴冠中教授、金德琨研究员在其攻读博士学位期间在信息融合领域的启蒙和指导。尤其感谢敬忠良教授带其步入多目标跟踪和数据融合领域的研究。

　　本书涉及了量化信息融合理论与应用研究的许多方面，在一定程度上反映了我国近年来在该领域的研究水平。由于作者水平有限，书中难免存在疏漏之处，恳请广大读者提出宝贵意见和建议。

作　者

2024 年 2 月

变　量　表

N	传感器数目
$x_k \in \mathfrak{R}^n$ ，$y_k^i \in \mathfrak{R}^m$	k 时刻的状态向量
$f : \mathfrak{R}^n \times \mathfrak{R}^n \to \mathfrak{R}^n$	第 i 个传感器的测量系统状态演化函数
$\omega_k \in \mathfrak{R}^p$	状态演化噪声
$h_i : \mathfrak{R}^n \times \mathfrak{R}^m \to \mathfrak{R}^m$	第 i 个传感器的测量映射
υ_k^i	第 i 个传感器的测量噪声
δ_{tk}	Kronecker 函数，即 $t = k$ 时 $\delta_{tk} = 1$ ，否则为 0
P_k	k 时刻的噪声方差
z_k^i	第 i 个传感器量化后的测量值
q_k^i	量化引起的误差
$R(k)$	噪声协方差
d_i	第 i 个传感器与融合中心之间的距离
L_i	量化水平
τ_i	量化阈值
Δ	量化分辨率
$\bar{R}$	融合后的噪声方差
λ^*	拉格朗日乘子
$P_{k|k}$	估计误差协方差
J_k	Fisher 信息矩阵
∇	一阶偏微分算子
γ_s	感知半径
E_{ri}	残余能量
$\gamma \in [0,1]$	平均通信距离的权值
e_{d_i}	路径损耗的比例系数
α^i	路径损耗指数
κ	交叉概率

λ_i	实特征值
$H_i(k) \in \mathfrak{R}^{m \times n}$	第 i 个传感器的测量矩阵
$K(k)$	卡尔曼滤波器的增益
T	矩阵的转置
$\|\cdot\|$	矩阵的模
$\mathrm{tr}(\cdot)$	方阵的迹
$E(\cdot)$	数学期望
$\varXi_k^l$	量化新息

目　　录

第 4 章彩图　　　　第 6 章彩图　　　　第 9 章彩图

第1章 绪 论

1.1 背景与意义

信息融合是对多传感器的数据依据某种优化准则进行多角度、多层次、多级别的处理,产生对观测目标的一致性描述和解释,得到更全面更精确的结果[1-3]。信息融合又称数据融合,也可以称为传感器信息融合或多传感器信息融合,多传感器量化信息融合是该领域的一个重要分支。信息融合技术目前在网络安全、军事、计算机视觉、金融科技、航空航天工程、环境治理、智能制造、电力等领域具有广泛的理论研究意义,在诸多军事和民用领域表现出了极高的应用价值,例如,导弹制导、目标跟踪、智能交通等。

(1)航空武器装备[4]:信息融合技术在航空武器装备中的应用具有重大意义。随着技术的不断发展,现代作战飞机的传感器越来越多,雷达、光电、电子战以及导航系统等传感器都单独显示信息,驾驶员对这些传感器同时进行管理会产生很大的工作负荷,也使飞行中决策更加困难。采用多传感器数据融合技术,可以充分发挥各个传感器的优点,抑制其不利的一面,从而得到有关战斗场面或总体的战场情况的一幅实时的战术或作战级的图像,以增强作战飞机的生存能力和作战效能。目前,数据融合技术已在军事装备中得到广泛应用,俄罗斯和美国军方都在多传感器数据融合和信息处理技术方面进行了大量的研究工作,并已用于多种型号的军用飞机。多传感器数据融合不仅可以减少驾驶员工作负荷,为驾驶员提供一个视野更宽、更精确的战术图像,而且还能减少数据总线的数量,减少计算负载,并且起到增加传感器余度的作用。传感器数据融合还确保了一个武器平台即使在基于雷达的武器火控系统被完全干扰的恶劣的电子环境中也能保持一定程度的作战能力。各个传感器的互补特性确保了融合后的数据更精确,这些数据通过多功能信息分发系统可以发送到其他的武器平台,以便选定目标的优先级。多传感器数据融合技术是未来信息化战争中提高武器作战效能的关键技术之一。

(2)网络安全态势评估[5]:目前安全态势评估中普遍存在信息来源单一、评估范围有限、时空开销较大且可信度较低等问题。多方面综合考虑影响网络安全态势各因素,通过构建分级朴素贝叶斯分类器,快速高效地融合各主机多源异构非确定性信息源,使用数理统计的方法融合网络上各主机的安全指数,逐步量化评估网络安全态势，采用量化信息融合策略对当前网络安全态势形成整体宏观的认识。

（3）导弹制导[6]：为提高制导导弹引信的起爆控制精度，得到更为准确的起爆延迟时间，通过充分利用导引头与引信的信息，得到更为准确的数据，从而实现精准打击。对一体化引信中的两个系统（导引头成像系统以及激光测距仪测距系统）信息融合过程进行精确描述，确定一体化引信量测数据精度对起爆控制精度的影响，基于量化信息融合的数据处理方法提高了对准数据计算精度，进而提高起爆控制精度。

（4）金融量化投资[7]：基于信息融合和策略转换的商品期货量化投资策略在协整理论和分形市场占据了越来越重要的地位。信息融合能够提升趋势跟踪策略的效果，且表现出比统计套利策略更高的盈利能力和更大的风险。应用策略转换后，投资绩效得以进一步提高，取得了比两种单一策略更高的经风险调整后的收益率，并量化不同模型假设下最优的交易策略。

（5）航空装备退化预测[8]：航空部附件越来越复杂化、综合化及信息化，对航空装备的安全可靠性要求不断提升。采集多个特征指标的状态监测信息，运用经验模态分解提取包含微弱信号的特征信息，并消除部分噪声干扰，运用自组织特征映射实现多源传感器信息融合，并建立最小量化误差（minimum quantization error，MQE）模型，量化部附件运行状态，以实现部附件的状态退化预测。

（6）环境治理[9]：传统的藻类水华污染治理方案的选择决策通常依赖人为知识经验。为实现决策管理的理性化和自动化，需要充分利用监测信息和领域专家知识等多源信息，并建立自动决策计算机制，为信息采集与决策总体框架实现对多源异构信息的有效组织，为决策计算提供规范化计算流程，最后将基于信息融合的群决策方法应用于湖泊藻类水华治理方案的决策问题。

在信号处理和网络控制领域中，传感器量化估计问题成为研究热点，与传统的基于模拟观测的估计问题不同，由于无线传输设备自身物理特征（带宽、协议等）的原因，其观测数据一般要先经过量化，然后编码成数字信号，最后通过无线信道传输，所以其估计是基于量化数据进行的。同时随着信息社会向智能社会的快速演变，物联网、云计算和大数据技术等应用快速普及，作为物联网的底层感知层的无线传感器网络（WSN）被大量布设，使得人类社会对于现实世界的实时感知能力达到前所未有的高度，我们正在进入智能无处不在的时代。如何在有限的网络带宽条件下达到最优的估计性能是无线传感器网络量化估计问题的研究核心，如何利用量化信息融合理论解决无线传感器网络中的关键技术难点，对研究多传感器信息融合这类新兴学科具有相当重要的研究意义。

鉴于传感器网络自身物理特性的限制，信息在网络传输过程中通常需要先进行量化处理。而无线传感器网络有大量探测源（节点），具有信息源和信息量巨大的特点，因此多源状态信息融合理论的引入一方面有助于提高网络定位跟踪的性能，另一方面可以减少通信代价，延长整个网络的生命时间。信息融合在无线传感器网络的功能有别于其他网络，由于无线传感器网络主要受制于能量和通信带宽等的约束，而对信息的量化（如传感器测量、状态估计等）则有助于解决这一关键问题。同时，相比于模拟通信，数字通信具有抗干扰能力强、无噪声积累、便于加密处理、利于采用时分复用实现多路通信等特点。因此，本书将量化引入状态信息估计与融合，充分考虑无线传感器网络在实际应用中的影响因素，达到剔除冗余信息，降低通信量和能量消耗，提高定位跟踪精度，有效提升能量和通信带宽利用率的目标。

无线传感器网络是由大量部署在感兴趣区域（region of interest，RoI）内的微型、智能、低功耗传感器节点组成，并以某种网络协议构成的无线网络。其目的是协作地感知、采集和处理网络覆盖区域中的感知对象的信息，并发送给用户。无线传感器网络可以广泛地应用于国防建设、环境监测、智能交通、医疗卫生、智能楼宇和家庭自动化与消费电子等众多领域，特别是在生化危险环境的探测、特殊地域或特殊工作环境的监测以及军事侦察与跟踪等方面，成为近年来学术界和工业界一个非常重要的研究领域。

基于量化信息融合的目标定位跟踪作为无线传感器网络的典型应用之一，可以有效地提升无线传感器网络的应用范畴和性能。一些实用的无线传感器网络系统，例如，美国陆军的"战场环境侦察与监视系统"、英国国防部的 DTC 项目、UCLA/RSC AWAIRS、UC Berkeley 智能尘埃、USC-ISI 网络、SensIT 系统/网络、美国陆军研究中心（ARL）先进传感器系统、DARPA（Defense Advanced Research Projects Agency）入侵监视系统 Emergent Surveillance Plexus（ESP）等均将目标跟踪作为无线传感器网络的一个重要内容。最早的无线传感器网络定位跟踪实验是由美国 DARPA 在所负责的 SensIT 项目中实现的。现在许多高精度定位跟踪应用方案依然处于研究阶段。但是相关的研究文献表明信息融合[10]和目标定位跟踪[11]正在成为无线传感器网络的热点。尤其是英国国防部数据和信息融合计划已经将无线传感器网络高精度定位跟踪列为二期研究内容之一。因此，无线传感器网络目标跟踪技术应用潜力巨大，深入开展对它的研究，符合我国关于电子信息产业发展的战略需求，对于丰富和发展无线传感器网络应用基础理论研究、推进其实用化有重要作用。

1.2 量化信息融合简介

单一传感器获得的仅是环境特征的局部、片面的信息，它的信息量是非常有限的。而且每个传感器还受到自身品质、性能及噪声的影响，采集到的信息往往是不完善的，带有较大的不确定性，偶尔甚至是错误的。因此，对多源信息进行融合与对信息进行量化处理是必要的。

1.2.1　信息融合概述

多传感器信息融合是针对使用多个和/或多类传感器的系统这一特殊问题而产生的一种信息处理的新方法，它又被称为多源关联、多源合成、传感器混合或多传感器融合，但是更广泛的说法是多传感器信息融合，即信息融合。目前，很难对信息融合给出一个统一的定义，这主要是由它所研究的内容的广泛性和多样性决定的。信息融合的定义一般可以大致概括为：利用计算机技术对按时序获得的若干传感器的观测信息在一定准则下加以自动分析、优化综合以完成所需要的决策和估计任务而进行的信息处理过程。按照这一定义，多种传感器是信息融合的基础，多源信息是信息融合的对象，协调优化和综合处理是信息融合的核心。简而言之，所谓信息融合就是将来自多个传感器或者多源的信息进行综合处理，从而得出对现实环境的更为准确、可靠的描述。

随着传感器技术、计算机科学和信息技术的发展，各种面向复杂应用背景的多传感器系统大量涌现，使得多渠道的信息获取、处理和融合成为可能。并且在金融管理、心理评估和预测、医疗诊断、气象预报、组织管理决策、机器人视觉、交通管制、遥感遥测等诸多领域，人们都认识到把多个信息源中的信息综合起来能够提高工作的成绩。因此多源信息融合技术在军事领域和民用领域得到了广泛的重视和成功的运用，其理论和方法已成为智能信息处理及控制的一个重要研究方向[11-13]。

信息融合的基本原理和出发点是，充分利用多个信息源，通过对它们及其提供信息的合理支配和使用，把多个信息源在空间或时间上的冗余或互补信息按照某种准则进行组合，以获得对被测对象的一致性解释或描述，使该信息系统由此获得比它的各组成部分的子集所构成的系统更优越的性能。信息融合不是一门单一的技术，而是一门跨越数学、模式识别、决策论、不确定性理论、信号处理、最优化技术、计算机科学、自动控制理论、人工智能、神经网络、通信技术、管理科学等多种学科领域的综合理论和方法，并且是一个不很成熟的新的研究方向，仍然处在不断的变化和发展过程中，如贝叶斯规则、D-S 证据理论、模糊集理论、模糊积分理论、粗糙集理论、统计理论、聚类技术、熵理论、估计理论等。虽然目前数据融合技术已经广泛应用于军事等特定领域，但是国际上关于此项技术至今尚没有形成完整的理论框架和方法。

1.2.2 信息融合发展概况

信息融合技术始于 20 世纪 70 年代初,来源于军事领域的 C3I(communication,command,control and intelligence)系统的需要。由于在军用和民用上都有着广阔的潜力,从其出现开始,就受到各国的高度重视。美国是信息融合技术应用较早、发展最快的国家。1973 年,美国国防部就资助开发了声呐信号理解系统,信息融合技术在该系统中得到了最早的体现。70 年代末,在公开的技术文献中开始出现基于多系统的信息整合意义的融合技术。80 年代,传感器技术的飞速发展推动了信息融合技术的研究。1984 年美国政府三军组织成立了信息融合技术专家组(DFS),指导、组织和协调信息融合技术的研究,并在 1988 年将信息融合列入了 90 年代重点研究发展的二十项关键技术之一。在学术研究方面,从 1998 年开始,由 NASA 艾姆斯研究中心、美国陆军研究部、IEEE 信号处理学会、IEEE 控制系统学会、IEEE 宇航和电子系统学会联合发起每年召开一次的信息融合国际会议 ICIF(International Conference on Information Fusion)以及 *Information Fusion*、*IEEE Transactions on Aerospace & Electronic Systems*、*IEEE Transactions on Pattern Analysis and Machine Intelligence*、*IEEE Transactions on Systems,Man,and Cybernetics* 等国际重要学术期刊都有信息融合领域的最新研究成果发表。

我国对信息融合技术的研究始于 20 世纪 80 年代,并将其列为发展计算机技术的关键技术之一。国家自然科学基金委员会在 1993 年就资助了北京航空航天大学的“多传感器信息融合”项目。电子工业部资助了电子科技大学的预研项目,国防科学技术工业委员会也资助了部队院所的多传感器信息融合研究等。尤其是西安交通大学信息融合实验室在韩崇昭教授的带领下,专门从事多源信息融合的理论与应用研究,并于 2007 年在西安成功举办了国际信息融合研讨会。

信息融合技术发展迅速,在军事领域,高技术兵器尤其是精确制导武器和远程打击武器等高科技兵器的出现使得战场范围扩大到陆、海、空、天、电磁五维空间中。为了获得最佳作战效果,在新一代作战系统中依靠单传感器提供信息已无法满足要求,而必须应用包括微波、毫米波、红外、电子援助措施(electronic support measures,ESM)及电子情报(electronic intelligence,ELINT)等覆盖广频段的各种有源和无源探测器在内的多传感器集成,来提供多种观测数据,通过优化综合处理、实时发现目标,获取目标状态估计、识别目标属性、分析行为意图并对态势和威胁进行评估,以此提供火力控制、精确制导、电子对抗、作战模式和辅助决策等作战信息。同时,信息融合技术逐渐向其他领域(如工业机器人、工业过程控制、智能交通、医学图像处理与医疗护理、遥感、刑侦、经济系统、金融商业等)渗透。

美国参联会提出“2020 年联合构想”,为多源信息融合指明了发展方向,其发表的《转型规划指南》中也就多源信息融合这一领域提出了进一步的发展目标；英国国防部也提出针对信息基础设施的信息融合方案，以实现端到端的信息融合[14]。工程方面，美国空军研制出名为全球网络中心监视与瞄准（GNCST）的新型情报信息融合处理系统，该系统通过对无人机、联合星系统、侦察机等实际应用上的光电传感器、合成孔径雷达、信号情报侦察装置等传感器量测信息的融合处理，得到有效作战信息并迅速传达给各个用户。

1.2.3　量化信息融合概述

在无线传感器网络、卫星组网、网络化控制等系统中，节点/终端的计算能力、存储空间及能量带宽有限，这些制约因素使得量化信息传输成为必要，因此在设计融合算法前对需传递的信息进行量化处理显得尤为重要，而基于量化信息的估计与融合算法也更具现实意义。

1. 量化对象

在量化传输情形下，需要设计的是传感器的量化压缩率和融合方法。在文献[15]中，提出用最小均方误差（minimum mean square error，MMSE）方法和最大后验概率（maximum a posteriori probability，MAP）方法来设计最优量化器，量化器的设计和最终估计的得出必须事先知道状态和所有噪声的联合分布函数。这些结果都缺乏系统的方法来发掘信道限制和估计性能之间的关系，采取量化传感器观测只是为了解决信道限制问题的临时措施，因为信道要求只能传输 0-1 码，所以观测必须被量化。上述方法在量化观测时都没有考虑观测的噪声、传感器的传输能力等有可能改进估计性能的因素，而是采用了很常用的量化方法，没有用全局优化的观点来设计量化器，这样自然不能达到较好的效果。近年来，人们越来越关注传感器观测的量化问题，Luo[16]、Xiao 等[17]和 Duan 等[18]也分别提出了自己的解决方案。在 Luo[16]的文章中，提出全局分布式估计方案，从全局优化的观点来进行传感器观测的量化。用这个方案融合中心和传感器一起能够估计一个未知参数，并且不需要事先知道噪声的分布，估计的性能（均方误差）可以达到仅仅是最小线性无偏估计的几倍，而最小线性无偏估计必须要知道每一个传感器观测的实际值。

当传感器的测量范围很大时，直接量化测量值将导致很大的量化误差。在文献[19]、[20]中，Ribeiro 等通过将测量新息量化为 1bit（即所谓的 sign of innovation 或者 SOI）的分布式量化估计很好地解决了这一问题。然而，在该算法中增益矩阵、状态估计和估计误差协方差阵需要被重复计算 N 次，其中 N 是向量观测维数。Msechu 等[21]和 You 等[22]给出了向量状态-标量观测模型的多水平量化滤波模型，但是没有讨论一般的向量状态-向量观测模型的多水平量化滤波问题。

2. 量化策略

Ribeiro[19]提出了基于量化信息符号的分布式状态估计算法，其中每个传感器仅需要 1bit 的通信带宽，但这种粗糙的量化方式也导致了较大的估计误差。Sun 等[23]采用了多水平量化方式，提出了基于量化测量值和量化信息的卡尔曼滤波器，提高了融合估计精度，但仅仅考虑了标量观测的系统。针对更为一般的矢量状态-矢量观测系统，文献[24]给出了类似的结果，不足的是算法中对量化噪声进行了高斯近似，并利用其方差上界代替其真实的方差。为了降低量化噪声刻画不准确带来的滤波性能影响，Xu 和 Ge[25]引入强跟踪滤波技术设计量化估计算法，有效地改善了估计精度。这一结果被进一步地推广到过程噪声和测量噪声相关的情形，以及噪声相关和网络延时并存的情形当中。遗憾的是，这三种算法均只涉及单个传感器的状态估计问题。文献[26]研究了基于量化信息的顺序融合算法，但也仅考虑了测量噪声的相关性，不具一般性，采用了对数量化器形式，将量化器和估计器联合考虑，分别给出了静态和动态结果，同时讨论了估计器性能和量化密度之间的折中方案。这也说明了上述在量化条件下研究统计特性未知噪声情况下的融合估计算法是有必要的。

由于网络通信带宽的限制，汤显峰等[27]采用自适应的量化策略量化各传感器的测量值，并假设量化过程不引入噪声相关性；然后利用 Cholesky 分解理论和状态方程恒等变换解决了任意噪声之间的相关性问题。为了利用卡尔曼滤波框架设计融合算法，文献中将量化噪声近似为方差为其上界的高斯白噪声。为降低建模不准带来的精度影响，引入了强跟踪滤波器的渐消因子进行调整，提出基于强跟踪滤波的扩维量化融合算法，并从改善计算性能的角度分别推导出与其等价的信息滤波形式和顺序滤波融合方法。

Sripad 和 Snyder[28]曾给出一个充分必要条件来针对量化进行建模，他们将量化模型化为一个精确输入和一个加性的均匀的白噪声，还针对高斯输入给出了具体的分析。Gray 和 Stockham[29]基于傅里叶分析考虑了脉动量化（dithered quantizer）。这种量化是指在量化前，在输入信号上加入一个所谓的脉动（dither）。该文献中，作者给出了脉动量化的量化噪声的表达式及其推导过程。Schuchman[30]也曾报道过通过添加脉动(dither)信号使得输入信号与量化噪声相互独立。Gray[31]指出脉动量所导致的最终误差具有白色谱。实验表明，脉动量化将导致较大的信息丢失。在一个量化测量系统中，估计系统状态问题是一个非线性非高斯的估计问题，即使系统方程是线性的和高斯的。此外，文献[18]给出了一个量化测量条件下的状态估计的数值解法。在很多早期的工作当中，如文献[32]、[33]，推导得出了基于最优条件均值估计的卡尔曼滤波器的点估计方法，但是这些方法大多需要数值计算。Sviestins 和 Wigren[34]针对一个特殊问题，在一个比较严格的条件下，通过解 Fokker-Planck 方程和贝叶斯法则得到了一个精确解。Karlsson 和 Gustafsson[35, 36]通过粒子滤波也得到了一些结果，其本质仍是贝叶斯法则的迭代应用。

如何在有限的网络带宽条件下达到最优的估计性能是无线传感器网络量化估计问题的研究核心。因此，研究量化信息融合理论在无线传感器网络中的应用具有极高的应用价值，接下来着重介绍无线传感器网络以及基于无线传感器网络的状态估计与融合。

1.3　无线传感器网络简介

无线传感器网络的研究起源于 20 世纪 70 年代。1978 年，美国国防部高级研究计划局（DARPA）的分布式传感器网络项目（DSN）开启了传感器网络研究的先河[37-39]。鉴于它的巨大应用价值，无线传感器网络的学术研究在世界范围内逐渐全面展开。美国 DARPA 和国家科学基金会相继投入无线传感器网络的研究，重点集中在传感器节点体系结构、通信协议设计、信息处理和大规模网络应用等方面。其中最著名的项目有 UCLA 和 Rockwell Automation Center 合作的 WINS 项目；MIT 的 μAMPS 和 NMS 项目；美国 DARPA 等 25 个研究机构共同承担的 SensIT 项目；UC Berkeley 的 PicoRadio 和 Smart Dust 项目；南加利福尼亚大学的 SCADDS 项目；哈佛大学的 Code Blue 项目；美国陆军的灵巧传感器网络通信（SSNC）项目、无人值守地面传感器群（MDUGS）和战场环境侦察与监视系统项目；美国海军的传感器组网系统（LinkSensors）和网状传感器系统 CEC 项目等。欧洲 FP6（欧盟第六框架）也于 2002 年开展了 EYES、GoodFood 等项目。尤其是 2006 年 9 月美国国防部和英国国防部联合包括 IBM 在内的众多科技企业、科研单位和大学组建了国际科技联盟（ITA），旨在大力推进先进网络系统的研究，无线传感器网络就是其中一个重要的研究内容。2009 年，最新试制成功的低成本美军"狼群"地面无线传感器网络标志着电子战领域技战术的最新突破。俄亥俄州正在开发"沙地直线"（A Line in the Sand）无线传感器网络系统。这个系统能够散射电子绊网（tripwires）到任何地方，以侦测运动的高金属含量目标。

在我国，国家自然科学基金委员会于 2003 年开始对传感器网络的研究进行资助，并于 2004 年将其列为重点项目。2006 年，《国家中长期科学和技术发展规划纲要（2006—2020 年）》在重大专项、优先发展主题、前沿领域均将无线传感器网络列入，其中重大专项"新一代宽带移动无线通信网"被列为其重要方向之一。目前，国家重点研发计划、国家自然科学基金等国家级和省部级研究计划也设立专项资金资助该领域的理论、方法和关键技术研究。

1.3.1 传感器节点结构

传感器节点通常是一个微型的嵌入式系统，主要由传感器模块、处理器模块、无线通信模块、能量供应模块以及其他辅助可选功能模块如时间同步模块、定位发现模块和节点移动模块等组成，如图 1-1 所示[38]。传感器模块负责监测区域内信息的采集和数据的转换，可以根据不同的应用需求，配置不同的传感器，用于采集不同类型的数据，如温度、湿度、压力、辐射能量、相对角度等。处理器模块负责控制整个传感器节点的操作，存储和处理自身采集的数据以及其他节点发来的数据，是整个节点的中心，通常选用嵌入式 CPU，如 ATMEL 公司的 AVR 系统单片机、TI 公司的 MSP430 超低功耗系列处理器等。无线通信模块负责与其他节点进行无线通信，交换控制信息和收发采集数据，主要由低功耗、短距离的无线通信芯片组成，如 TI 公司的 CC2431 等。能量供应模块为传感器节点提供运行所需的能量，通常采用微型电池。部分节点包含辅助模块。

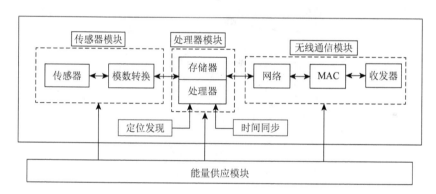

图 1-1 传感器节点的结构

1.3.2 无线传感器网络拓扑结构

无线传感器网络的网络拓扑是组织传感器节点的组网技术，有多种形态和组网方式，从其组网形态和方式来看，分为集中式、分布式和混合式[39]。无线传感器网络的集中式结构类似移动通信的蜂窝结构，集中管理；无线传感器网络的分布式结构，类似 ad hoc 网络结构，可自组织网络接入连接，分布管理；无线传感器网络的混合式结构包括集中式和分布式结构的组合。如果按照节点功能及结构层次来看，无线传感器网络通常分为层次网络结构、平面网络结构和混合网络结构[40]。无线传感器节点经多跳转发，通过基站或汇聚节点或网关接入网络，在网络的任务管理节点对感应信息进行管理、分类和处理,再把感应信息送给应用用户使用。研究和开发有效、实用的无线传感器网络结构,对构建高性能的无线传感器网络十分重要,因为网络的拓扑结构制约着无线传感器网络通信(如 MAC 协议)设计的复杂度和性能的发展。下面根据节点功能及结构层次分别加以介绍。

1. 层次网络结构

如图 1-2 所示,层次网络结构(也称为分级网络结构)是无线传感器网络中平面网络结构的一种扩展拓扑结构,网络分为上层和下层两个部分:上层为中心骨干节点;下层为一般传感器节点。通常网络可能存在一个或多个骨干节点。这种分级网络通常以簇的形式存在,按功能分为簇首(具有汇聚功能的骨干节点,clusterhead)和成员节点(一般传感器节点,members)。这种网络拓扑结构便于集中管理,可以降低系统建设成本,提高网络覆盖率和可靠性,但是集中管理开销大,硬件成本高。

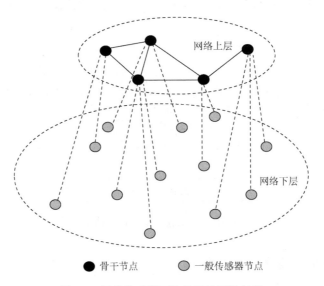

●骨干节点　　　○一般传感器节点

图 1-2　无线传感器网络的层次网络结构

2. 平面网络结构

如图 1-3 所示,平面网络结构是无线传感器网络中最简单的一种拓扑结构,所有节点为对等结构(点对点,P2P),具有完全一致的功能特性,也就是说每个节点均包括相同的 MAC、路由、管理和安全等协议。这种网络拓扑结构简单,易维护,具有较好的健壮性,事实上就是一种 ad hoc 网络结构形式。由于没有中心管理节点,采用自组织协同算法形成网络。

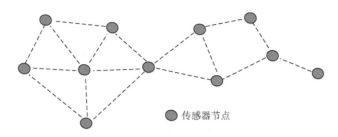

图 1-3　无线传感器网络的平面网络结构

1.3.3　无线传感器网络的功能结构

无线传感器网络作为一个全新的研究领域，在基础理论和工程技术两个层面都提出了大量的挑战性研究课题。从物理层节点研究、网络协议设计到应用研究，都吸引了大量学者对其各个层面展开研究，并取得了大量成果。按照无线传感器网络功能结构划分，可以分为通信体系、中间件技术和应用层三大部分。目前各部分主要的研究进展及典型成果如表 1-1 所示。

表 1-1　无线传感器网络的功能结构及研究进展

功能结构		研究重点与进展
通信体系	物理层	负责数据的调制、发送与接收的物理层，首先考虑信号的传输介质，目前大部分是基于无线电通信的，个别应用中也使用红外和声波等。目前物理层的工作主要集中于低功耗、低成本、高可靠的模块设计，特别是通信模块的研制和片上系统的设计
	数据链路层	包括差错控制和媒介访问控制（MAC），建立可靠的单跳或者多跳通信链路技术；与传统 MAC 协议①不同，WSN 将低功耗、低通信延迟和动态等因素放在第一位，其次是网络公平性、吞吐量和带宽利用率等因素。为了减少能量消耗，MAC 层协议通常采用"侦听/睡眠"交替的无线信道侦听机制
	网络层	路由设计，是网络中任意需要通信的两点间建立并维护数据传输路径的重要协议。与传统无线网络中基于 IP 的路由不同，WSN 资源严格受限，没有全局统一的逻辑地址，且网络拓扑结构频繁变化。只能通过发送数据内容来构建并维护传输路径。典型的路由协议分为四类： 泛洪式路由：泛洪（flooding）协议、闲聊（gossiping）协议等 以数据为中心：SPIN、定向扩散（directed diffusion）、谣传路由（rumor routing）等 基于位置的路由：GEAR（geographic and energy aware routing）等 分层次的路由：LEACH、TEEN，以及动态分簇协议等
	传输层	主要负责数据流的传输控制，在网络层的基础上为应用层提供可靠、高质量的数据传输任务。该层协议主要 PSFQ、RMST 等
中间件技术	时间同步	时间同步 RBS 机制、DMTS、FTSP
	定位	节点自身定位，定位的常用装置有接近、角度、距离传感器
	拓扑生成	利用物理层、链路层或路由层完成拓扑生成，反过来又为它们提供信息支持，优化 MAC 协议和路由协议，提高网络协议的整体效率
	其他	数据查询、安全技术、聚合（aggregation）、数据管理以及系统管理等

续表

功能结构		研究重点与进展
应用层	目标跟踪	运动目标定位与跟踪
	其他应用	环境监控、军事应用、智能楼宇、医疗护理等

① 传统网络中 MAC 协议主要有预置信道和随机分配信道两种信道分配方式。预置信道包括 FDMA、TDMA、CDMA 和 SDMA；随机分配信道包括 802.11 中使用的 CSMA 和面向无线的 MACAW 等。

1.4　无线传感器网络中状态估计与信息融合

目标跟踪是无线传感器网络的一个典型应用。由于传感器节点体积小，价格低廉，采用无线通信方式，以及网络部署随机，具有自组织性、稳健性和隐蔽性等特点，使得无线传感器网络非常适合移动目标的定位和跟踪[41-43]。

据不完全统计，在公开发表的文献当中，关于无线传感器领域的研究中目标跟踪应用独占 11.21%，其他各研究内容所占比例参见文献[40]。

由于无线传感器节点的感知和通信范围相对有限（如雷达探测距离一般为几千米甚至更远，而无线传感器节点探测距离一般为几十米甚至几米），因此目标跟踪中关联问题在传感器网络目标跟踪系统研究较少；而节点的自身定位问题是无线传感器网络研究中的另一个重要问题，因此，传统目标跟踪系统的配准问题一般也不作考虑。基于此，无线传感器网络的目标跟踪问题主要研究基于无线传感器网络的状态估计与融合问题。综合起来，基于无线传感器网络的状态估计与融合问题可以分为以下几种。

1. 直接通信（direct communication，DC）算法[44]

这是目标跟踪算法中最简单的方法。主要思想就是打开网络中所有传感器节点，让每个节点向基站发送监测到的信息，由基站来处理收到的信息，然后预测目标的状态信息。虽然 DC 能够使基站获得最准确的目标信息，但是在实际应用中却不适用，因为每个传感器节点的能量都是有限的，始终保持感知状态使节点寿命缩短，且所有节点参与通信，这也是非常耗能的，网络的寿命将会显著缩短。另外，DC 获得信息的冗余度也非常高，而且基站周围的节点竞争信道会产生数据包的冲突，甚至拥塞网络。

2. 基于树的目标跟踪算法

哈佛大学的 Kung 和 Vlah 针对传感器中节点数据多这一特点，提出了一种基于树状网络模型的目标跟踪算法——STUN 算法[45]，其主要思想是把监测区域内的节点构成一个树状网络，通过节点来监测目标的移动轨迹。这种机制的优点是简单，信息融合度比较高，信息发送量也不大，路由信息很明确，不需要反复地建立路由。缺点是形成一棵覆盖全部监测区域的树所耗费的能量很大，网络的稳定性差。

针对大多数传感器网络跟踪算法都是集中式的，传感器节点要把目标跟踪信息传送到融合中心去进行融合处理，这样费时又耗能，Zhang 和 Cao 提出了一种分布式的跟踪算法——DCTC[46]。该算法的思想是由移动目标附近的节点组成动态树形结构，并且动态树会随着目标的移动动态地添加或者删除一些节点，移动目标附近的节点通过传送树结构进行协作式跟踪，在保证对目标进行跟踪的同时减少节点之间的通信开销。这种算法的缺点在于动态树的结构要随着目标的移动修剪，这个过程不但算法复杂，且能量消耗比较大。同时，这种算法没有设置有效的目标丢失后的恢复机制，这样监测系统发生意外丢失就很难找回。文献[47]首先利用不确定测度进行传感器的动态聚类分组，然后对每一组通过能量约束选择关键点，通过各组的关键点构成一个连通的数据融合路径，完成传感器网络的数据融合，减少传输到目的节点的信息。实验结果证实该算法在保证能量消耗少、网络拓扑结构可变的条件下，具有较好的实效性和鲁棒性。

3. 基于分簇的目标跟踪算法

基于分簇的目标跟踪算法主要思想是静态或者动态地将网络中的节点分成若干个簇，簇首作为临时的融合中心，进行网络信息处理。例如，文献[48]针对森林火灾监控，提出了根据目标的边界形成一定数量的簇，每个簇内有簇首节点，簇首收集边界节点发送来的监测信息，这样目标的整个边界就被划分为很多簇，并且其信息被存储在簇首内，最后通过路由协议汇总到 Sink 节点上。Gupta 和 Das 在文献[49]中详细地分析了基于传感器网络的目标跟踪过程包括三个主要阶段，即侦测、定位和通告。传感器节点以协作方式侦测和跟踪目标，并通知位于目标预测轨迹附近的节点加入跟踪过程，同时将通信限制在目标及其未来运动轨迹附近的节点内。Guo 和 Wang[50]提出了基于 SMC（sequential Monte Carlo）框架的采用辅助粒子滤波方法以解决目标跟踪中的融合问题，并基于最优熵的信息效用函数选择下一时刻的簇首节点，但头节点的选择所依据的效用函数计算异常复杂。

Zhao 等[51]和 Chu 等[52]提出一种消息驱动传感器查询机制 IDSQ（information driven sensor querying）。其核心思想就是基于贝叶斯算法，利用传感器节点测量信息迭代预估目标的位置。算法中下一时刻用于信息融合的跟踪头节点选择是基于信息增益指标确定的，如马氏距离、互信息、信息熵等。其缺陷是头节点选择所依据的效用函数计算相当复杂。Ramanathan[53]和 Brooks 等[54]提出了一种"位置中心"的方法来进行协作感知和目标定位。当前节点对目标方向进行预估，并对目标将要进入的固定划分的单元进行预警。预警单元内节点协同探测目标的出现，如果分类器判断是期望的目标类型，启动跟踪程序。对于移动目标的跟踪，需要利用加速度或者速度恒定的模型对其连续轨迹进行推断，在传感器网络环境下，文献[55]利用网络冗余的特点，提出了一种分簇和分时机制下采用流水线多余模式进行跟踪探测的方法，减少了两次探测值之间的时间差，所设计的算法计算复杂度较低，实现简单。文献[56]对传感器网络下的机动目标跟踪问题提出一种分布式节点动态分簇、协同跟踪算法，通过在线优化目标跟踪的性能函数和通信代价，自适应地选择节点并动态分簇，通过节点协同感知以及信息融合提高了跟踪精度。使用混合高斯粒子滤波器以及选择最短路径用于节点之间的信息交换，通过一种有效的粒子方法逼近目标状态的预测方差以实现节点的最优选择。仿真结果表明，与 IDSQ 算法相比，文献[56]所提出的算法实现了对机动目标的高精度跟踪。针对声目标跟踪应用，文献[57]提出了一种分散式轻量级的采用 Voronoi 图实现的动态分簇算法，理论分析和基于 NS-2 仿真结果表明簇首通常选择为离目标最近的节点。

4. 时空组合定位算法

Phoha 等提出了 DSTC（dynamic space-time clustering）算法[58]，目标是精确表示监测区域内事件的动态处理过程。无线传感器网络中的传感器节点动态组成时空相邻（space-time neighborhood）的簇结构，一旦组成簇结构，传感器节点组合本地信息表示周围发生的事件，通过时空相邻簇内节点之间交换目标信息，确定目标类型以及目标轨迹。

Phoha 等在分析比较 DSTC 算法和 Beamforming 算法的基础上，提出了两种组合算法[59]：DSTC beamforming controlled 和 DSTC logic controlled beamforming。前者的基础思想是由少量 Beamforming 节点（配置多个高性能传感器）和许多廉价 DSTC 节点组成网络，通常 DSTC 节点处于低功耗状态，由稀疏分布的 Beamforming 节点通过三角定位法确定目标的位置。当 Beamforming 节点不能确定特定目标位置或者能量不足时，唤醒 DSTC 节点实现目标定位。后者是利用 DSTC 逻辑动态选择目标轨迹附近的若干节点构成目标跟踪簇，簇内节点运行 Beamforming 算法定位目标位置。文献[60]引入中值滤波，利用其良好的抑制脉冲噪声的能力，结合卡尔曼滤波开发出适用于无线传感器网络的融合算法，采用时空分级融合减少集中计算量，使网络具有实时处理能力。同时，算法的容错能力和网络的鲁棒性得到提高。

5. 基于平均协同（average consensus）策略的目标跟踪算法

平均协同策略是一种网络范围（network-wide）分布式计算任务的有效方法，其应用包括蜂拥[61]和群集[62]、聚集[63]以及传感器网络估计[64]等方面。平均协同策略用于无线传感器网络中分布式目标跟踪始于文献[65]，文献中提出了基于信息形式卡尔曼滤波器的完全分布式目标跟踪算法，由多个微卡尔曼滤波器（micro-Kalman filter，μKF）组成、每个滤波器嵌入一个低通协同滤波器和一个带通协同滤波器。不久，该文献作者将其推广到异质传感器网络系统[66]，将每个微卡尔曼滤波器的嵌入式协同算法更换为高增益的高通协同滤波器。协同策略的目的是仅使用邻节点的信息对全网络信息贡献进行估计，从而实现全网络一致的目标状态估计融合。Carli 等针对标量状态估计问题，利用协同策略进行研究分析[67]，主要集中在协同矩阵的相互关系、每个采样周期内的信息交换次数（协同次数）以及卡尔曼滤波器增益等问题上。针对无线含噪声信道，文献[68]研究了动态过程的最优平滑问题，理论和仿真结果证明了所提出的基于协同策略的分布式最大后验算法以及线性最小方差估计器能收敛到集中式估计的结果。Schizas 等提出了一种基于网内处理（in-network processing）的自适应算法——分布式最小均方算法[69]，坐标轮换法和随机逼近法分别用于参数估计和过程时变统计特性。

以上结果都是针对非量化信息进行研究的，然而考虑到无线传感器网络中的严格资源和带宽约束，对信息的量化（如传感器测量、状态估计等）则有助于解决这一关键问题。

6. 基于量化信息的目标跟踪算法

Mechitov 等提出一种基于二进制传感器节点的目标跟踪算法 CTBD（cooperative tracking with binary-detection）[70]。各节点不能检测到与目标间的距离或角度等信息，但能确定包含目标的圆形探测区域以及目标在所在区域内的持续时间，通过多个节点协作得到一个重叠覆盖区域，即为目标的位置。这种方法通过部署大量简单廉价的传感器节点得到目标的轨迹，但是需要各节点位置已知，同时节点间的时间同步精确。

协作目标跟踪算法包括四个步骤：每个探测节点记录目标出现在其监测范围内的时间；相邻探测节点之间交换目标出现的时间、节点位置等信息；计算探测节点位置的加权平均值作为目标位置的估值；由一系列目标位置估值利用分段线性拟合算法对目标运动轨迹进行估计。由于计算目标轨迹采用的是时空分离的节点探测信号，所以通过分段线性拟合方法得到的目标位置估计精度远高于原始探测值。

后来，Kim 等在研究了二进制探测、目标轨迹逼近方案的基础上，提出了一种二进制接近探测算法[71]。每个传感器仍仅提供 1bit 信息描述目标是否位于其探测区域。假设目标可以任意改变速度和方向，为了提高精度并降低算法复杂度，算法采用分段线性逼近的方法拟合目标运动轨迹。跟踪系统将网络内的节点分为两类：探测节点和跟踪节点。探测节点仅完成目标信息采集工作，跟踪节点负责目标有关参数的计算。在此框架内，采用不同的权值，可以建立不同的目标跟踪系统。目标跟踪算法性能的优劣取决于权值的计算方法。探测节点越接近目标轨迹，目标在节点探测区域内停留的时间越长，基于节点-目标接近度的权值计算方案有简化法、距离期望法、路径距离法等。

Aslam 等[72]独立地提出了一种基于粒子滤波的目标跟踪算法，主要是考虑网络中二进制传感器的几何位置关系。针对二进制传感器网络中目标会跟丢的问题，文献[73]提出了自适应阈值的量化方法用于目标跟踪。针对二进制传感器网络目标定位与跟踪问题，文献[74]提出一种递推的质心定位方法，推导出了质心定位算法的递推公式。采用序贯最小二乘估计方法对目标状态进行估计。以上基于二进制传感器的目标跟踪系统可以看成一种量化水平为 2 的目标状态估计与融合问题。不同于物理上的二进制传感器构成的网络，Ribeiro 等给出了一种分布式方法以估计基于 2 水平量化新息的目标状态[20]，其中每个传感器仅需要 1bit 的通信带宽。

近年来，基于多水平量化信息的目标跟踪结果也已出现，根据量化对象可以分为两大类：基于量化测量的目标跟踪和基于量化新息的目标跟踪。

文献[75]提出了一种量化测量融合的框架，重点考虑了非高斯噪声、测量乱序（out-of-sequence）以及量化器设计等问题。基于多比特的量化策略，文献[76]提出了无线传感器网络中多比特分布式滚动时域状态估计算法。每个传感器节点预先设定一个包含多个阈值的阈值簿，基于此进行观测量的多比特量化，融合中心接收这些信息利用滚动时域的思想得到系统的状态估计值。Ozdemir 等利用粒子滤波方法进行目标状态的估计，重点考虑了传感器网络目标跟踪系统中通信链路的不确定性，并给出了对应的性能下界[77]。关小杰和陈军勇分别采用基于均匀量化和非均匀量化测量的分布式粒子滤波算法进行状态估计，通过被动跟踪仿真实例，利用均方根误差比较了误差性能，并且比较了在不同量化级数下的非均匀量化算法的跟踪误差，结论是基于非均匀量化测量的粒子滤波器具有更高的跟踪精度[78]。

文献[79]提出了一种多水平量化卡尔曼滤波器（MLQ-KF），对线性动态随机系统的状态进行估计，其目标是针对不同的量化水平使得滤波器在某种性能指标下达到（近似）最优。Sukhavasi 和 Hassibi 注意到多水平量化器的测量新息并不满足高斯分布，但滤波误差方差满足改进的 Riccati 递推方程，从而提出了基于粒子滤波器的量化目标状态估计方法[80]。

总的来说，基于无线传感器网络的目标跟踪研究越来越受到学者的关注与重视。随着研究的深入，无线传感器网络在目标跟踪中的优势越来越明显，归纳起来，有以下几点。

（1）跟踪更精确：密集部署的传感器节点可以对移动目标施行融合定位与跟踪，从而可以更详细地获得目标的运动状态，包括位置、速度或加速度等。

（2）跟踪更可靠：由于无线传感器网络具有自组织和高密度部署的特点，当有新节点加入或节点失效时，网络可以自动进行再配置和容错，具有较高的可靠性。

（3）跟踪更及时：多传感器的同步监控，使得移动目标的发现更及时，也更容易。分布式的数据处理、多传感器节点协同工作，使跟踪更加全面。

（4）跟踪更隐蔽：传感器节点大都采用被动式传感器，且其体积小，在部署方便的同时，可以对目标实现更隐蔽的跟踪。

（5）低成本：低廉的传感器节点使得跟踪成本显著降低。

（6）易部署：传感器自主发现邻居，完成路由，以自组织的方式构成无线传感器网络。

（7）噪声小、隐蔽性好：WSN 一般不发射电磁信号而是被动接收目标声、光、电等信息，且传感器节点相互间可以协同处理数据。

第2章　状态估计与信息融合相关理论

2.1　引　　言

目标跟踪是指为了维持对目标当前状态的估计，同时也是对传感器接收到的测量进行处理的过程。这里所说的目标状态一般是指目标的运动学分量，如位置、速度或加速度等；测量是指被噪声污染的有关目标状态的信息，包括斜距、方位角信息以及目标的位置估计值等。系统滤波技术是目标状态估计和目标跟踪的基础，而对于多传感器系统来说，状态信息融合是分布式目标跟踪的重要技术[81]。因此，本章对目标状态估计与融合的相关概念与技术进行简单描述，并给出鲁棒滤波技术的最新发展——能量-峰值滤波。关于目标状态估计融合的新近研究详见后续章节，本节仅对其基本原理、方法及分类等进行简单的回顾。另外，从信息量入手，给出了系统含有不确定项时鲁棒融合估计算法，仿真结果证明鲁棒滤波效果居于最优滤波和标准滤波之间。但当存在不确定项时，标准卡尔曼滤波远不如鲁棒滤波效果好。

2.2　估　计　理　论

考虑离散时间非线性动态系统：

$$x_{k+1} = f_k(x_k) + g_k(\omega_k) \tag{2.1}$$

$$y_k = h_k(x_k) + \upsilon_k \tag{2.2}$$

其中，$k \in \mathbb{Z}$（整数集合）是时间指标；$x_k \in \Re^n$ 和 $y_k \in \Re^m$ 分别是 k 时刻的目标状态向量和传感器测量；$f_k : \Re^n \to \Re^n$ 和 $g_k : \Re^n \to \Re^n$ 分别是系统状态演化映射和噪声映射函数；$\omega_k \in \Re^p$ 是由扰动或者建模误差引起的过程噪声；$h_k : \Re^n \to \Re^m$ 是传感器的测量映射；υ_k 是传感器的测量噪声。假定 f_k、g_k 和 h_k 对其变元连续可微，同时假定初始状态为任意分布，均值为 $\overline{x}_0$，协方差阵为 P_0。过程噪声是一个零均值的独立过程，协方差阵为 Q_k；测量噪声也是一个零均值的独立过程，协方差阵为 R_k，且过程噪声、测量噪声以及初始状态之间都相互独立。

滤波的目的就是根据测量序列 $Y_k = \{y_1, y_2, \cdots, y_k\}$，以及状态变量的初始概率密度函数递推地估计目标的状态 $\hat{x}_{k|k}$，即后验分布 $p(x_k, Y_k)$。下面分别针对线性系统和非线性系统介绍几种常用的滤波方法。

2.2.1 扩展卡尔曼滤波

1. 卡尔曼滤波器

在线性系统情况下，系统方程和观测方程分别为

$$x_{k+1} = F_k x_k + G_k \omega_k \tag{2.3}$$

$$y_k = H_k x_k + \upsilon_k \tag{2.4}$$

其中，相关变量的定义同式（2.1）和式（2.2）。假定 $\omega_k \sim \mathcal{N}(0, Q_k)$ 是一个独立过程，$\upsilon_k \sim \mathcal{N}(0, R_k)$ 也是一个独立过程；它们之间相互独立，而且二者与初始状态 $x_0 \sim \mathcal{N}(\overline{x}_0, P_0)$ 也独立，那么对于任意损失函数（最小方差、最小二乘、最优线性无偏估计），有如下基本卡尔曼滤波公式[82]。

（1）初始条件：

$$\hat{x}_{0|0} = \overline{x}_0, \quad \tilde{x}_{0|0} = x_0 - \hat{x}_{0|0}, \quad \mathrm{cov}(\tilde{x}_{0|0}) = P_0 \tag{2.5}$$

（2）一步提前预测和预测误差方差阵分别为

$$\hat{x}_{k|k-1} = E(x_k \mid Y_{k-1}) = F_{k-1} \hat{x}_{k-1|k-1} \tag{2.6}$$

$$P_{k|k-1} = \mathrm{cov}(\tilde{x}_{k|k-1}) = F_{k-1} P_{k-1|k-1} F_{k-1}^{\mathrm{T}} + G_{k-1} Q_{k-1} G_{k-1}^{\mathrm{T}} \tag{2.7}$$

其中，$\tilde{x}_{k|k-1} = x_k - \hat{x}_{k|k-1}$ 是一步预测误差。

（3）滤波更新和相应的滤波误差方差阵分别为

$$\hat{x}_{k|k} = E(x_k \mid Y_k) = \hat{x}_{k|k-1} + K_k(y_k - H_k \hat{x}_{k|k-1}) \tag{2.8}$$

$$P_{k|k} = \mathrm{cov}(\tilde{x}_{k|k}) = P_{k|k-1} - P_{k|k-1} H_k^{\mathrm{T}} (H_k P_{k|k-1} H_k^{\mathrm{T}} + R_k)^{-1} H_k P_{k|k-1} \tag{2.9}$$

其中，$\tilde{x}_{k|k} = x_k - \hat{x}_{k|k}$ 是滤波误差；k 时刻的卡尔曼增益阵为

$$K_k = P_{k|k-1} H_k^{\mathrm{T}} (H_k P_{k|k-1} H_k^{\mathrm{T}} + R_k)^{-1} \tag{2.10}$$

注 2.1 假定过程噪声 ω_k、测量噪声 υ_k 和初始状态 x_0 均为任意分布，且均值分别为 0、0 和 $\overline{x}_0$，方差分别为 Q_k、R_k 和 P_0，且相互独立。那么根据最优线性无偏估计（best linear unbiased estimator，BLUE）准则，同样有如式（2.5）～式（2.10）所示的卡尔曼滤波公式。

2. 卡尔曼滤波器的数值稳定性

在许多实际问题中，滤波初值及其协方差往往需要根据经验来假定，而这种不确切的初值选取对滤波的性能又有多大影响，就是滤波稳定性研究要解决的问题。

根据滤波稳定性理论，对于一致完全能控和一致完全能观的线性系统，当时间充分长以后，滤波估值与初始值选取无关，滤波估计精度提高，滤波协方差趋

于稳态值或有界，即表示滤波系统是一致渐近稳定的。然而，实际情况并不都这样，滤波估计值的误差往往超出某阈值，甚至趋于无限大，这种称为滤波发散。

导致滤波发散的原因有两种：一是模型误差，如噪声方差阵误差、简化模型时的线性化误差等；二是计算机求解时数值计算过程中的舍入误差。

理论分析和实践均表明，标准卡尔曼滤波器是数据不稳定的，其原因是计算机有限字长的限制，计算中舍入误差和截断误差的累积、传递使协方差失去对称正定性。因此，Bucy 提出一种所谓"稳定化"卡尔曼滤波，其目的是减小滤波算法对计算舍入误差的灵敏性，保证滤波误差的协方差阵 P 的对称正定性，以提高滤波的数据稳定性，防止发散。其滤波公式只是将式（2.9）改写为

$$P_{k|k} = (I - K_k H_k) P_{k|k-1} (I - K_k H_k)^{\mathrm{T}} + K_k R_k K_k^{\mathrm{T}} \qquad (2.11)$$

3. 扩展卡尔曼滤波器

在许多实际问题中，对象系统是非线性的，如惯性导航系统、工业过程系统和社会经济系统等。在跟踪系统中，即使不太复杂的系统，一般都是非线性系统。例如，红外的观测是在球坐标系进行的。在直角坐标系中目标的测量方程是非线性的，因而必须采用非线性滤波来实现。对离散时间非线性系统（2.1）和（2.2）来说，扩展卡尔曼滤波是指把式（2.1）和式（2.2）中的非线性函数线性化[83]。具体来说，分别将 $f_k(x_k)$ 和 $g_k(\omega_k)$ 绕状态滤波 $\hat{x}_{k-1|k-1}$，将 $h_k(x_k)$ 绕预测估计 $\hat{x}_{k|k-1}$ 进行 Taylor 级数展开，取其一次项，忽略高阶项，将非线性的系统方程和测量方程转化成线性方程，然后用标准的卡尔曼滤波方法进行滤波。

这种方法只有当滤波误差 $\tilde{x}_{k|k}$ 以及预测误差 $\tilde{x}_{k-1|k-1}$ 很小时才能使用，否则精度比较低。为了提高精度，线性化可以取前三项，即可推导出非线性系统的二阶滤波公式。在展开式中保留前四项、五项，可以推导出三阶滤波、四阶滤波等。相关文献指出二阶滤波比推广卡尔曼滤波的性能好，而三阶、四阶滤波与二阶滤波相比性能提高并不多。但二阶滤波方法计算量大，难以实时实现。一般来说，当系统非线性度很强时，需要采用二阶滤波；非线性度弱时可采用扩展卡尔曼滤波。

2.2.2　无迹卡尔曼滤波

非线性状态估计问题目前常用上面介绍的扩展卡尔曼滤波器（EKF）方法，但 EKF 存在以下几个缺点：一是线性化可能产生较大的误差造成滤波发散；二是线性化过程中需要计算 Jacobi 和 Hesse 矩阵，计算量大，有时不易实现。Sigma 点卡尔曼滤波器（也称无迹卡尔曼滤波器，unscented Kalman filter，UKF）是最近出现的新滤波算法，很多文献都指出，Sigma 点卡尔曼滤波器在计算代价相当的情况下，精度和鲁棒性都强于扩展卡尔曼滤波器[84]。

假设 $x \in \Re^n$ 为一随机向量，$g : \Re^n \to \Re^m$ 代表任一非线性变换，且 $y = g(x)$。x 的均值和方差分别为 $\bar{x}$ 和 P_x，Sigma 点卡尔曼滤波器可以通过以下几个步骤来完成。

（1）Sigma 点以及对应的权值计算：

$$\begin{cases} \chi_0 = \bar{x} \\ \chi_i = \bar{x} + \left(\sqrt{(n+\lambda)P_x}\right)_i, \quad i = 1, \cdots, n \\ \chi_i = \bar{x} - \left(\sqrt{(n+\lambda)P_x}\right)_i, \quad i = n+1, \cdots, 2n \end{cases} \tag{2.12}$$

$$\begin{cases} W_0^{(m)} = \lambda / (n+\lambda) \\ W_0^{(c)} = \lambda / (n+\lambda) + (1 - \alpha^2 + \beta) \\ W_i^{(m)} = W_i^{(c)} = 1 / (2(n+\lambda)), \quad i = 1, \cdots, 2n \end{cases} \tag{2.13}$$

其中，$\left(\sqrt{(n+\lambda)P_x}\right)_i$ 是矩阵的平方根（如 Cholesky 分解的下三角矩阵）的第 i 列；$\lambda = \alpha^2 (n+\kappa) - n$；$\alpha$ 决定 Sigma 点的散布程度，通常取一个小的正值（如 0.01）；β 用来描述 x 的分布信息（正态情况下 β 的最优值为 2）；κ 用来保证协方差阵的正定，通常取 0。

（2）时间更新过程。

根据状态方程（2.1），给出 Sigma 点的时间更新：

$$\chi_i(t_k \,|\, t_{k-1}) = f_k(\chi_i(t_{k-1})), \quad i = 0, 1, \cdots, 2n \tag{2.14}$$

状态变量预测值以及协方差分别为

$$\hat{X}(t_k \,|\, t_{k-1}) = \sum_{i=0}^{2n} W_i^{(m)} \chi_i(t_k \,|\, t_{k-1}) \tag{2.15}$$

$$P(t_k \,|\, t_{k-1}) = \sum_{i=0}^{2n} W_i^{(c)} \left(\chi_i(t_k \,|\, t_{k-1}) - \hat{X}_i(t_k \,|\, t_{k-1})\right)\left(\chi_i(t_k \,|\, t_{k-1}) - \hat{X}_i(t_k \,|\, t_{k-1})\right)^{\mathrm{T}} + Q \tag{2.16}$$

根据测量方程（2.2）得出 Sigma 点对应的测量预测以及协方差分别为

$$\hat{Y}_i(t_k \,|\, t_{k-1}) = h(\chi_i(t_k \,|\, t_{k-1})) \tag{2.17}$$

$$\hat{Y}(t_k \,|\, t_{k-1}) = \sum_{i=0}^{2n} W_i^{(m)} \hat{Z}_i(t_k \,|\, t_{k-1}) \tag{2.18}$$

$$P_{YY^{\mathrm{T}}}(t_k) = \sum_{i=0}^{2n} W_i^{(c)} \left(\hat{Y}_i(t_k \,|\, t_{k-1}) - \hat{Y}(t_k \,|\, t_{k-1})\right)\left(\hat{Y}_i(t_k \,|\, t_{k-1}) - \hat{Y}(t_k \,|\, t_{k-1})\right)^{\mathrm{T}} + R \tag{2.19}$$

（3）测量更新过程。

计算滤波增益矩阵：

$$P_{XY}(t_k) = \sum_{i=0}^{2n} W_i^{(c)} \left(\chi_i(t_k \,|\, t_{k-1}) - \hat{X}(t_k \,|\, t_{k-1})\right)\left(\hat{Y}_i(t_k \,|\, t_{k-1}) - \hat{Y}(t_k \,|\, t_{k-1})\right)^{\mathrm{T}} \tag{2.20}$$

$$G(t_k) = P_{XY}(t_k) P_{ZY^{\mathrm{T}}}^{-1}(t_k) \tag{2.21}$$

更新状态变量及对应的协方差矩阵分别为

$$\hat{X}(t_k) = \hat{X}(t_k \mid t_{k-1}) + G(t_k)\big(Y(t_k) - \hat{Y}(t_k \mid t_{k-1})\big) \qquad (2.22)$$

$$P(t_k) = P(t_k \mid t_{k-1}) - G(t_k)P_{YY^{\mathrm{T}}}(t_k)G^{\mathrm{T}}(t_k) \qquad (2.23)$$

2.2.3　粒子滤波技术

众多科研人员在目标跟踪、计算机视觉、机器人定位、无线通信等领域几乎同时提出了多种基于贝叶斯估计思想的非线性滤波新方法，如 Bootstrap Filter、Condensation Tracks、Particle Filter、Sequential Monte Carlo Method、Survival of The Fittest、Interacting Particle Approximation 等。尽管名字五花八门，但是这些算法大同小异，都是基于贝叶斯抽样估计的序列重要抽样（sequential importance sample，SIS）滤波思想[85]。由于粒子滤波算法概念清晰，摆脱了解决非线性滤波问题所采用的扩展卡尔曼滤波算法的随机量必须满足高斯分布的制约条件，并在一定程度上解决了粒子数样本匮乏问题，随着计算能力和并行计算技术的发展，实时运算也变成了可能。因此，短短的几年时间，粒子滤波算法便获得了很大的发展，并在许多领域得到成功应用[86]。在目标跟踪领域，粒子滤波算法是解决一些传统方法难以解决或者实现困难的问题的有力工具，这主要得益于其能够有效地处理非线性非高斯问题的能力，以及容易实现等优点。从 1993 年开始，国外很多学者就致力于粒子滤波在跟踪领域的应用研究，以期达到更好的跟踪效果。其研究成果逐步从单目标一直到多目标的跟踪、从非机动目标到机动目标的跟踪。但是至今为止，粒子滤波方法还是停留在实验仿真阶段，还没有一套成熟的理论给出粒子滤波的稳定性、收敛性的证明。

下面给出基本的粒子滤波算法描述[85]。

（1）初始化：$k = 0$。

采样：$x_0^i \sim p(x_0)$，即根据 $p(x_0)$ 分布采样得到 x_0^i，$i = 1, \cdots, N$，设定 $k = 1$。

（2）重要性权值计算。

根据式（2.1）状态预测：$\tilde{x}_k^i \sim p\big(x_k \mid x_{k-1}^i\big)$，$i = 1, \cdots, N$，设定 $\tilde{x}_{0:k}^i = \big(x_{0:k-1}^i, \tilde{x}_k^i\big)$；

根据式（2.2）计算重要性权值：$w_k^i = p\big(y_k \mid \tilde{x}_k^i\big)$，$i = 1, \cdots, N$；

归一化重要性权值：$\tilde{w}_k^i = w_k^i \Big/ \sum_{j=1}^{N} w_k^j$。

（3）重采样。

从 $\big(\tilde{x}_{0:k}^i; i = 1, \cdots, N\big)$ 集合中根据重要性权值 $\tilde{w}_k^i$ 重新采样得到新的 N 个粒子的集合 $\big(x_{0:k}^i; i = 1, \cdots, N\big)$，并重新分配粒子权值：$w_k^i = \tilde{w}_k^i = 1 / N$。

（4）输出。

状态估计：$\tilde{x}_k = \sum\limits_{i=1}^{N} w_k^i x_k^i$；方差估计：$P_k = \sum\limits_{i=1}^{N} w_k^i \left(x_k^i - \hat{x}_k \right) \left(x_k^i - \hat{x}_k \right)^{\mathrm{T}}$。设定 $k \to k+1$，返回步骤（2）。

2.2.4　交互式多模型滤波

IMM 算法与一般多模型加权算法的不同之处在于它用马尔可夫过程描述模型间的转换，同时导出对卡尔曼滤波输入输出均进行加权的交互式算法。即它对滤波器的输入、输出均进行了巧妙的加权综合。多模型算法由于采用多个数学模型同时去匹配实际空间运动的某一未知和变化的目标状态，因此比单个模型滤波器具有更高的总体跟踪精度。但实际上多模型算法的性能很大程度上取决于多模型滤波状态与方差的综合技巧。

设一个混合系统的离散化状态方程和观测方程为

$$\begin{cases} x_{k+1} = F_k^j x_k + G_j \omega_k^j \\ y_k = h_j(x_k) + \upsilon_k^j \end{cases}, \quad \forall j \in M \tag{2.24}$$

其中，定义 $F_k^j = F[k, m_j(k)]$，是 k 时刻对应于模型 m_j 的系统状态转移矩阵。定义 $M = \{m_1, m_2, \cdots, m_n\}$ 为描述系统的模型集，m_j 是模型模式状态，即系统模型标注，它表示从 k 时间开始的一个采样周期内，该模型模式有效。h、ω 和 υ 中的 j 均表示对应模型 m_j。一般 M 的选取应考虑系统所有可能的变化情况，即模型集覆盖了所有的系统运动特征。但实际上，由于受计算负荷、滤波性能等影响，M 的取值更多的是考虑覆盖系统的主要运动特征，而不宜取得过多过细。

交互作用多模型算法是一种递归算法，它假设模型的数目是有限的。算法的每一个循环包括以下几步：输入交互、滤波、更新模型概率和输出综合。IMM 的计算公式如下所示（为了方便起见，在不混淆的情况下，将采样时刻用圆括号括起来表示）。

1. 输入交互（$\forall j \in M$）

交互概率计算：

$$\mu_{i|j}(k-1|k-1) = \frac{P_{ij}\mu_i(k-1)}{\bar{c}_j} \tag{2.25}$$

其中，$\bar{c}_j = \sum\limits_i P_{ij}\mu_i(k-1)$。

混合状态以及对应协方差：

$$\hat{x}_{0j}(k-1|k-1) = \sum_i \hat{x}_i(k-1|k-1)\mu_{i|j}(k-1|k-1) \tag{2.26}$$

$$P_{0j}(k-1|k-1) = \sum_i \Big(P_i(k-1|k-1) + \big(\hat{x}_i(k-1|k-1) - \hat{x}_{0j}(k-1|k-1)\big) \tag{2.27}$$
$$\times \big(\hat{x}_i(k-1|k-1) - \hat{x}_{0j}(k-1|k-1)\big)^{\mathrm{T}}\Big) \times \mu_{i|j}(k-1|k-1)$$

2. 滤波（ $\forall j \in M$ ）

因为测量方程是非线性方程，所以子滤波器可以选取上述的几种非线性滤波方法，这里针对 EKF 滤波器详细推导公式，也可以把 EKF 子滤波器换成 PF、UKF 子滤波器。

状态预测及对应协方差：

$$\hat{x}_j(k|k-1) = F_j(k-1)\hat{x}_{0j}(k-1|k-1) + G_j(k-1)\bar{V}_j(k-1) \tag{2.28}$$
$$P_j(k|k-1) = F_j(k-1)P_{0j}(k-1|k-1)F_j(k-1)^{\mathrm{T}} + G_j(k-1)Q_j(k-1)G_j(k-1)^{\mathrm{T}} \tag{2.29}$$

残差及对应协方差：

$$r_j = y(k) - h_j(\hat{x}_j(k|k-1)) \tag{2.30}$$
$$S_j(k) = H_j(k)P_j(k|k-1)H_j(k)^{\mathrm{T}} + R_j(k) \tag{2.31}$$

其中，$H_j(k) = \dfrac{\partial h_j(x(k))}{\partial X}\Big|_{x=\hat{x}(k|k-1)}$ 。

滤波增益：

$$K_j(k) = P_j(k|k-1)H_j(k)S_j(k)^{-1} \tag{2.32}$$

状态更新以及对应协方差：

$$\hat{x}(k|k) = \hat{x}_j(k|k-1) + k_j(k)r_j(k) \tag{2.33}$$
$$P_j(k|k) = P_j(k|k-1) - K_j(k)R_j(k)K_j(k)^{\mathrm{T}} \tag{2.34}$$

3. 组合

似然函数：

$$\Lambda_j(k) = N(r_j(k); 0, S_j(k)) \tag{2.35}$$

概率更新：

$$\mu_j(k) = \frac{1}{c}\Lambda_j(k)\sum_i P_{ij}\mu_i(k-2) \tag{2.36}$$

组合输出：

$$\hat{x}(k|k) = \sum \hat{x}_j(k|k)\mu_j(k) \tag{2.37}$$
$$P(k|k) = \sum_j \Big(P_j(k|k) + \big(\hat{x}_j(k|k) - \hat{x}(k|k)\big) \times \big(\hat{x}_j(k|k) - \hat{x}(k|k)\big)^{\mathrm{T}}\Big)\mu_j(k) \tag{2.38}$$

2.3　鲁棒估计方法

自卡尔曼滤波理论提出以来，引起了广大学者的广泛关注并得到了广泛应用。在卡尔曼滤波框架下，目的是要通过滤波器结构来估计输出误差信号（或状态的线性组合），使得在滤波误差意义下的某种性能判据最小。这使得 H_2 滤波设计在噪声输入假定具有已知能量谱密度情况下成为一种有效手段[87, 88]。卡尔曼滤波的最大问题在于要求系统模型准确，且状态、模型误差和测量误差统计特性的先验知识需要事先已知，即需要准确地知道系统运动模型和外部干扰特性。但是，在实际中，往往无法得到准确的系统模型结构和参数，或者由于器件老化、环境影响等因素，通常不能得到准确的噪声统计特性，因此这在实际场合往往是无法实现的。当噪声输入统计特性未知或系统模型存在误差时，卡尔曼滤波器的性能变差甚至发散。

因此，20 世纪 90 年代以后，鲁棒状态估计这一问题引起了国内外学者的极大关注。卡尔曼滤波方法与鲁棒滤波方法的主要区别在于对不确定项的描述方法不同。前者将不确定参数假定为随机噪声向量，其统计特性服从某一已知分布。后者将不确定参数假设成随意变化的参数，只知道参数变化的上界，从而得到卡尔曼滤波不同的滤波思路和方法。

2.3.1　鲁棒滤波概述

对存在非高斯噪声输入和系统扰动的系统，大致有以下三种方案对滤波器进行设计[89, 90]：①H_∞滤波理论，假定系统的噪声输入为能量有界的信号，状态估计器设计的依据是使噪声信号到滤波误差信号的传递函数的 H_∞ 范数小于给定值；②L_1 滤波，假定系统的噪声输入为峰值有界的信号，设计滤波器的目的是使对于所有峰值有界的噪声输入，最差情况下的滤波误差信号峰值有界，因此又被称为峰值-峰值滤波；③L_2-L_∞滤波，即假定系统的噪声输入为能量有界的信号，与 H_∞滤波的区别在于滤波器设计的依据是使误差系统具有一定的扰动抑制水平，即对于所有有界能量输入噪声，使最差情况下的误差信号峰值有界，因此又被称为能量-峰值滤波。当考虑系统不确定性时，国内外学者分别结合以上性能指标提出了鲁棒 H_∞滤波、鲁棒 L_2-L_∞滤波、混合 H_2/H_∞滤波、集员估计、保代价估计以及鲁棒 L_1 滤波等。主要采用的方法有 Riccati 方程法[91-93]、多项式方程[94]和线性矩阵不等式（LMI）法[95]。

总的来说，鲁棒状态估计及滤波的研究开展了十余年并取得了一系列研究成果，但这些研究成果仍然是比较有限的，其中的一些难点问题尚未得到很好的解决，主要体现在以下几个方面。

（1）复杂动态系统的鲁棒状态估计问题。针对一些复杂的不确定系统，如广义系统、时滞系统、非线性系统等，尽管已经陆续有一些成果报道，但是这些研究成果所处理的问题还十分有限，有待投入更多的研究精力。

（2）降阶稳健状态估计器。由于具有实时计算量小、实现简便、可靠性较高等优点，降阶状态估计器在工程中具有广泛的应用价值。但是降阶稳健状态估计器的设计一直是个难点问题，如何引入新的研究思想和方法解决降阶鲁棒状态估计器的设计是值得研究的难点问题。

（3）性能保守性问题。以上鲁棒状态估计方法的共同之处在于把非高斯噪声和不确定性放在确定性描述的框架下进行分析，使最坏情况下的性能函数最优。这种思路存在的缺陷在于：①其中有些问题在计算复杂性上来说是 NP-hard 问题[96]；②这种确定性方法是基于最坏情况下考虑的，但在实际设计一个滤波器时考虑其最坏情况有时不一定是真正必要的，因为对于模型不确定性的过分保守的约束可能使得最坏情况几乎不可能发生，所以基于最坏情形考虑问题将会带来很大的保守性。近年来，有些学者提出通过引入附加矩阵变量来解除 Lyapunov 矩阵与系统矩阵的乘积项的思想来设计稳健状态估计器，从而降低其保守性[97-99]。

下面针对以上问题，利用 LMI 方法对研究结果较少的离散系统能量-峰值滤波器进行设计和分析，包括全阶和降阶滤波器，并将常规状态空间系统的结果推广到广义系统①。

2.3.2　降阶鲁棒滤波器

实际应用系统中很多情况下需要考虑以下问题：对所有能量有界的扰动，是如何保证滤波误差的幅值（或峰值）有界的。例如，电路系统、导航系统、通信系统和建筑结构估计等，能量-峰值(L_2-L_∞)滤波器就是针对这样的一类系统要求提出来的[99]。L_2-L_∞性能判据由 Wilson 在文献[98]中提出，然后被用到控制器设计，即广义 H_2 控制问题[99-101]。而基于能量-峰值判据的滤波器首次由 Grigoriadis 和 Watson 在文献[102]中提出。这里我们利用 LMI 方法，对常规状态空间系统和广义系统进行全阶和降阶的能量-峰值滤波器设计。

---

① 广义系统又称奇异系统、广义状态空间系统、微分-代数系统或半状态系统。它既描述了动态过程又可包含代数关系，因此是很多实际系统的自然描述。近年来其研究已深入机器人、电力、网络、经济以及互联的大尺度系统等。

1. 问题描述与相关引理

本节对所考虑的问题进行描述，并给出相关定义和引理。考虑如下离散时间广义系统（注意：常规状态空间系统正是 $E = I_n$ 的特例，由本章后面的内容可以看到本节结果将常规状态空间系统的相关结果作为特例包含在内）：

$$（\Sigma_d）：\qquad Ex(k+1) = Ax(k) + B\omega(k) \qquad (2.39)$$

$$y(k) = Cx(k) + D\omega(k) \qquad (2.40)$$

$$z(k) = Lx(k) \qquad (2.41)$$

其中，$x(k) \in \Re^n$ 是系统的状态变量；$y(k) \in \Re^m$ 和 $z(k) \in \Re^q$ 分别是测量信号和待估计的信号；$\omega(k) \in \Re^p$ 是扰动输入并属于 $l_2[0, \infty)$；矩阵 $E \in \Re^{n \times n}$ 可能是奇异矩阵，其秩 $\mathrm{rank}(E) = r \leqslant n$；$A$、$B$、$C$、$D$ 和 L 为适当维数的常数矩阵，为了简便明了，后面用 (E, A, B, C, D) 来表示系统（2.39）和（2.40）。假定：①原系统 Σ_d 是可容许的（admissible）；②$\ker(E) \subseteq \ker(C)$ 或 $\ker(E^T) \subseteq \ker(B^T)$；③$D = 0$ 以保证 L_2-L_∞ 范数的有重性[88]。

对于（Σ_d）的自治系统，即 $\omega(k) = 0$ 的系统

$$（\Sigma_d'）：\qquad Ex(k+1) = Ax(k) \qquad (2.42)$$

先给出几个基本定义[89, 90]。

定义 2.1　如果 $\det(zE-A)$ 不恒等于零，则系统（2.42）为正则（regular）系统；如果 $\deg(\det(zE-A)) = \mathrm{rank}(E)$，则系统为因果的（casual）；如果 $\det(zE-A) = 0$ 的所有根都在单位圆盘内部，则系统为稳定系统。基于此，如果系统（2.42）为正则的、因果的、稳定的，则系统为可容许系统。

为了对 $z(k)$ 进行估计，考虑如下滤波器：

$$（F_d）：\qquad \hat{E}\xi(k+1) = \hat{A}\xi(k) + \hat{B}y(k) \qquad (2.43)$$

$$\hat{z}(k) = \hat{C}\xi(k) + \hat{D}y(k) \qquad (2.44)$$

其中，$\xi(k) \in \Re^{\hat{n}}$（$\hat{n} \leqslant n$）和 $\hat{z}(k) \in \Re^q$ 分别为滤波器的状态和输出。一方面，考虑到常规状态空间系统在很多情况下较广义系统容易物理实现[51]，另一方面，考虑到滤波器（F_d）的可容许性，不失一般性，假定滤波器（F_d）为常规状态空间系统，也就是说滤波器（2.43）中 $\hat{E} = I$。因此，滤波器设计的目标就是确定其参数，包括 $\hat{A} \in \Re^{\hat{n} \times \hat{n}}$，$\hat{B} \in \Re^{\hat{n} \times m}$，$\hat{C} \in \Re^{q \times \hat{n}}$ 和 $\hat{D} \in \Re^{q \times m}$。令 $\tilde{z}(t) = z(t) - \hat{z}(t)$，$\eta(t) = [x^T(t)\ \xi^T(t)]^T$，则原系统（$\Sigma_d$）与滤波器（$F_d$）之间的滤波误差动态系统可表示为

$$（\tilde{\Sigma}_d）：\qquad \tilde{E}\eta(k+1) = \tilde{A}\eta(k) + \tilde{B}\omega(k) \qquad (2.45)$$

$$\tilde{z}(k) = \tilde{C}\eta(k) \qquad (2.46)$$

其中

$$\tilde{E} = \begin{bmatrix} E & 0 \\ 0 & I \end{bmatrix}, \quad \tilde{A} = \begin{bmatrix} A & 0 \\ \hat{B}C & \hat{A} \end{bmatrix}, \quad \tilde{B} = \begin{bmatrix} B \\ 0 \end{bmatrix}, \quad \tilde{C} = \begin{bmatrix} L - \hat{D}C & -\hat{C} \end{bmatrix} \quad (2.47)$$

如果误差动态系统（2.45）和（2.46）是正则的，其传递函数可唯一确定如下：

$$T_{\hat{z}\omega}(z) = \tilde{C}(z\tilde{E} - \tilde{A})^{-1}\tilde{B} \quad (2.48)$$

本节所考虑的能量-峰值滤波问题可描述如下：给定离散时间系统（Σ_d）和能量-峰值增益上界 $\gamma > 0$，确定一个如系统（2.45）和（2.46）所示固定阶数的滤波器（F_d），使得滤波误差系统（$\tilde{\Sigma}_d$）是可容许的，且 $\|T_{\hat{z}\omega}(z)\|_{l_2 - l_\infty} < \gamma$。值得注意的是，当阶数 $\hat{n} = 0$ 时，滤波系统（2.45）和（2.46）退化为

$$\hat{z}(k) = \hat{D}y(k) \quad (2.49)$$

这种情况下，降阶能量-峰值滤波器即为静态或者零阶滤波器。在给出主要结论之前，先引出如下引理[92, 93]。

引理 2.1 离散时间系统（Σ_d'）是可容许的，当且仅当存在一个矩阵 $P = P^T \in \mathfrak{R}^{n \times n}$ 满足如下广义离散 Lyapunov 不等式：

$$E^T PE - A^T PA < 0 \quad (2.50)$$

$$E^T PE \geq 0 \quad (2.51)$$

以下引理给出了离散常规状态空间系统能量-峰值增益的特性[59, 71]。

引理 2.2 令 $\gamma > 0$ 为给定常数，离散状态空间系统 $(I, A, B, C, 0)$ 为稳定系统，且其传递函数的能量-峰值增益 $\|T_{y\omega}'(z)\|_{l_2 - l_\infty} < \gamma$，当且仅当存在矩阵 $P = P^T > 0$ 使得

$$A^T PA + C^T C < P \quad (2.52)$$

$$B^T PB < \gamma^2 I \quad (2.53)$$

2. 能量-峰值性能分析

本节将导出离散系统的有界实引理（BRL）以保证其能量-峰值性能。为此，先给出如下定理，建立起系统 $(E, A, B, C, 0)$ 的可容许性且 $\|T_{y\omega}(z)\|_{l_2 - l_\infty} < \gamma$ 与扩展系统 $(\hat{E}, \hat{A}, \hat{B}, \hat{C}, 0)$ 的一组不等式的可解性之间的等价关系。

定理 2.1 广义系统（Σ_d）是容许的且 $\|T_{y\omega}(z)\|_{l_2 - l_\infty} < \gamma$，当且仅当存在 $\hat{P} = \hat{P}^T$ 使得

$$\hat{E}^T \hat{P} \hat{E} \geq 0 \quad (2.54)$$

$$\hat{A}^T \hat{P} \hat{A} - \hat{E}^T \hat{P} \hat{E} + \hat{C}^T \hat{C} < 0 \quad (2.55)$$

$$\hat{B}^T \hat{E}^T \hat{P} \hat{E} \hat{B} < \gamma^2 I \quad (2.56)$$

其中

$$\hat{E} := \begin{bmatrix} E & 0 \\ 0 & 0 \end{bmatrix}, \quad \hat{A} := \begin{bmatrix} A & 0 \\ 0 & I_{n'} \end{bmatrix}, \quad \hat{B} := \begin{bmatrix} B \\ 0 \end{bmatrix}, \quad \hat{C} := [C \ I] \qquad (2.57)$$

证明 （充分性）根据式（2.55），有 $\hat{A}^T \hat{P} \hat{A} - \hat{E}^T \hat{P} \hat{E} < 0$。这个不等式联立式（2.54）可得（$\hat{E}, \hat{A}$）是可容许的（由引理 2.1 可得）。注意到 $\mathrm{rank}(\hat{E}) = \mathrm{rank}(E)$ 且 $\det(z\hat{E} - \hat{A}) = (-1)^{n'} \det(zE - A)$，则（$E, A$）是可容许的。下面要证明 $\left\| T_{y\omega}(z) \right\|_{l_2 - l_\infty} < \gamma$。由于（$\hat{E}, \hat{A}$）是可容许的，存在两个实正交矩阵 M 和 N 使得[91]

$$M\hat{E}N = \begin{bmatrix} I & 0 \\ 0 & 0 \end{bmatrix} =: \breve{E}, \quad M\hat{A}N = \begin{bmatrix} A_1 & 0 \\ 0 & I \end{bmatrix} =: \breve{A}$$

其中，A_1 是稳定的。定义 $M\hat{B} = [B_1 \ 0]^T =: \breve{B}$，$\hat{C}N = [C_1 \ C_2] =: \breve{C}$，基于此，按照 $\breve{E}$ 和 $\breve{A}$ 定义如下分块阵：

$$\breve{P} := M^{-T} \hat{P} M^{-1} = \begin{bmatrix} P_1 & P_2 \\ P_2^T & P_3 \end{bmatrix}$$

将式（2.55）分别左乘 N^T 和右乘 N 可得如下不等式：

$$\breve{A}^T \breve{P} \breve{A} - \breve{E}^T \breve{P} \breve{E} + \breve{C}^T \breve{C} < 0 \qquad (2.58)$$

注意到 M 和 N 是正交阵，式（2.56）分别左乘 N^T 和右乘 N 可得

$$\breve{B}^T \breve{E}^T \breve{P} \breve{E} \breve{B} < \gamma^2 I \qquad (2.59)$$

再将 $\breve{E}$、$\breve{A}$、$\breve{B}$ 和 $\breve{C}$ 代入式（2.58）可得

$$\begin{bmatrix} A_1^T P_1 A_1 + C_1^T C_1 - P_1 & A_1^T P_2 + C_1^T C_2 \\ P_2^T A_1 + C_2^T C_1 & P_3 + C_2^T C_2 \end{bmatrix} < 0 \qquad (2.60)$$

由式（2.60）得知 $A_1^T P_1 A_1 + C_1^T C_1 - P_1 < 0$，并且

$$B_1^T P_1 B_1 < \gamma^2 I \qquad (2.61)$$

进而分别左乘 N^T 和右乘 N 可得 $\breve{E}^T \breve{P} \breve{E} \geqslant 0$。然后将 $\breve{E}$ 和 $\breve{P}$ 代入，有 $\mathrm{diag}(P_1, 0) \geqslant 0$，由此可得 $P_1 \geqslant 0$。可以构造 $P_\delta := P_1 + \delta I > 0$，其中 $\delta > 0$ 是任意小标量，使得

$$A_1^T P_\delta A_1 + C_1^T C_1 - P_\delta < 0 \qquad (2.62)$$

$$B_1^T P_\delta B_1 < \gamma^2 I \qquad (2.63)$$

因此，由引理 2.2 可得 $\left\| T'_{y\omega}(z) \right\|_{l_2 - l_\infty} = \left\| C_1 (zI - A_1)^{-1} B_1 \right\|_{l_2 - l_\infty} < \gamma$。注意到

$$T_{y\omega}(z) = C(zE - A)^{-1} B = \hat{C}(z\hat{E} - \hat{A})^{-1} \hat{B} = C_1(zI - A_1)^{-1} B_1 \qquad (2.64)$$

其中，最后一个等式使用了线性变换下不改变系统传递函数的性质。

（必要性）由于（$\hat{E}, \hat{A}$）是可容许的，不失一般性，假定

$$\hat{E} = \begin{bmatrix} I & 0 \\ 0 & 0 \end{bmatrix}, \quad \hat{A} = \begin{bmatrix} A_1 & 0 \\ 0 & I \end{bmatrix}, \quad \hat{B} = \begin{bmatrix} B_1 \\ 0 \end{bmatrix}, \quad \hat{C} = [C_1 \ C_2] \qquad (2.65)$$

其中，A_1 是稳定的。由于 $\left\| T_{y\omega}(z) \right\|_{l_2 - l_\infty} = \left\| C_1(zI - A_1)^{-1} B_1 \right\|_{l_2 - l_\infty} < \gamma$，由引理 2.2 可知

存在一个矩阵 $P_1 > 0$ 满足式（2.61），且 $A_1^T P_1 A_1 + C_1^T C_1 - P_1 < 0$。由于 A_1 是稳定的，存在

$$P_\delta = P_\delta^T := \begin{bmatrix} P_1 & A_1^{-T} C_1^T C_2 \\ C_2^T C_1 A_1^{-1} & -\delta^{-1} I - C_2^T C_2 \end{bmatrix}$$

满足式（2.54）～式（2.56），其中 $\delta > 0$ 是一个充分小的标量。

定理 2.2　广义系统（Σ_d）是可容许的，且 $\left\| T_{y\omega}(z) \right\|_{l_2 - l_\infty} < \gamma$，当且仅当存在矩阵 $P = P^T$ 使得

$$E^T P E \geqslant 0 \tag{2.66}$$
$$A^T P A - E^T P E + C^T C < 0 \tag{2.67}$$
$$B^T E^T P E B < \gamma^2 I \tag{2.68}$$

证明　根据定理 2.1，只需证明式（2.54）～式（2.56）和式（2.66）～式（2.68）具有同样的可解条件即可。为此，假定存在矩阵 $\hat{P} = \hat{P}^T$ 满足式（2.54）～式（2.56）。按照式（2.57）的块结构定义如下矩阵分块：

$$\hat{P} = \begin{bmatrix} P_a & P_b \\ P_b^T & P_a \end{bmatrix}$$

将其代入式（2.54）～式（2.56）并利用 Schur 补引理[94]，令 $P = P_a$ 即可得式（2.66）～式（2.68）。相反地，假定 $P = P^T$ 满足式（2.66）～式（2.68），不难验证存在

$$P_\delta' := \begin{bmatrix} P & A^{-T} C^T \\ C^T A^{-1} & -(1 + \delta^{-1}) I \end{bmatrix}$$

使得式（2.54）～式（2.56）成立，其中 $\hat{P} = P_\delta'$，$\delta > 0$ 是一个充分小的标量。在 A 不可逆的情况下，可以使用 Moore-Penrose 逆。

注 2.2　定理 2.2 将引理 2.2 由常规状态空间系统扩展到了广义系统，因为 $E = I$ 的情况下，式（2.66）～式（2.68）退化为式（2.52）和式（2.53）。因此，定理 2.2 包含引理 2.2。

推论 2.1　广义系统（Σ_d）是可容许的，且 $\left\| T_{y\omega}(z) \right\|_{l_2 - l_\infty} < \gamma$，当且仅当存在矩阵 $P = P^T$ 使得

$$E P E^T \geqslant 0 \tag{2.69}$$
$$A P A^T - E P E^T + B B^T < 0 \tag{2.70}$$
$$C E P E^T C^T < \gamma^2 I \tag{2.71}$$

证明　注意到对偶系统的传递函数相等，即 $\left\| T_{y\omega}(z) \right\|_{l_2 - l_\infty} = \left\| T_{y\omega}^T(z) \right\|_{l_2 - l_\infty}$，由定理 2.2 即可得证。

3. 降阶能量-峰值滤波器设计

本节给出降阶能量-峰值滤波问题的可解条件以及求解滤波器的参数化过程。

定理 2.3 对于离散系统（Σ_d），存在如式（2.43）和式（2.44）所示的 $\hat{n}$ 阶滤波器（F_d）满足能量-峰值条件，当且仅当存在矩阵 $X \leqslant Y$（$Y \geqslant 0$）使得

$$E^\mathrm{T} X E \geqslant 0 \tag{2.72}$$

$$E^\mathrm{T} Y E \geqslant 0 \tag{2.73}$$

$$A^\mathrm{T} X A - E^\mathrm{T} X E < 0 \tag{2.74}$$

$$\begin{bmatrix} C^{\mathrm{T}\perp} & 0 \\ 0 & I \end{bmatrix} \begin{bmatrix} A^\mathrm{T} Y A - E^\mathrm{T} Y E & L^\mathrm{T} \\ L & -I \end{bmatrix} \begin{bmatrix} C^{\mathrm{T}\perp\mathrm{T}} & 0 \\ 0 & I \end{bmatrix} < 0 \tag{2.75}$$

$$B^\mathrm{T} E^\mathrm{T} Y E B < \gamma^2 I \tag{2.76}$$

$$\mathrm{rank}(Y - X) \leqslant \hat{n} \tag{2.77}$$

若以上矩阵不等式组存在可行矩阵对 (X, Y)，对应的 $\hat{n}$ 阶 γ 次优能量-峰值滤波器可表述如下：

$$\begin{bmatrix} \hat{D}, & \hat{C} \\ \hat{B}, & \hat{A} \end{bmatrix} = -\rho \varGamma^\mathrm{T} \varPhi \varLambda^\mathrm{T} (\varLambda \varPhi \varLambda^\mathrm{T})^{-1} \tag{2.78}$$

其中

$$\varGamma = \begin{bmatrix} 0 \\ 0 \\ I \end{bmatrix}, \quad \varLambda = \begin{bmatrix} C & 0 & 0 & 0 \\ 0 & I & 0 & 0 \end{bmatrix}$$

$\rho > 0$ 为任意标量满足 $\varPhi := (\rho \varGamma \varGamma^\mathrm{T} - \varTheta)^{-1} > 0$，其中

$$\varTheta = \begin{bmatrix} A^\mathrm{T} X A - E^\mathrm{T} Y E & -E^\mathrm{T} W_1 & L^\mathrm{T} & 0 & A^\mathrm{T} W_1 W_2^{-1} \\ -W_1^\mathrm{T} E & -W_2 & 0 & 0 & 0 \\ L & 0 & -(1+\varepsilon)I & -\varepsilon I & 0 \\ 0 & 0 & -\varepsilon I & -\varepsilon I & 0 \\ W_2^{-\mathrm{T}} W_1^\mathrm{T} A & 0 & 0 & 0 & -W_2^{-1} \end{bmatrix}$$

其中，$W_1 \in \mathfrak{R}^{n \times \hat{n}}$，$W_2 \in \mathfrak{R}^{\hat{n} \times \hat{n}}$，$W_2 > 0$ 满足

$$Y - X = W_1 W_2^{-1} W_1^\mathrm{T}$$

并且 $\varepsilon > 0$ 为任意标量满足

$$\begin{bmatrix} A^\mathrm{T} X A - E^\mathrm{T} X E & L^\mathrm{T} \\ L & -(1+\varepsilon)I \end{bmatrix} < 0$$

证明　根据定理 2.1,滤波误差动态系统($\tilde{\Sigma}_d$)是可容许的,且 $\left\|T_{\tilde{z}\omega}(z)\right\|_{l_2-l_\infty} < \gamma$,

当且仅当存在矩阵 $\tilde{P} = \tilde{P}^{\mathrm{T}}$ 满足

$$\tilde{E}^{\mathrm{T}}\tilde{P}\tilde{E} \geqslant 0 \tag{2.79}$$

$$\tilde{A}^{\mathrm{T}}\tilde{P}\tilde{A} - \tilde{E}^{\mathrm{T}}\tilde{P}\tilde{E} + \tilde{C}^{\mathrm{T}}\tilde{C} < 0 \tag{2.80}$$

$$\tilde{B}^{\mathrm{T}}\tilde{E}^{\mathrm{T}}\tilde{P}\tilde{E}\tilde{B} < \gamma^2 I \tag{2.81}$$

根据矩阵 $\bar{A}$ 的分块结构定义如下矩阵:

$$\tilde{P} = \begin{bmatrix} W & W_1 \\ W_1^{\mathrm{T}} & W_2 \end{bmatrix}$$

从而式(2.78)可重述如下:

$$\begin{bmatrix} E^{\mathrm{T}}WE & E^{\mathrm{T}}W_1 \\ W_1^{\mathrm{T}}E & W_2 \end{bmatrix} \geqslant 0 \tag{2.82}$$

利用 Schur 补引理,可知

$$E^{\mathrm{T}}WE \geqslant 0 , \quad W_2 \geqslant 0 \tag{2.83}$$

由式(2.80)可知, $\tilde{A}^{\mathrm{T}}\tilde{P}\tilde{A} - \tilde{E}^{\mathrm{T}}\tilde{P}\tilde{E} < 0$,则将 $\tilde{P}$ 、 $\tilde{A}$ 和 $\tilde{E}$ 代入可得 $\hat{A}^{\mathrm{T}}W_2\hat{A} - W_2 < 0$ 。
结合式(2.83)可得 $W_2 > 0$ 。因此,对式(2.83)再次使用 Schur 补引理可得

$$E^{\mathrm{T}}\left(W - W_1 W_2^{-1} W_1^{\mathrm{T}}\right)E \geqslant 0 \tag{2.84}$$

另外,由式(2.81)可得

$$B^{\mathrm{T}}E^{\mathrm{T}}WEB < \gamma^2 I \tag{2.85}$$

另外,不难验证式(2.47)中 $\tilde{A}$ 和 $\tilde{C}$ 可分别表示成

$$\tilde{A} = \bar{A} + \bar{F}G\bar{H} , \quad \tilde{C} = \bar{C} + \bar{S}G\bar{H} \tag{2.86}$$

其中

$$\bar{A} = \begin{bmatrix} A & 0 \\ 0 & 0 \end{bmatrix}, \quad \bar{F} = \begin{bmatrix} 0 & 0 \\ 0 & I \end{bmatrix}, \quad \bar{H} = \begin{bmatrix} C & 0 \\ 0 & I \end{bmatrix}, \quad \bar{C} = [L \ \ 0], \quad \bar{S} = [-I \ \ 0]$$

扩展矩阵:

$$G = \begin{bmatrix} \hat{D} & \hat{C} \\ \hat{B} & \hat{A} \end{bmatrix}$$

包含待确定的滤波器参数。

将式(2.86)代入式(2.80),再运用 Schur 补引理可得

$$\begin{bmatrix} (\bar{A} + \bar{F}G\bar{H})^{\mathrm{T}}\tilde{P}(\bar{A} + \bar{F}G\bar{H}) - \tilde{E}^{\mathrm{T}}\tilde{P}\tilde{E} & (\bar{C} + \bar{S}G\bar{H})^{\mathrm{T}} \\ \bar{C} + \bar{S}G\bar{H} & -I \end{bmatrix} < 0 \tag{2.87}$$

即

$$\begin{bmatrix} \bar{A}^{\mathrm{T}}\tilde{P}\bar{A}-\tilde{E}^{\mathrm{T}}\tilde{P}\tilde{E} & \bar{C}^{\mathrm{T}} \\ \bar{C} & -I \end{bmatrix} + \begin{bmatrix} \bar{A}^{\mathrm{T}}\tilde{P}\bar{F} \\ \bar{S} \end{bmatrix}\begin{bmatrix} G\bar{H} & 0 \end{bmatrix}$$

$$+ \begin{bmatrix} \bar{H}^{\mathrm{T}}G^{\mathrm{T}} \\ 0 \end{bmatrix}\begin{bmatrix} \bar{F}^{\mathrm{T}}\tilde{P}\bar{A} & \bar{S}^{\mathrm{T}} \end{bmatrix} + \begin{bmatrix} \bar{H}^{\mathrm{T}}G^{\mathrm{T}} \\ 0 \end{bmatrix}\bar{F}^{\mathrm{T}}\tilde{P}\bar{F}\begin{bmatrix} G\bar{H} & 0 \end{bmatrix} < 0 \qquad (2.88)$$

注意到

$$\bar{F}^{\mathrm{T}}\tilde{P}\bar{F} = \begin{bmatrix} 0 & 0 \\ 0 & W_2 \end{bmatrix} \geqslant 0 \qquad (2.89)$$

则式（2.88）成立，当且仅当存在标量 $\varepsilon > 0$ 使得

$$\begin{bmatrix} \bar{A}^{\mathrm{T}}\tilde{P}\bar{A}-\tilde{E}^{\mathrm{T}}\tilde{P}\tilde{E} & \bar{C}^{\mathrm{T}} \\ \bar{C} & -I \end{bmatrix} + \begin{bmatrix} \bar{A}^{\mathrm{T}}\tilde{P}\bar{F} \\ \bar{S} \end{bmatrix}\begin{bmatrix} G\bar{H} & 0 \end{bmatrix}$$

$$+ \begin{bmatrix} \bar{H}^{\mathrm{T}}G^{\mathrm{T}} \\ 0 \end{bmatrix}\begin{bmatrix} \bar{F}^{\mathrm{T}}\tilde{P}\bar{A} & \bar{S}^{\mathrm{T}} \end{bmatrix} + \begin{bmatrix} \bar{H}^{\mathrm{T}}G^{\mathrm{T}} \\ 0 \end{bmatrix}U\begin{bmatrix} G\bar{H} & 0 \end{bmatrix} < 0$$

其中，$U = \mathrm{diag}(\varepsilon^{-1}I, W_2)$。简单的代数运算，上式可重述如下：

$$\begin{bmatrix} \bar{A}^{\mathrm{T}}\tilde{P}\bar{A}-\tilde{E}^{\mathrm{T}}\tilde{P}\tilde{E} & \bar{C}^{\mathrm{T}} \\ \bar{C} & -I \end{bmatrix} + \left(\begin{bmatrix} \bar{H}^{\mathrm{T}}G^{\mathrm{T}} \\ 0 \end{bmatrix} + \begin{bmatrix} \bar{A}^{\mathrm{T}}\tilde{P}\bar{F} \\ \bar{S} \end{bmatrix}U^{-1}\right)U\left(\begin{bmatrix} \bar{H}^{\mathrm{T}}G^{\mathrm{T}} \\ 0 \end{bmatrix} + \begin{bmatrix} \bar{A}^{\mathrm{T}}\tilde{P}\bar{F} \\ \bar{S} \end{bmatrix}U^{-1}\right)^{\mathrm{T}}$$

$$-\begin{bmatrix} \bar{A}^{\mathrm{T}}\tilde{P}\bar{F} \\ \bar{S} \end{bmatrix}U^{-1}\begin{bmatrix} \bar{A}^{\mathrm{T}}\tilde{P}\bar{F} \\ \bar{S} \end{bmatrix}^{\mathrm{T}} < 0$$

根据 Schur 补引理，以上不等式可表示为

$$\begin{bmatrix} \bar{A}^{\mathrm{T}}\bar{P}\bar{A}-\tilde{E}^{\mathrm{T}}\tilde{P}\tilde{E} & \bar{C}^{\mathrm{T}}-\bar{A}^{\mathrm{T}}\tilde{P}\bar{F}U^{-1}\bar{S}^{\mathrm{T}} & \bar{H}^{\mathrm{T}}G^{\mathrm{T}}+\bar{A}^{\mathrm{T}}\tilde{P}\bar{F}U^{-1} \\ \bar{C}-\bar{S}U^{-1}\bar{F}\tilde{P}\bar{A} & -I-\bar{S}U^{-1}\bar{S}^{\mathrm{T}} & \bar{S}U^{-1} \\ G\bar{H}+U^{-1}\bar{F}\tilde{P}\bar{A} & U^{-1}\bar{S}^{\mathrm{T}} & -U^{-1} \end{bmatrix} < 0 \qquad (2.90)$$

其中

$$\bar{P} = \tilde{P} - \tilde{P}\bar{F}U^{-1}\bar{F}^{\mathrm{T}}\tilde{P} = \begin{bmatrix} W-W_1W_2^{-1}W_1^{\mathrm{T}} & 0 \\ 0 & 0 \end{bmatrix}$$

再根据 Finsler 定理[101, 102]，并且注意到 $\bar{F}U^{-1}\bar{S}^{\mathrm{T}} = 0$，式（2.90）可表示成

$$\Gamma G\Lambda + (\Gamma G\Lambda)^{\mathrm{T}} + \Theta < 0 \qquad (2.91)$$

其中，$\Gamma = \begin{bmatrix} 0 & 0 & I \end{bmatrix}^{\mathrm{T}}$；$\Lambda = \begin{bmatrix} \bar{H} & 0 & 0 \end{bmatrix}$

$$\Theta = \begin{bmatrix} \bar{A}^{\mathrm{T}}\bar{P}\bar{A}-\tilde{E}^{\mathrm{T}}\tilde{P}\tilde{E} & \bar{C}^{\mathrm{T}} & \bar{A}^{\mathrm{T}}\tilde{P}\bar{F}U^{-1} \\ \bar{C} & -I-\bar{S}U^{-1}\bar{S}^{\mathrm{T}} & \bar{S}U^{-1} \\ U^{-1}\bar{F}\tilde{P}\bar{A} & U^{-1}\bar{S}^{\mathrm{T}} & -U^{-1} \end{bmatrix}$$

根据 Finsler 定理，且注意到

$$\Gamma^{\perp} = \begin{bmatrix} I & 0 & 0 \\ 0 & I & 0 \end{bmatrix}$$

$$\Lambda^{\mathrm{T}\perp} = \begin{bmatrix} C^{\mathrm{T}\perp} & 0 & 0 \\ \hline 0 & I & 0 \end{bmatrix} \begin{bmatrix} I & 0 & 0 & 0 \\ 0 & 0 & I & 0 \\ \hline 0 & I & 0 & 0 \\ 0 & 0 & 0 & I \end{bmatrix}$$

式（2.91）等价于以下线性不等式：

$$\begin{bmatrix} A^{\mathrm{T}}(W - W_1 W_2^{-1} W_1^{\mathrm{T}})A - E^{\mathrm{T}}WE & -E^{\mathrm{T}}W_1 & L^{\mathrm{T}} \\ -W_1^{\mathrm{T}}E & -W_2 & 0 \\ L & 0 & -(1+\varepsilon)I \end{bmatrix} < 0 \qquad (2.92)$$

$$\begin{bmatrix} C^{\mathrm{T}\perp} & 0 \\ 0 & I \end{bmatrix} \begin{bmatrix} A^{\mathrm{T}}(W - W_1 W_2^{-1} W_1^{\mathrm{T}})A - E^{\mathrm{T}}WE & L^{\mathrm{T}} & 0 & A^{\mathrm{T}}W_1 W_2^{-1} \\ L & -(1+\varepsilon)I & -\varepsilon I & 0 \\ 0 & -\varepsilon I & -\varepsilon I & 0 \\ W_2^{-1} W_1^{\mathrm{T}} A & 0 & 0 & -W_2^{-1} \end{bmatrix} \begin{bmatrix} C^{\mathrm{T}\perp\mathrm{T}} & 0 \\ 0 & I \end{bmatrix} < 0$$

$$(2.93)$$

定义 $X = W - W_1 W_2^{-1} W_1^{\mathrm{T}}$，$Y = W$，运用 Schur 补引理，由式（2.92）和式（2.93）分别推得式（2.74）和式（2.75）。另外，由式（2.72）、式（2.73）和式（2.76）分别可得不等式（2.84）、式（2.83）和式（2.85），同时，不等式（2.77）可由式（2.83）得到，其中定义了

$$Y - X = W_1 W_2^{-1} W_1^{\mathrm{T}}$$

最后，若式（2.72）～式（2.77）可解，所有 γ 次优 $\hat{n}$ 阶能量-峰值滤波器可由 Finsler 定理的参数化过程确定。

注 2.3　由定理 2.3 可知，γ 次优能量-峰值滤波问题由式（2.72）～式（2.77）约束集下的矩阵对（X, Y）来确定，其中约束（2.72）～（2.76）为凸 LMI，但是秩约束（2.77）是非凸的。如果 $n = \hat{n}$，秩约束（2.77）恒成立，因此全阶滤波问题是凸 LMI 问题。最优降阶能量-峰值滤波需要求解如下优化问题：

$$\min_{X,Y} \ \gamma \qquad (2.94)$$

受限于约束（2.72）～（2.77）。

在 $E = I$ 情况下，广义系统（Σ_d）退化为常规状态空间系统，有如下降阶能量-峰值滤波结果。

推论 2.2　考虑离散常规状态空间系统，存在如式（2.43）和式（2.44）所示的 $\hat{n}$ 阶滤波器（F_d）满足能量-峰值条件，当且仅当存在矩阵 X 和 Y（$0 < X \leqslant Y$）满足

$$A^{\mathrm{T}} X A - X < 0 \qquad (2.95)$$

$$\begin{bmatrix} C^{\mathrm{T}\perp} & 0 \\ 0 & I \end{bmatrix} \begin{bmatrix} A^{\mathrm{T}} Y A - Y & L^{\mathrm{T}} \\ L & -I \end{bmatrix} \begin{bmatrix} C^{\mathrm{T}\perp\mathrm{T}} & 0 \\ 0 & I \end{bmatrix} < 0 \qquad (2.96)$$

$$B^{\mathrm{T}} Y B < \gamma^2 I \qquad (2.97)$$

$$\mathrm{rank}(Y - X) \leqslant \hat{n} \qquad (2.98)$$

注 2.4　推论 2.2 及文献[102]中的定理 13 都是关于常规状态空间系统的降阶能量-峰值滤波的结果，由定理 2.3 及有界实引理[102]的对偶形式，这两者的等价性不难证明。因此，定理 2.3 将常规状态空间系统的降阶能量-峰值滤波的结果推广到广义系统。

以下定理给出了零阶能量-峰值滤波问题可解性的充要条件。

定理 2.4　对于离散时间系统（Σ_d），存在如式（2.43）和式（2.44）所示的零阶滤波器（F_d）满足能量-峰值条件，当且仅当存在矩阵 $X = X^{\mathrm{T}}$ 满足如下条件：

$$E^{\mathrm{T}} X E \geqslant 0 \qquad (2.99)$$

$$A^{\mathrm{T}} X A - E^{\mathrm{T}} X E < 0 \qquad (2.100)$$

$$B^{\mathrm{T}} E^{\mathrm{T}} X E B < \gamma^2 I \qquad (2.101)$$

如果上述不等式可解，对应的 γ 次优零阶能量-峰值滤波器可按式（2.102）确定：

$$\hat{D} = -\rho_0 \Gamma_0^{\mathrm{T}} \Phi_0 \Lambda_0^{\mathrm{T}} \left(\Lambda_0 \Phi_0 \Lambda_0^{\mathrm{T}} \right)^{-1} \qquad (2.102)$$

其中

$$\Gamma_0 = \begin{bmatrix} 0 \\ -I \end{bmatrix}, \quad \Lambda_0 = [C \ 0]$$

$\rho_0 > 0$ 为任意标量满足 $\Phi_0 := (\rho_0 \Gamma_0 \Gamma_0^{\mathrm{T}} - \Theta_0)^{-1} > 0$，其中

$$\Theta_0 = \begin{bmatrix} A^{\mathrm{T}} X A - E^{\mathrm{T}} X E & L^{\mathrm{T}} \\ L & -I \end{bmatrix}$$

证明　注意到定理 2.3 中令 $\hat{n} = 0$，即 $X = Y$ 时，式（2.74）为冗余不等式，而式（2.77）恒成立，即可得证。

注 2.5　值得一提的是，式（2.99）～式（2.101）中不含秩约束，因此是凸问题。也就是说，最优零阶能量-峰值滤波问题可以对优化目标 $\min_{X} \gamma$ 求解得到，其约束为凸 LMI 约束（2.99）～（2.101）。这由内点算法（interior point algorithm）很容易求解。

基于定理 2.4，常规状态空间系统的零阶能量-峰值滤波求解由如下推论给出，不难证明以下推论与文献[102]中定理 15 的等价性。

推论 2.3　对于常规状态空间系统，存在零阶能量-峰值滤波器 $\hat{z}(k) = \hat{D} y(k)$ 的充要条件是存在矩阵 $X > 0$ 使得

$$A^{\mathrm{T}}XA - X < 0 \qquad (2.103)$$

$$B^{\mathrm{T}}XB < \gamma^2 I \qquad (2.104)$$

4. 仿真与分析

算例 2.1 考虑水压系统直流电机的标称离散时间模型[103, 104]:

$$x_1(k+1) = 0.4121x_1(k) + 0.8113x_2(k) + \omega(k)$$

$$0 = -0.345x_1(k) + x_2(k) + \omega(k)$$

其中，$x_1(k)$ 是轴速度；$x_2(k)$ 是直枢电流；$\omega(k)$ 是未知统计特性的扰动。假定计算引起的时滞相对较小，因此可以忽略不计。测量 $y(k)$ 与待估计信号 $z(k)$ 分别为 $y(k) = x_1(k)$，$z(k) = x_2(k)$。

最优二阶能量-峰值滤波器可以由凸优化问题（2.98）受限于约束（2.76）～（2.80）对矩阵变量 X 和 Y 求解得到。其中变量 X 和 Y 可表示为

$$Y - X = \begin{bmatrix} 0.5322 & -0.2305 \\ -0.2305 & 2.1652 \end{bmatrix}$$

最优 L_2-L_∞ 范数 $\gamma = 0.6306$。基于此，由定理 2.3 中的参数化过程可得如下二阶能量-峰值滤波器：

$$\xi(k+1) = \begin{bmatrix} -1.0079 & -0.45 \\ -0.1284 & -0.0572 \end{bmatrix} \xi(k) + \begin{bmatrix} -1.5132 \\ -0.1928 \end{bmatrix} y(k)$$

$$\hat{z}(k) = \begin{bmatrix} 0.0812 & 0.0362 \end{bmatrix} \xi(k) + 0.1219 y(k)$$

进一步地，由定理 2.3 可知，降阶次优能量-峰值滤波器需对优化问题（2.98）受限于约束（2.76）～（2.80）求解。当设定 $\gamma = 0.8$ 时，使用遗传算法可得如下矩阵对 (X, Y)：

$$Y - X = \begin{bmatrix} 0.0044 & -0.0011 \\ -0.0011 & 1.6286 \end{bmatrix}$$

对应的滤波器迭代公式和滤波误差分别为 $\xi(k+1) = -0.1621\xi(k) - 0.1139y(k)$ 和 $\hat{z}(k) = 0.0138\xi(k) - 0.0255y(k)$。因此，滤波器保证了滤波误差动态系统是可容许的，并且对于任意单位能量扰动 ω，滤波误差的峰值为 0.8。

算例 2.2 考虑相关的生产部门之间的时间演化模式，即 Leontief 动态系统[105, 106]：

$$x(k) = Fx(k) + G(x(k+1) - x(k)) + d(k) \qquad (2.105)$$

其中，n 维状态向量 $x(k)$ 的元素为第 k 个采样周期内各生产部门的产品数。产品被分成三部分，分别对应式（2.105）中等式右边的三项。第一项 $Fx(k)$ 为当前产品的直接需求量，其中 F 仅含非负元的输入-输出矩阵；第二项为使在下一个生

产周期能生产 $x(k+1)$ 的产品所需的生产量增加数，其形式为资金，其中 G 为资金系数矩阵；第三项 $d(k)$ 为当前的产品需求量。假定 $d(k) = H(u(k) + \omega(k))$，其中 $u(k)$ 为控制输入，$\omega(k)$ 为未知统计的噪声。由于资金只由若干个部门而来，资金系数矩阵 G 只有对应的行含有非零元，且往往是奇异的。仿真中，考虑如下模型：

$$x(k) = \begin{bmatrix} 1.25 & 0.5 & 1.5 \\ 0.75 & 0.5 & 1.1 \\ 0.25 & 0 & 1.2 \end{bmatrix} x(k) + \begin{bmatrix} 1 & 0.5 & 0.75 \\ 0.25 & 0 & 0.5 \\ 0 & 0 & 0 \end{bmatrix} (x(k+1) - x(k)) + \begin{bmatrix} 1 \\ 1 \\ 1 \end{bmatrix} \omega(k) \quad (2.106)$$

$$y(k) = [1\ 0\ 0]x(k) \quad (2.107)$$

$$z(k) = [0\ 1\ 0]x(k) \quad (2.108)$$

其中，假定控制输入为零。考虑降阶能量-峰值次优滤波器，设计 $\gamma = 0.90$，且

$$C^{\mathrm{T}\perp} = \begin{bmatrix} 0 & 1 & 0 \\ 0 & 0 & 1 \end{bmatrix}$$

根据定理 2.3，有如下矩阵解：

$$Y - X = \begin{bmatrix} 0.9140 & -1.2824 & 1.0184 \\ -1.2824 & 1.7993 & -1.4289 \\ 1.0184 & -1.4289 & 1.1347 \end{bmatrix}$$

其中，$\mathrm{rank}(Y - X) = 1$，选定 $W_1 = [0.9561\ -1.3414\ 1.0652]^{\mathrm{T}}$，$W_2 = 1$，则对应的一阶能量-峰值滤波器可确定如下：

$$\xi(k+1) = -0.4462\xi(k) + 0.1878y(k)$$

$$\hat{z}(k) = 0.0455\xi(k) + 0.0629y(k)$$

可以验证，滤波误差动态系统是可容许的，且满足预定的 L_2-L_∞ 上界。当设定 $\gamma = 0.4561$ 时，由定理 2.4 可得次优能量-峰值零阶滤波器为 $\hat{z}(k) = -0.2411y(k)$。

2.4　信息融合角度的鲁棒估计

2.4.1　信息融合的分类

按照信息融合的处理层次分类，多源信息融合可分为像素级融合、特征级融合和决策级融合。决策级融合是一种高层次的融合，它直接对完全不同类型的传感器或来自不同环境区域的感知信息形成的局部决策进行最后分析，以得出最终的决策。决策级融合抽象层次高，使用范围最广。特征级融合属于中间层次的融合，是对从原始信息中提取的特征信息进行的融合，能够增加某些重要特征的准

确性，也可以产生新的组合特征，具有较大的灵活性。像素级融合是最低层次的融合，它是对传感器获得的原始数据在不经处理或者经过很少处理的基础上进行的融合，能提供其他层次上所不具有的细节信息，主要针对目标检测、滤波、定位、跟踪等底层数据融合，但是融合数据的稳定性和实时性差，有很大的局限性。总之，像素级融合信息准确性最高，但对资源的要求比较严格；决策级融合处理速度最快，但是要以一定的信息损失为代价；特征级融合既保留了足够的重要信息，又实现了客观的信息压缩，是介于像素级和决策级融合之间的一种中间级处理。

按融合目的，信息融合大致可以分为三类：检测融合、估计融合和属性融合。检测融合的主要目的是利用多传感器进行信息融合处理，可以消除单个或单类传感器检测的不确定性，提高检测系统的可靠性，获得对检测对象更准确的认识，例如，利用多个传感器检测目标以判断其是否存在。估计融合的主要目的是利用多传感器检测信息对目标运动轨迹进行估计。利用单个传感器的估计可能难以得到比较准确的估计结果，需要多个传感器共同估计，并利用多个估计信息进行融合，以最终确定目标运动轨迹。属性融合的主要目的是利用多传感器所检测信息对目标属性、类型进行判断。本章主要针对传感器网络中的目标状态估计和估计融合展开。

信息融合系统从系统的角度可以分为集中式融合、分布式融合、混合式融合以及多级式融合。集中式融合结构见图2-1，其中每个传感器所获得的观测数据都被不加分析地传送给上级信息融合中心。融合中心借助一定的准则和算法对全部初始数据执行联合、筛选、相关和合成处理。集中式结构的最大优点是信息损失最小，但是存在数据系统计算负担重、对传输网络要求苛刻、信息处理时间长和生存能力较差的缺陷。分布式融合结构见图2-2，它的特点是，每个传感器都先对原始观测数据进行初步分析处理，做出本地判决结论，然后把处理后的信息或本地判决结论送至融合中心，融合中心在更高层次上集中多方面数据做进一步的相关合成处理，形成最终判决结论。相比之下，分布式融合方案需传送的数据量要少得多，对传输网络的要求可以放松，信息融合中心处理时间较短，响应速度较快。混合式融合结构见图2-3，它同时传输局部判决结论和原始未经处理的信息，保留了上述两类系统的优点，但是在通信和计算上要付出昂贵的代价。其应用的例子有机载多传感器数据融合系统等。多级式融合结构中，各局部节点可以同时是或者分别是集中式、分布式或混合式的融合中心，它们将接收和处理来自多个传感器的数据或来自多个跟踪器的航迹，而系统的融合节点要再次对各局部融合节点传送来的航迹数据进行关联和融合，也就是说目标的检测报告要经过两级以上的融合处理。

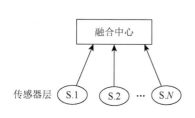

图 2-1 集中式融合结构图

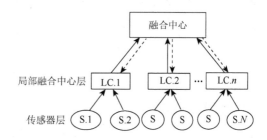

图 2-2 分布式融合结构

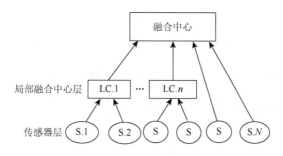

图 2-3 混合式融合结构

本节将基于信息融合理论，直接将鲁棒滤波中的不确定性界转化为信息量进行处理，使结构与不含不确定性时完全保持一致。在此之前，先给出一种统一的线性信息融合模型以及关于信息量的相关定义。

定义 2.2 设有 N 个独立信息 $z_i \in \Re^{m_i}$，按如下条件生成 Hilbert 空间 Ω：

$$\Omega = \left\{ \hat{x} \mid \hat{x} = \sum_{i=1}^{N} P_i z_i \right\} \tag{2.109}$$

则称 Ω 为信息空间，称 z_i 为信息空间的信息基，称 $P_i \in \Re^{n \times m_i}$ 为信息 $\hat{x} \in \Re^n$ 在信息基 z_i 上的投影矩阵。

2.4.2 统一的信息融合模型及其最优解

信息融合普遍存在于各种决策问题中。信息是指仅仅对决策有用的数据。决策离不开信息，信息融合是连接信息与决策之间的桥梁。下面给出一种统一的信息融合模型。

定理 2.5 设关于被估计量 $x \in \Re^n$ 的各种信息均可用统一测量模型表示为

$$z_i = H_i x_i + \upsilon_i, \quad i = 1, 2, \cdots, N \tag{2.110}$$

其中，$z_i \in \Re^{m_i}$ 为测量向量；$H_i \in \Re^{m_i \times n}$ 为测量矩阵；$\upsilon_i \in \Re^{m_i}$ 为均值是零、方差为 R_i 的测量误差。若 $\sum\limits_{i=1}^{N} H_i^{\mathrm{T}} R_i^{-1} H_i$ 为非奇异，则关于 x 的融合信息量（即方差阵的逆）为

$$I[\hat{x}] = \sum_{i=1}^{N} H_i^{\mathrm{T}} R_i^{-1} H_i \qquad (2.111)$$

以及最优融合估计为

$$\hat{x} = I^{-1}[\hat{x}] \sum_{i=1}^{N} H_i^{\mathrm{T}} R_i^{-1} z_i \qquad (2.112)$$

证明　（拉格朗日乘子法）设基于测量信息的最优线性估计为

$$\hat{x} = \sum_{i=1}^{N} K_i z_i \qquad (2.113)$$

根据最优估计的无偏性，即 $E(\hat{x}) = x$，可得最优估计误差为

$$\tilde{x} = \hat{x} - E(\hat{x}) = \sum_{i=1}^{N} K_i z_i - x = \left(\sum_{i=1}^{N} K_i H_i - I_n \right) x + \sum_{i=1}^{N} K_i \upsilon_i \qquad (2.114)$$

对式（2.114）两边取数学期望，有

$$\left(\sum_{i=1}^{N} K_i H_i - I_n \right) x = 0 \qquad (2.115)$$

则

$$\sum_{i=1}^{N} K_i H_i = I_n \qquad (2.116)$$

将其代入式（2.114）可得

$$\tilde{x} = \sum_{i=1}^{N} K_i \upsilon_i \qquad (2.117)$$

从而最优估计误差的方差阵为

$$P = E\left(\tilde{x}\tilde{x}^{\mathrm{T}} \right) = \sum_{i=1}^{N} K_i R_i K_i^{\mathrm{T}} \qquad (2.118)$$

最优融合估计可以认为是在满足 $\sum\limits_{i=1}^{N} K_i H_i = I_n$ 的条件下，求解使得 $\|\tilde{x}\|$ 最小的 $\hat{x}$。换言之，当取 $\|\tilde{x}\| = \mathrm{tr}(P)$（其中 $\mathrm{tr}(P)$ 为矩阵 P 的迹）时，可以表示如下优化问题：

$$\begin{cases} \min\limits_{K_i} \ \mathrm{tr}(P) \\ \mathrm{s.t.} \ \sum\limits_{i=1}^{N} K_i H_i = I_n \end{cases} \qquad (2.119)$$

使用拉格朗日乘子法，可得

$$f(K_1, K_2, \cdots, K_N) = \mathrm{tr}\left(\sum_{i=1}^{N} K_i R_i K_i^{\mathrm{T}} + 2\Lambda^{\mathrm{T}}\left(\sum_{i=1}^{N} K_i H_i - I_n \right) \right) \quad (2.120)$$

令 $\partial f / \partial K_i = 0$ 可得

$$K_i = \Lambda H_i^{\mathrm{T}} R_i^{-1} \quad (2.121)$$

对式（2.121）两边同乘 H_i 后，有

$$\Lambda \sum_{i=1}^{N} H_i^{\mathrm{T}} R_i^{-1} H_i = I_n \quad (2.122)$$

由于 $\sum_{i=1}^{N} H_i^{\mathrm{T}} R_i^{-1} H_i$ 为非奇异，有

$$\Lambda = \left(\sum_{i=1}^{N} H_i^{\mathrm{T}} R_i^{-1} H_i \right)^{-1} \quad (2.123)$$

再将式（2.123）代入式（2.121）可得

$$K_i = \left(\sum_{i=1}^{N} H_i^{\mathrm{T}} R_i^{-1} H_i \right)^{-1} H_i^{\mathrm{T}} R_i^{-1} \quad (2.124)$$

将式（2.124）分别代入式（2.113）和式（2.119）可得最优信息融合估计及其融合方差阵分别为

$$\hat{x} = \left(\sum_{i=1}^{N} H_i^{\mathrm{T}} R_i^{-1} H_i \right)^{-1} H_i^{\mathrm{T}} R_i^{-1} z_i = P^{-1} \sum_{i=1}^{N} H_i^{\mathrm{T}} R_i^{-1} z_i \quad (2.125)$$

$$P^{-1} = \sum_{i=1}^{N} H_i^{\mathrm{T}} R_i^{-1} H_i \quad (2.126)$$

注 2.6　由定理 2.5 可知，测量数据越多，则关于被估计量的信息量越大，从而融合估计方差阵越小，即估计精度越高。也就是说利用的测量数据越多，最优融合估计的精度越高。从另一个角度来说，精度再差的传感器参与数据融合后，都有利于提高系统的测量精度。举个简单的例子：设 $H_i = 1$，$R_i = \sigma_i^2$，$i = 1, 2, \cdots, N$，即 N 个传感器对同一参数进行测量，设传感器精度有高低之分，最高精度和最低精度的均方根分别为 $\sigma_{\max}$ 和 $\sigma_{\min}$。根据式（2.126）有

$$P = \left(\sum_{i=1}^{N} H_i^{\mathrm{T}} R_i^{-1} H_i \right)^{-1} = \left(\frac{1}{\sigma_{\min}^2} + \frac{1}{\sigma_{\max}^2} + \sum_{i=1}^{N-2} \frac{1}{\sigma_i^2} \right)^{-1} < \left(\frac{1}{\sigma_{\min}^2} + \sum_{i=1}^{N-2} \frac{1}{\sigma_i^2} \right)^{-1} \quad (2.127)$$

也就是说，最低精度传感器参与融合以后融合估计方差小于原来它未参与融合时的融合估计方差，从而验证了"精度再差的传感器参与数据融合后，都有利于提高系统的测量精度"的结论。

2.4.3　鲁棒信息融合滤波

考虑如下离散时间不确定系统：

$$x(k+1) = (F + \Delta F)x(k) + G\omega(k) \qquad (2.128)$$

$$z(k) = (H + \Delta H)x(k) + \upsilon(k) \qquad (2.129)$$

其中，ΔF 和 ΔH 分别表示系统状态转移矩阵和测量矩阵的扰动；$\omega(k) \in \mathfrak{R}^p$ 和 $\upsilon(k) \in \mathfrak{R}^q$ 是均值为零、方差分别为 $Q(k)$ 和 $R(k)$ 的独立白噪声。根据系统的先验知识，假定有 $|\Delta F| < \overline{\Delta}_F$ 和 $|\Delta H| < \overline{\Delta}_H$。

注 2.7　如式（2.128）、式（2.129）和式（2.39）～式（2.41）所示的系统模型可以相互转换。这是系统辨识领域的研究课题，这里不再赘述。

定理 2.6　设 Δ 为不确定项，且 $|\Delta| < \overline{\Delta}$，$\omega$ 和 υ 是均值为零、方差分别为 Q 和 R 的独立随机量，且与 Δ 独立。若采用如下不确定线性融合模型：

$$z = (H + \Delta)(x + \omega) + \upsilon \qquad (2.130)$$

则有鲁棒融合估计的方差上界为

$$\sup \mathrm{var}(z) = HQH^{\mathrm{T}} + x^{\mathrm{T}}(\overline{\Delta}^{\mathrm{T}} \times \overline{\Delta}^{\mathrm{T}})x + \overline{\Delta}Q\overline{\Delta}^{\mathrm{T}} + R \qquad (2.131)$$

证明　由式（2.130）得

$$z = Hx + H\omega + \Delta x + \Delta\omega + \upsilon \qquad (2.132)$$

于是由状态与噪声之间的独立性假设有

$$\mathrm{var}(z) = \mathrm{var}(Hx) + \mathrm{var}(H\omega) + \mathrm{var}(\Delta x) + \mathrm{var}(\Delta\omega) + \mathrm{var}(\upsilon) \qquad (2.133)$$

其中

$$\mathrm{var}(Hx) = 0, \quad \mathrm{var}(H\omega) = HQH^{\mathrm{T}}$$

$$\mathrm{var}(\Delta x) < (|\Delta| x) \times (|\Delta| x) = x^{\mathrm{T}}(\overline{\Delta}^{\mathrm{T}} \times \overline{\Delta}^{\mathrm{T}})x, \quad \mathrm{var}(\Delta\omega) < \overline{\Delta}Q\overline{\Delta}^{\mathrm{T}}$$

因此有 $\sup \mathrm{var}(z) = HQH^{\mathrm{T}} + x^{\mathrm{T}}(\overline{\Delta}^{\mathrm{T}} \times \overline{\Delta}^{\mathrm{T}})x + \overline{\Delta}Q\overline{\Delta}^{\mathrm{T}} + R$。

下面基于定理 2.6，不加证明地给出不确定系统（2.128）和（2.129）的鲁棒融合估计算法，主要步骤如下所述。

（1）一步状态预测。

$$\hat{x}(k \mid k-1) = F\hat{x}(k-1 \mid k-1) \qquad (2.134)$$

及其关于状态 $x(k)$ 的信息量为

$$I(\hat{x}(k \mid k-1) \mid x(k)) = P^{-1}(k \mid k-1)$$

$$= ((F + \overline{\Delta}_F)P(k-1 \mid k-1)(F + \overline{\Delta}_F)^{\mathrm{T}}$$

$$+ \hat{x}^{\mathrm{T}}(k-1 \mid k-1)(\overline{\Delta}_F^{\mathrm{T}} \times \overline{\Delta}_F^{\mathrm{T}})\hat{x}(k-1 \mid k-1) + GQ(k-1)G^{\mathrm{T}})^{-1} \qquad (2.135)$$

（2）再根据定理 2.6，可得测量 $z(k)$ 关于状态 $x(k)$ 的信息量为

$$I(z(k) \mid x(k)) = H^{\mathrm{T}}(\hat{x}^{\mathrm{T}}(k-1 \mid k-1)(\overline{\Delta}_H^{\mathrm{T}} \times \overline{\Delta}_H^{\mathrm{T}})\hat{x}(k-1 \mid k-1) + R(k))H \qquad (2.136)$$

（3）根据定理 2.5，得出状态 $x(k)$ 的鲁棒信息融合估计为

$$\hat{x}(k\,|\,k) = P(k\,|\,k)(P^{-1}(k\,|\,k-1)\hat{x}(k\,|\,k-1)$$
$$+H^{\mathrm{T}}(\hat{x}^{\mathrm{T}}(k-1\,|\,k-1)(\overline{\varDelta}_H^{\mathrm{T}} \times \overline{\varDelta}_H^{\mathrm{T}})\hat{x}(k-1\,|\,k-1) + R(k))^{-1})z(k) \quad (2.137)$$

$$P^{-1}(k\,|\,k) = P(k\,|\,k-1)$$
$$+H^{\mathrm{T}}(\hat{x}^{\mathrm{T}}(k-1\,|\,k-1)(\overline{\varDelta}_H^{\mathrm{T}} \times \overline{\varDelta}_H^{\mathrm{T}})\hat{x}(k-1\,|\,k-1) + R(k))^{-1}H \quad (2.138)$$

很显然，当 $\Delta F = 0$ 且 $\Delta H = 0$ 时，鲁棒信息融合滤波器即为普通的信息卡尔曼滤波器。因此，鲁棒信息融合滤波器是普通信息卡尔曼滤波器对不确定系统的推广形式。

2.4.4　仿真分析

考虑如下不确定系统[107]：

$$x(k+1) = \begin{bmatrix} 0 & -0.5 \\ 1 & 1+\delta(k) \end{bmatrix} x(k) + \begin{bmatrix} -6 \\ 1 \end{bmatrix} \omega(k)$$

$$z(k) = [-100 \quad 10]x(k) + \upsilon(k)$$

其中，$\omega(k)$ 和 $\upsilon(k)$ 为相互独立的白噪声序列；$\delta(k)$ 为系统的不确定参数，且 $|\delta(k)| < 0.3$，$\mathrm{var}(\omega(k)) = \mathrm{var}(\upsilon(k)) = 1$。考虑 $\delta(k)$ 的三种取值情况：$\delta(k) = 0$（即标称系统），$\delta(k) = 0.3$ 和 $\delta(k) = -0.3$。分别运用标准卡尔曼滤波器、最优卡尔曼滤波器和本节的鲁棒信息融合估计器进行仿真分析：

（1）标准卡尔曼滤波器：不考虑 $\delta(k)$ 的影响，即假定 $\delta(k) \equiv 0$；

（2）最优卡尔曼滤波器：考虑 $\delta(k)$ 的影响，并假定 $\delta(k)$ 为已知；

（3）鲁棒信息融合估计器：取系统矩阵 $F(k) = \begin{bmatrix} 0 & -0.5 \\ 1 & 1+\delta(k) \end{bmatrix}$，并假定已知 $|\delta(k)| < 0.3$。

因此，总共 9 种情况，每种情况下的仿真结果如表 2-1 所示。

表 2-1　不同方法的仿真比较结果

算法	$\delta(k) = 0$		$\delta(k) = 0.3$		$\delta(k) = -0.3$	
	数学期望	标准差	数学期望	标准差	数学期望	标准差
标准 KF	−0.1293 −1.2754	0.0181 0.1464	2.4916 24.9391	1.2565 12.5550	0.5210 5.2191	0.6448 6.4323
最优 KF	−0.1293 −1.2754	0.0181 0.1464	0.3851 3.8736	0.8140 8.1545	−0.0012 −0.0027	0.0093 0.0105
鲁棒滤波	−0.1103 −1.0852	0.2621 2.5903	0.4277 4.2995	0.9858 9.8643	−0.1974 −0.0207	0.2719 2.7044

从表 2-1 可以看出，在不存在不确定性的情况下，鲁棒滤波效果比标准卡尔曼滤波稍差；但是，当存在不确定性时，标准卡尔曼滤波远不如鲁棒滤波效果好。最优卡尔曼滤波表明，当已知系统参数和噪声模型且不存在不确定性时，系统能达到最佳滤波效果。一般来说，鲁棒滤波效果居于最优滤波和标准滤波之间。

2.5 本 章 小 结

对状态估计与信息融合的相关概念与技术进行简单回顾。在总结当前鲁棒滤波存在的主要问题基础上，给出了鲁棒滤波最新技术——能量-峰值滤波，并将其由常规状态空间系统推广到广义系统。另外，从信息融合角度，本章建立了一种统一的信息融合模型并给出其最优解；基于此，从信息量入手，给出了系统含有不确定项时的鲁棒融合估计算法。

第3章 均匀量化测量与融合

3.1 引　言

本章着重讨论基于均匀量化测量条件下的目标状态估计与融合问题。具体来说，将从理论和试验两个角度来分析量化测量的噪声的概率密度函数，从而查验量化噪声的高斯白噪声假设。进一步地，基于线性回归和无迹变换（unscented transform）给出针对粗糙量化的基于最小均方误差估计（MMSE）的滤波算法。通过对 WSN 中的目标跟踪问题进行仿真，并与基于量化信息的无迹卡尔曼滤波（UKF）、基于原始测量信息的无迹卡尔曼滤波的仿真结果进行比较分析。

3.2　问题描述

考虑具有 N 个传感器的 WSN 中的状态估计问题：

$$x_k = f(x_{k-1}) + \Gamma_{k-1}\omega_{k-1} \tag{3.1}$$

$$y_k^i = h_i(x_k) + \upsilon_k^i \tag{3.2}$$

其中，$x_k \in \mathfrak{R}^n$（$k = 0,1,2,\cdots$）是待估计的状态向量；$y_k^i \in \mathfrak{R}$ 是第 i 个传感器的标量观测；$f(\cdot)$ 是状态向量的连续可微函数；Γ_{k-1} 是一个具有适当维数的时变矩阵；$h_i(\cdot)$ 是标量测量函数；$\omega_k \in \mathfrak{R}^p$ 和 $\upsilon_k^i (i = 1,2,\cdots,N)$ 是分别具有方差阵 Q 和 σ_i^2 的零均值的互不相关的白噪声。具有均值 μ_0 和方差 P_0 的初始值 $X(0)$ 独立于 ω_k 和 $\upsilon_k^i (i = 1,2,\cdots,N)$。本章假设融合中心知道所有传感器节点的系统参数，且从传感器到融合中心的信道不存在通信损失，即不存在比特误差。同时还假设每个传感器的测量噪声 υ_k^i 的方差 σ_i^2 是相同的，均为 σ^2，即 $\sigma_i^2 = \sigma^2 (i = 1,2,\cdots,N)$。

假设 $[\underline{R}_i, \overline{R}_i]$ 是第 i 个传感器的测量范围，即 $y_k^i \in [\underline{R}_i, \overline{R}_i](k = 0,1,2,\cdots;$ $i = 1,2,\cdots,N)$，其中 $\underline{R}_i$ 和 $\overline{R}_i$ 是由传感器决定的参数。现将测量值 y_k^i 量化为 L_i 比特。这里采用均匀量化策略，均匀量化可以数学表示为

$$m_k^i = Q_{Li}\left(y_k^i\right) = \text{floor}\left(y_k^i / \varDelta_i\right) \times \varDelta_i + \frac{\varDelta_i}{2}, \quad k = 0,1,2,\cdots;i = 1,2,\cdots,N \tag{3.3}$$

其中，将 2^{Li} 水平的非线性量化映射记为 $Q_{Li}(\cdot)$；将量化步长记为 $\varDelta_i = \left(\overline{R}_i - \underline{R}_i\right) / 2^{Li}$；将向下取整记为 $\text{floor}(\cdot)$。

显而易见，m_k^i 的 2^{Li} 个离散值可以通过 L_i 比特来表示。这样，观测值 y_k^i 就被量化为信息 m_k^i 传输到融合中心。接着，融合中心将通过滤波算法结合所有接收到的量化新息 $\{m_k^i, i = 1, 2, \cdots, N\}$ 来给出最终的状态估计。

但是，量化测量系统噪声的概率密度函数是什么呢？

首先，对于测量无误差情形，即

$$\upsilon_k^i \equiv 0, \quad k = 1, 2, \cdots; i = 1, 2, \cdots, N \tag{3.4}$$

有

$$m_k^i = \text{floor}\left(h_i(X_k) / \Delta_i\right) \times \Delta_i + \Delta_i / 2 \tag{3.5}$$

其中，$\Delta_i = \left(\overline{R}_i - \underline{R}_i\right) / 2^{Li}$。显然，在这种情况下，量化误差记为 ξ_k^i 是均匀随机变量，即 $\xi_k^i \sim U[-\Delta_i / 2, \Delta_i / 2]$。

其次，对于零均值高斯测量误差情形，即

$$\upsilon_k^i \sim \mathcal{N}\left(0, \sigma_i^2\right), \quad k = 0, 1, 2, \cdots; i = 1, 2, \cdots, N \tag{3.6}$$

测量方程为

$$m_k^i = \text{floor}\left(\left(h_i(X_k) + \upsilon_k^i\right) / \Delta_i\right) \times \Delta_i + \Delta_i / 2 \tag{3.7}$$

其中，$\Delta_i = \left(\overline{R}_i - \underline{R}_i\right) / 2^{Li}$。显然，在这种情况下，测量系统噪声不仅来自"量化误差"，还来自"测量误差"。

众所周知，量化器必须是不饱和的（unsaturated），并且输入信号应该满足所谓的 Schuchman 条件，均匀量化的量化误差才是均匀分布的[28-30]。显然，Schuchman 条件在文献[21]、[23]中和本章中是不满足的。一方面，文献[28]中的 Remark 4 指出如果相应的条件不满足，但是均匀量化的误差模型仍被采用，在真实量化误差的概率密度模型与均匀密度模型之间的模型误差为

$$\Xi(E, \Delta_i) = \frac{1}{\Delta_i} \sum_{n \neq 0} \phi_x \left(\frac{2\pi n}{\Delta_i}\right) \exp\left(\frac{-\mathrm{j}2\pi n E}{\Delta_i}\right), \quad -\frac{\Delta_i}{2} \leqslant E \leqslant \frac{\Delta_i}{2}$$

另一方面，文献[104]指出，如果量化器的量化步长远大于输入高斯信号的标准差，那么量化误差的确类似于白噪声。此外，高斯输入信号和量化误差还接近于相互独立。在文献[21]、[23]中的算法推导过程中，作者事实上采用了将量化测量系统噪声假设为加性高斯噪声模型。

测量系统的噪声分布是滤波算法中首先要清楚的一个基础问题。为了验证文献[21]、[23]中加性高斯独立假设模型在量化滤波中正确与否，在这里，假设量化误差是加性的。根据文献[104]所得到的理论结果，量化误差的概率密度假设为均匀分布，即方程（3.7）可以等价为

$$m_k^i = h_i(x_k) + \upsilon_k^i + \xi_k^i \tag{3.8}$$

其中，$\upsilon_k^i \sim \mathcal{N}\left(0,\sigma_i^2\right)$ 和 $\xi_k^i \sim U\left[-\dfrac{\Delta_i}{2},\dfrac{\Delta_i}{2}\right)$，假设 υ_k^i 和 ξ_k^i 相互独立。在上述假设条件下，量化观测系统的整体误差的概率密度函数将被推导。在本章中，相应的理论结果将和非参数密度估计的实验结果[108, 109]加以比较。这样，上述假设正确与否，就可以很容易地被检验出来。

本章将详细讨论量化误差的密度估计问题，并且给出一个蒙特卡罗方法来估计量化测量噪声的密度估计。假如有足够的通信带宽，使得 $m_k^i = y_k^i$，那么现有的卡尔曼滤波就可以使用。否则，融合中心不得不基于量化信息 $\{m_k^i, i=1,2,\cdots,N\}$ 来进行状态估计。本章的最终目的是寻求一种在有限通信带宽条件下的量化滤波算法。这一问题将在后面内容中详细讨论。

3.3　量化噪声分析

3.3.1　量化噪声的概率密度函数

本节将讨论量化测量系统噪声的概率密度函数。

根据量化误差模型假设（3.8）可知 υ_k^i 和 ξ_k^i 的概率密度函数分别为

$$p_{\upsilon_i}(x) = \frac{1}{\sqrt{2\pi}\sigma_i}\exp\left(-\frac{x^2}{2\sigma_i^2}\right) \tag{3.9}$$

和

$$p_{\xi_i}(x) = \begin{cases} 1/\Delta_i, & x \in [-\Delta_i/2, \Delta_i/2] \\ 0, & \text{其他} \end{cases} \tag{3.10}$$

由于 $[-\Delta_i/2, \Delta_i/2)$ 关于原点对称，且单点集 $\left\{\dfrac{\Delta_i}{2}\right\}$ 是零测度集，所以 ξ_k^i 的均值为 0。为了方便，记 $\zeta_k^i = \upsilon_k^i + \xi_k^i$。通过相互独立的卷积公式（convolution of mutually independent random variables）[110]，可得 ζ_k^i 的概率密度函数为

$$p_{\zeta_i}(y) = \int_{-\infty}^{\infty} p_{\xi_i}(x)\cdot p_{\upsilon_i}(y-x)\mathrm{d}x = \frac{1}{\Delta_i}\int_{-\Delta_i/2}^{\Delta_i/2}\frac{1}{\sqrt{2\pi}\sigma_i}\exp\left(-\frac{(y-x)^2}{2\sigma_i^2}\right)\mathrm{d}x \tag{3.11}$$

在讨论概率密度函数之前，为了方便，定义参数 $\theta_i = \Delta_i/2\sigma_i$。接下来，基于方程（3.11），将分三种情形讨论测量系统噪声的概率密度函数。

情形 1　$\Delta_i \geqslant 10\sigma_i$，即 $\theta_i = \Delta_i/2\sigma_i \geqslant 5$。

（1）$y \in [-\Delta_i/2 + 2\sigma_i, \Delta_i - 2\sigma_i]$。其等价于

$$-\Delta_i/2 \leqslant y - 2\sigma_i < y + 2\sigma_i \leqslant \Delta_i/2 \tag{3.12}$$

根据方程（3.11），记 $t = x - y$，有

$$
\begin{aligned}
p_{\zeta_i}(y) &= \frac{1}{\Delta_i}\int_{-\Delta_i/2}^{\Delta_i/2}\frac{1}{\sqrt{2\pi}\sigma_i}\exp\left(-\frac{(x-y)^2}{2\sigma_i^2}\right)\mathrm{d}x \\
&\geqslant \frac{1}{\Delta_i}\int_{y-2\sigma_i}^{y+2\sigma_i}\frac{1}{\sqrt{2\pi}\sigma_i}\exp\left(-\frac{(x-y)^2}{2\sigma_i^2}\right)\mathrm{d}x \\
&= \frac{1}{\Delta_i}\int_{-2\sigma_i}^{2\sigma_i}\frac{1}{\sqrt{2\pi}\sigma_i}\exp\left(-\frac{t^2}{2\sigma_i^2}\right)\mathrm{d}t = \frac{1}{\Delta_i}\times 0.9545
\end{aligned}
\tag{3.13}
$$

另外

$$p_{\zeta_i}(y) = \frac{1}{\Delta_i}\int_{-\Delta_i/2}^{\Delta_i/2}\frac{1}{\sqrt{2\pi}\sigma_i}\exp\left(-\frac{(x-y)^2}{2\sigma_i^2}\right)\mathrm{d}x \leqslant \int_{-\infty}^{\infty}\frac{1}{\sqrt{2\pi}\sigma_i}\exp\left(-\frac{(x-y)^2}{2\sigma_i^2}\right)\mathrm{d}x = \frac{1}{\Delta_i}$$

$$\tag{3.14}$$

结合式（3.13）和式（3.14），当 $y\in[-\Delta_i/2+2\sigma_i,\Delta_i-2\sigma_i]$ 时，有

$$1/\Delta_i \times 0.9545 \leqslant p_{\zeta_i}(y) \leqslant 1/\Delta_i \tag{3.15}$$

（2）$y\in[\Delta_i/2-2\sigma_i,\Delta_i/2-\sigma_i]$。记

$$y+\sigma_i \leqslant \Delta_i/2 \tag{3.16}$$

和

$$y-8\sigma_i \geqslant -\Delta_i/2-10\sigma_i \geqslant -5\sigma_i \geqslant -\Delta_i/2 \tag{3.17}$$

因此，记 $t = x - y$，有

$$
\begin{aligned}
p_{\zeta_i}(y) &= \frac{1}{\Delta_i}\int_{-\Delta_i/2}^{\Delta_i/2}\frac{1}{\sqrt{2\pi}\sigma_i}\exp\left(-\frac{(x-y)^2}{2\sigma_i^2}\right)\mathrm{d}x \\
&\geqslant \frac{1}{\Delta_i}\int_{y-8\sigma_i}^{y+\sigma_i}\frac{1}{\sqrt{2\pi}\sigma_i}\exp\left(-\frac{(x-y)^2}{2\sigma_i^2}\right)\mathrm{d}x \\
&= \frac{1}{\Delta_i}\int_{-8\sigma_i}^{\sigma_i}\frac{1}{\sqrt{2\pi}\sigma_i}\exp\left(-\frac{t^2}{2\sigma_i^2}\right)\mathrm{d}t \approx \frac{1}{\Delta_i}\times 0.8413
\end{aligned}
\tag{3.18}
$$

显然，随着 y 从 $\Delta_i/2-2\sigma_i$ 移动到 $\Delta_i/2-\sigma_i$，积分 $\int_{-\Delta_i/2}^{\Delta_i/2}\frac{1}{\sqrt{2\pi}\sigma_i}\exp\left(-\frac{(x-y)^2}{2\sigma_i^2}\right)\mathrm{d}x$ 是单调递减的。当 $y_0 = \Delta_i/2-2\sigma_i$ 时，有

$$p_{\zeta_i}(y_0) = \frac{1}{\Delta_i} \int_{-\Delta_i/2}^{\Delta_i/2} \frac{1}{\sqrt{2\pi}\sigma_i} \exp\left(-\frac{(x-y_0)^2}{2\sigma_i^2}\right) \mathrm{d}x$$

$$\leq \frac{1}{\Delta_i} \int_{-\infty}^{\Delta_i/2} \frac{1}{\sqrt{2\pi}\sigma_i} \exp\left(-\frac{(x-\Delta_i/2+2\sigma_i)^2}{2\sigma_i^2}\right) \mathrm{d}x$$

$$= \frac{1}{\Delta_i} \int_{-\infty}^{2\sigma_i} \frac{1}{\sqrt{2\pi}\sigma_i} \exp\left(-\frac{t^2}{2\sigma_i^2}\right) \mathrm{d}t \approx \frac{1}{\Delta_i} \times 0.97725 \qquad (3.19)$$

从而，结合式（3.18）和式（3.19），当 $y \in [\Delta_i/2 - 2\sigma_i, \Delta_i/2 - \sigma_i]$ 时，有

$$\frac{1}{\Delta_i} \times 0.8413 \leq p_{\zeta_i}(y) \leq \frac{1}{\Delta_i} \times 0.97725 \qquad (3.20)$$

（3）类似于（2）中的分析，当 $y \in [\Delta_i/2 - \sigma_i, \Delta_i/2]$ 时，有

$$\frac{1}{\Delta_i} \times 0.5 \leq p_{\zeta_i}(y) \leq \frac{1}{\Delta_i} \times 0.8413 \qquad (3.21)$$

当 $y \in [\Delta_i/2, \Delta_i/2 + \sigma_i]$ 时，有

$$\frac{1}{\Delta_i} \times 0.1587 \leq p_{\zeta_i}(y) \leq \frac{1}{\Delta_i} \times 0.5 \qquad (3.22)$$

当 $y \in [\Delta_i/2 + \sigma_i, \Delta_i/2 + 2\sigma_i]$ 时，有

$$\frac{1}{\Delta_i} \times 0.02275 \leq p_{\zeta_i}(y) \leq \frac{1}{\Delta_i} \times 0.1587 \qquad (3.23)$$

当 $y \in [\Delta_i/2 + 2\sigma_i, +\infty)$ 时，有

$$p_{\zeta_i}(y) \leq \frac{1}{\Delta_i} \times 0.02275 \qquad (3.24)$$

通过（1）～（3）的分析，以及式（3.9）和式（3.10）的对称性，可以发现当 $\Delta_i \geq 10\sigma_i$，即 $\theta_i = \Delta_i/2\sigma_i \geq 5$ 时，测量系统噪声 ζ_i 的 PDF $p_{\zeta_i}(y)$ 在区间 $[-\Delta_i/2 + \sigma_i, \Delta_i/2 - 2\sigma_i]$ 上几乎等于 $1/\Delta_i$。当 y 在区间 $[-\Delta_i/2 - 2\sigma_i, \Delta_i/2 + \sigma_i]$ 和 $[\Delta_i/2 - \sigma_i, \Delta_i/2 + 2\sigma_i]$ 上时，PDF $p_{\zeta_i}(y)$ 迅速地从 $\frac{1}{\Delta_i} \times 0.8413$ 降到 $\frac{1}{\Delta_i} \times 0.02275$。

进一步地，当 y 在区间 $(-\infty, -\Delta_i/2 - 2\sigma_i]$ 和 $[\Delta_i/2 + 2\sigma_i, \infty)$ 上时，PDF $p_{\zeta_i}(y)$ 将小于 $\frac{1}{\Delta_i} \times 0.02275$。基于上述分析，一个分段线性函数被用来近似拟合量化噪声 ζ_i 的概率密度函数（3.11），即

$$p_{\zeta_i}(y) \approx \frac{\tilde{p}_{\zeta_i}(y)}{C_0} \qquad (3.25)$$

其中

$$\tilde{p}_{\zeta_i}(y)=\begin{cases}\left(0.02275+\dfrac{0.1587-0.02275}{\sigma_i}\left(y+\dfrac{\Delta_i}{2}+2\sigma_i\right)\right)\dfrac{1}{\Delta_i}, & y\in\left[-\dfrac{\Delta_i}{2}-2\sigma_i,-\dfrac{\Delta_i}{2}-\sigma_i\right)\\[3mm]\left(0.1587+\dfrac{0.8413-0.1587}{2\sigma_i}\left(y+\dfrac{\Delta_i}{2}+\sigma_i\right)\right)\dfrac{1}{\Delta_i}, & y\in\left[-\dfrac{\Delta_i}{2}-\sigma_i,-\dfrac{\Delta_i}{2}+\sigma_i\right)\\[3mm]\left(0.8413+\dfrac{0.97725-0.8413}{\sigma_i}\left(y+\dfrac{\Delta_i}{2}-\sigma_i\right)\right)\dfrac{1}{\Delta_i}, & y\in\left[-\dfrac{\Delta_i}{2}+\sigma_i,-\dfrac{\Delta_i}{2}+2\sigma_i\right)\\[3mm]\dfrac{1}{\Delta_i}, & y\in\left[-\dfrac{\Delta_i}{2}+2\sigma_i,\dfrac{\Delta_i}{2}-2\sigma_i\right)\\[3mm]\left(0.97725+\dfrac{0.8413-0.97725}{\sigma_i}\left(y-\dfrac{\Delta_i}{2}+2\sigma_i\right)\right)\dfrac{1}{\Delta_i}, & y\in\left[\dfrac{\Delta_i}{2}-2\sigma_i,\dfrac{\Delta_i}{2}-\sigma_i\right)\\[3mm]\left(0.8413+\dfrac{0.1587-0.8413}{2\sigma_i}\left(y-\dfrac{\Delta_i}{2}+\sigma_i\right)\right)\dfrac{1}{\Delta_i}, & y\in\left[\dfrac{\Delta_i}{2}-\sigma_i,\dfrac{\Delta_i}{2}+\sigma_i\right)\\[3mm]\left(0.1587+\dfrac{0.02275-0.1587}{\sigma_i}\left(y-\dfrac{\Delta_i}{2}-\sigma_i\right)\right)\dfrac{1}{\Delta_i}, & y\in\left[\dfrac{\Delta_i}{2}+\sigma_i,\dfrac{\Delta_i}{2}+2\sigma_i\right)\\[3mm]0, & \text{其他}\end{cases}$$

且 $C_0=\int_R\tilde{p}_{\zeta_i}(y)\mathrm{d}y$。

容易验证，$\tilde{p}_{\zeta_i}(y)$ 和 $p_{\zeta_i}(y)$ 都是关于 y 轴对称的。作为 $p_{\zeta_i}(y)$ 轴对称的直接结果，易知 $E(\zeta_i)=0$。显然，函数（3.25）的支撑是 $[-\Delta_i/2-2\sigma_i,\Delta_i/2+2\sigma_i]$。相应地，对于量化噪声 ζ_i 的方差，有 $\mathrm{var}(\zeta_i)=E(\zeta_i-E(\zeta_i))^2\leqslant\left(\dfrac{\Delta_i}{2}+2\sigma_i\right)^2=\dfrac{\Delta_i^2}{4}+2\sigma_i\Delta_i+4\sigma_i^2$。

为了滤波具有鲁棒性，取噪声方差的上界为测量噪声方差阵将是一个比较合适的选择。这一点将在 3.5 节中通过例子给出说明。值得注意的是，当 $\theta_i=\Delta_i/2\sigma_i\geqslant5$ 时，PDF$\tilde{p}_{\zeta_i}(y)$ 可以用均匀分布密度函数（3.10）来近似。θ_i 越大，均匀分布密度函数（3.10）越接近函数（3.25）。基于此，有如下结论。

命题 3.1　当 $\Delta_i/2\geqslant10\sigma_i$，即 $\theta_i=\Delta_i/2\sigma_i\geqslant5$ 时，测量系统噪声 ζ_i 的 PDF$\tilde{p}_{\zeta_i}(y)$ 可以由密度估计函数（3.25）逼近。进一步地，PDF$\tilde{p}_{\zeta_i}(y)$ 也可以由均匀分布密度函数（3.10）近似。其中 $E(\zeta_i)=0$ 且 $\mathrm{var}(\zeta_i)=\dfrac{\Delta_i^2}{4}+2\sigma_i\Delta_i+4\sigma_i^2$。

情形 2　$\Delta_i<2\sigma_i$，即 $\theta_i=\Delta_i/2\sigma_i<1$。

根据中值定理[111]，式（3.11）在区间 $[-\Delta_i/2,\Delta_i/2]$ 存在常数 c 使得

$$\int_{-\frac{\Delta_i}{2}}^{\frac{\Delta_i}{2}} \frac{1}{\sqrt{2\pi}\sigma_i} \exp\left(-\frac{(x-y)^2}{2\sigma_i^2}\right) dx = \Delta_i \cdot \frac{1}{\sqrt{2\pi}\sigma_i} \exp\left(-\frac{(c-y)^2}{2\sigma_i^2}\right) \tag{3.26}$$

其中，c 与 y 相关。根据中值定理的几何意义，方程（3.26）中将 c 取值使得 $\Delta_i \cdot \frac{1}{\sqrt{2\pi}\sigma_i} \exp\left(-\frac{(c-y)^2}{2\sigma_i^2}\right)$ 等于图 3-1 中的曲边梯形的面积。

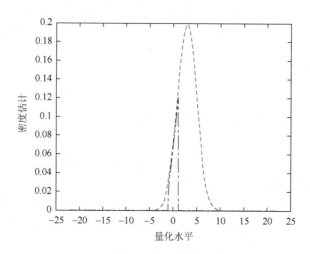

图 3-1　中值定理的几何意义

由于 $\Delta_i/2$ 小于 σ_i，则函数

$$f(x) = \frac{1}{\sqrt{2\pi}\sigma_i} \exp\left(-\frac{(x-y)^2}{2\sigma_i^2}\right) \tag{3.27}$$

的图像在区间 $[-\Delta_i/2, \Delta_i/2]$ 上几乎是直线，见图 3-1。所以函数

$$f(c) = \frac{1}{\sqrt{2\pi}\sigma_i} \exp\left(-\frac{(c-y)^2}{2\sigma_i^2}\right) \tag{3.28}$$

应该等于图 3-1 中曲边梯形的中线的长度。从而 c 应该位于 0 的邻域内。也就是说，如果 $\theta_i \leqslant 1$，则存在一个几乎等于 0 的常数 c，使得

$$p_{\zeta_i}(y) = \frac{1}{\sqrt{2\pi}\sigma_i} \exp\left(-\frac{(c-y)^2}{2\sigma_i^2}\right) \approx \frac{1}{\sqrt{2\pi}\sigma_i} \exp\left(-\frac{y^2}{2\sigma_i^2}\right) \tag{3.29}$$

显然，对于 ζ_i 的期望，有 $E(\zeta_i) \approx 0$。考虑到 $c \sim 0$ 的偏差，ζ_i 的方差可以取 $\mathrm{var}(\zeta_i) = \Delta^2/12 + \sigma^2$。根据上述分析，有如下结论。

命题 3.2　当 $\Delta_i < 2\sigma_i$，即 $\theta_i = \Delta_i/2\sigma_i < 1$ 时，测量系统噪声 ζ_i 的 PDF $p_{\zeta_i}(y)$ 可近似为正态密度函数：

$$\varphi_{\zeta_i}(y) = \frac{1}{\sqrt{2\pi}\sigma_i} \exp\left(-\frac{y^2}{2\sigma_i^2}\right) \qquad (3.30)$$

进而有 $E(\zeta_i) \approx 0$ 和 $\mathrm{var}(\zeta_i) = \Delta^2/12 + \sigma_i^2$。

情形 3 $2\sigma_i \leqslant \Delta_i \leqslant 10\sigma_i$，即 $1 \leqslant \theta_i = \Delta_i/2\sigma_i \leqslant 5$。

在这种情形下，由于测量误差 υ_k^i 和量化误差 $\xi_i(k)$ 作用在测量系统误差 $\zeta_i(k)$ 上的效果是相近的，所以 $\zeta_i(k)$ 的分布就不能仅仅用均匀分布或者高斯分布来近似。然而，应该注意到情形 1 中的分析方法在这里仍然是适用的。在这种情形下，命题 3.1 中的前半部分的讨论结果仍然是成立的。3.5 节中的仿真结果将证实这一点。

3.3.2 量化噪声的概率密度函数估计

基于核密度估计，将针对量化噪声的概率密度估计构建一种蒙特卡罗方法。

首先，简要地回顾一下核密度估计。

一般而言，给定 N 个数据点 $X_1, \cdots, X_N$，如何获得其经验密度函数呢？通常是利用核函数 K 来解决这一问题，核函数通常是非负对称概率密度函数。记 b 为代表窗口尺度的带宽函数。则核密度估计定义为

$$\hat{f}_b(x) = \frac{1}{N}\sum_{n=1}^{N}\frac{1}{b}K\left(\frac{X_n-x}{b}\right) = \int K_b(u-x)\mathrm{d}\hat{F}(u) \qquad (3.31)$$

其中，$K_b(\cdot) = K(\cdot/b)/b$。

利用核密度估计需要选择核函数和带宽。例如，可以选择带宽为 $b = 0.61/3$，0.61，3×0.61 三种不同的高斯核：

$$K(u) = \frac{1}{\sqrt{2\pi}}\exp\left(-\frac{u^2}{2}\right) \qquad (3.32)$$

更多的细节，请参考文献[109]及其相关的参考文献。

现在考虑基于核密度估计的蒙特卡罗方法。显然，精确测量值等概率地分布在区间 $[\underline{R}_i, \overline{R}_i]$ 上。因此，人们可以通过均匀采样在区间 $[\underline{R}_i, \overline{R}_i]$ 上采取 M 个样本 $\{h_i(1), \cdots, h_i(M)\}$ 来生成测量值 $h_i(X_k)$。接着，通过量化加噪后的测量值 $h_i(X_k) + \upsilon_k^i = y_k^i + \upsilon_k^i$ 得到量化测量值 m_k^i。然后，可以获得量化测量误差 $h_i(X_k) - m_k^i$。最终，基于核密度估计（3.31），可以获得量化测量误差的蒙特卡罗密度估计。

注 3.1 通过理论分析和实验仿真，可以得到如下结论：量化不仅导致测量系统噪声方差的增加，而且会改变噪声模型。一般地，如果 $\theta \leqslant 1$，量化测量系统

的噪声近似于正态分布随机变量；如果 $\theta > 1$，量化测量系统的噪声就不再是正态分布变量。此外，量化测量系统的噪声方差与时间有较强的相关性。所以，在设计滤波算法的时候，要将量化所产生的这些影响全部考虑在内。

3.4　基于均匀量化测量的目标状态估计

本节给出基于均匀量化测量的近似最小均方误差的非线性滤波算法。线性最小均方误差滤波算法请参考文献[112]。在实际应用中，大部分系统都是非线性的，所以这里给出一种基于量化测量的最小均方误差的非线性滤波算法。

为方便分析，记

$$Y_k = \left\{ m_k^i - \frac{\Delta_i}{2} \leqslant y_k^i \leqslant m_k^i + \frac{\Delta_i}{2}, \ i = 1,2,\cdots,N \right\}, \quad k = 1,2,\cdots$$

和

$$Y_1^k = \{Y_1, Y_2, \cdots, Y_k\}, \quad k = 1,2,\cdots$$

给定

$$\hat{X}_{k-1|k-1} = E\left(X_{k-1} \mid Y_1^{k-1}\right)$$

和

$$\begin{aligned} P_{k-1|k-1} &= \mathrm{MSE}\left(\hat{X}_{k-1|k-1} \mid Y_1^{k-1}\right) \\ &= E\left(\left(X_{k-1} - \hat{X}_{k-1|k-1}\right)\left(X_{k-1} - \hat{X}_{k-1|k-1}\right)^{\mathrm{T}} \mid Y^{k-1}\right) \end{aligned}$$

假设在时刻 $k-1$ 的先验概率密度是高斯的：

$$p\left(X_k \mid Y_1^{k-1}\right) = \mathcal{N}\left\{X_k; \hat{X}_{k|k-1}, P_{k|k-1}\right\}$$

那么，根据无迹变换[24]，状态预测值如下：

$$\hat{X}_{k|k-1} = \sum_{j=0}^{2d} W_{k-1}^j f\left(\mathcal{X}_{k-1}^j\right) \tag{3.33}$$

$$P_{k|k-1} = \sum_{j=0}^{2d} W_{k-1}^j \left(f\left(\mathcal{X}_{k-1}^j\right) - \hat{X}_{k|k-1}\right)\left(f\left(\mathcal{X}_{k-1}^j\right) - \hat{X}_{k|k-1}\right)^{\mathrm{T}} + Q_{k-1} \tag{3.34}$$

其中，$\left\{\mathcal{X}_{k-1}^j, \ j = 0,1,\cdots,2d\right\}$ 是采样点集（Sigma point set）[113]。预测密度 $p\left(X_k \mid Y_1^{k-1}\right) = \mathcal{N}\left\{X_k; \hat{X}_{k|k-1}, P_{k|k-1}\right\}$ 由 $2d+1$ 个采样点集表示：$\mathcal{X}_{k-1}^j = f\left(\mathcal{X}_{k-1}^j\right)$。预测测量值为

$$y_i(k \mid k-1) = \sum_{j=0}^{2d} W_{k-1}^j h_i\left(\mathcal{X}_{k-1}^j\right), \quad i = 1,2,\cdots,N \tag{3.35}$$

更新步为

$$
\begin{aligned}
\hat{X}_{k|k}^* &= E\left(X_k \mid Y_1^{k-1}, y_k\right)\\
&= \hat{X}_{k|k-1} + K_k\left(y_k - y(k \mid k-1)\right)
\end{aligned}
\tag{3.36}
$$

$$
P_{k|k}^* = P_{k|k-1} + K_k S_k K_k^{\mathrm{T}}
\tag{3.37}
$$

其中

$$
K_k = P_{xy} S_k^{-1}
\tag{3.38}
$$

$$
S_k = R + P_{yy}
\tag{3.39}
$$

$$
P_{xy} = \sum_{j=0}^{2d} W_{k-1}^j \left(\mathcal{X}_{k-1}^j - \hat{X}_{k|k-1}\right)\left(h\left(\mathcal{X}_{k-1}^j\right) - y(k \mid k-1)\right)^{\mathrm{T}}
\tag{3.40}
$$

$$
P_{yy} = \sum_{j=0}^{2d} W_{k-1}^j \left(h\left(\mathcal{X}_{k-1}^j\right) - \hat{X}_{k|k-1}\right)\left(h\left(\mathcal{X}_{k-1}^j\right) - y(k \mid k-1)\right)^{\mathrm{T}}
\tag{3.41}
$$

且 $y_k = \left(y_k^1, y_k^2, \cdots, y_k^N\right)^{\mathrm{T}}$，$y(k \mid k-1) = (y_1(k \mid k-1), y_2(k \mid k-1), \cdots, y_N(k \mid k-1))^{\mathrm{T}}$，$h(x) = (h_1(x), h_2(x), \cdots, h_N(x))^{\mathrm{T}}$。

进一步地，根据复合条件期望的性质，有

$$
\begin{aligned}
\hat{X}_{k|k} &= E\left(E\left(X_k \mid Y^{k-1}, y_k\right) \mid Y_1^{k-1}, Y_k\right)\\
&= \hat{X}_{k|k-1} + K_k\left(E\left(y_k \mid Y_1^{k-1}, Y_k\right) - y(k \mid k-1)\right)
\end{aligned}
\tag{3.42}
$$

相应地

$$
\begin{aligned}
P_{k|k} &= E\left(\left(X_k - \hat{X}_{k|k}\right)\left(X_k - \hat{X}_{k|k}\right)^{\mathrm{T}} \mid Y_1^k\right)\\
&= E\left(\left(X_k - \hat{X}_{k|k}\right)\left(X_k - \hat{X}_{k|k}\right)^{\mathrm{T}} \mid Y_1^{k-1}, Y_k\right)\\
&= E\left(E\left(\left(X_k - \hat{X}_{k|k}\right)\left(X_k - \hat{X}_{k|k}\right)^{\mathrm{T}} \mid Y_1^{k-1}, y_k\right) \mid Y_1^{k-1}, Y_k\right)
\end{aligned}
$$

其中

$$
\begin{aligned}
&X_k - \hat{X}_{k|k}\\
&= X_k - \hat{X}_{k|k}^* + \left(\hat{X}_{k|k}^* - \hat{X}_{k|k}\right)\\
&= X_k - \hat{X}_{k|k}^* + K_k\left(y(k) - E\left(y(k) \mid Y_1^{k-1}, Y_k\right)\right)
\end{aligned}
$$

所以

$$
\begin{aligned}
&E\left(\left(X_k - \hat{X}_{k|k}\right)\left(X_k - \hat{X}_{k|k}\right)^{\mathrm{T}} \mid Y_1^{k-1}, y_k\right)\\
&= P_{k|k}^* + K_k\left(y_k - E\left(y(k) \mid Y_1^{k-1}, Y_k\right)\right) \cdot \left(y_k - E\left(y(k) \mid Y_1^{k-1}, Y_k\right)\right)^{\mathrm{T}} K_k^{\mathrm{T}}
\end{aligned}
$$

最终有

$$P_{k|k} = P_{k|k}^* + K_k \text{cov}\left(y(k) \mid Y_1^{k-1}, Y_k\right) K_k^{\mathrm{T}} \tag{3.43}$$

于是，基于量化测量的最小均方误差的非线性滤波算法就由方程（3.33）～方程（3.43）给出。显然，该算法应用的关键在于式（3.42）中 $E\left(y(k) \mid Y_1^{k-1}, Y_k\right)$ 和式（3.43）中 $\text{cov}\left(y(k) \mid Y_1^{k-1}, Y_k\right)$ 的有效计算。

3.5　仿　真　分　析

本节考虑无线传感器网络中的目标跟踪问题。假设网络已经初始化，且每个传感器节点的位置已知。传感器节点分享相同的信息，如目标的先验密度和运动模型。目标被视为一个在二维平面运动的点目标，在本节中，考虑线性运动模型[71]。记 x_k 为目标状态，ω_k 为相应的运动噪声，k 为离散时间指标，Δt 为时间步长。x_k 分别表示目标位置 x_{1k}, x_{2k} 和速度 $\dot{x}_{1k}, \dot{x}_{2k}$：

$$x_k = \left\{ x_{1k}, \dot{x}_{1k}, x_{2k}, \dot{x}_{2k} \right\} \tag{3.44}$$

目标在坐标系中的运动模型为

$$x_k = \Phi_{k-1} x_{k-1} + \omega_{k-1} \tag{3.45}$$

其中，ω_{k-1} 是方差阵为 Q_{k-1} 的过程噪声。状态转移矩阵 Φ_{k-1} 和方差阵 Q_{k-1} 分别为

$$\Phi_{k-1} = \begin{bmatrix} 1 & \Delta t & 0 & 0 \\ 0 & 1 & 0 & 0 \\ 0 & 0 & 0 & \Delta t \\ 0 & 0 & 0 & 1 \end{bmatrix} \tag{3.46}$$

和

$$Q_{k-1} = q \begin{bmatrix} \Delta t^3/3 & \Delta t^2/2 & 0 & 0 \\ \Delta t^2/2 & \Delta t & 0 & 0 \\ 0 & 0 & \Delta t^3/3 & \Delta t^2/2 \\ 0 & 0 & \Delta t^2/2 & \Delta t \end{bmatrix} \tag{3.47}$$

其中，q 是一个已知标量，代表过程噪声的强度[23]。

测量值是传感器节点和目标之间相对距离的函数（如雷达、声传感器、声呐等）。本章假设传感器测量目标辐射信号的强度。所接收到的强度随着距离的增加线性递减。目标的原始测量模型为[112]

$$E_i(x_k) = K - \lambda d_i(x_k)$$

$$h_i(x_k) = d_i(x_k) = \frac{K - E_i(x_k)}{\lambda}$$

$$y_k^i = h_i(x_k) + \upsilon_k^i$$

$$m_k^i = \text{floor}\left(\frac{\left(h_i(x_k) + \upsilon_k^i\right)}{\Delta_i}\right) \times \Delta_i + \frac{\Delta_i}{2}$$

$$= h_i(x_k) + \upsilon_k^i + \xi_k^i, \quad k = 1, 2, \cdots; i = 1, 2, \cdots, N \tag{3.48}$$

其中，$E_i(x_k)$ 是第 i 个传感器测量到的能量强度；$d_i(x_k)$ 是第 i 个传感器和目标之间的相对距离；K 是传输能量值；$\lambda(>0)$ 是能量丢失系数。这些参数与辐射环境、天线特征、地势等有关。本章假设无通信损失和传感器测量时间同步。

对于所有的仿真，取如下参数：每个传感器的传输能量是 $K = 5\text{dBm}$，能量丢失系数为 $\lambda = 0.2$，总时间 $T = 30\text{s}$，时间步长 $\Delta t = 0.5\text{s}$。每个传感器的感知范围是 $[\underline{R}_i, \overline{R}_i] = [0, 100]\text{m}$。

3.5.1 量化测量误差的概率密度

图 3-2～图 3-5 给出了量化测量误差的蒙特卡罗仿真估计和密度估计函数 (3.25) 的仿真结果。其中，θ 从 20 降到 1，此处 $M = 30000$。这些仿真结果证实了 3.3 节中理论分析结果的正确性。

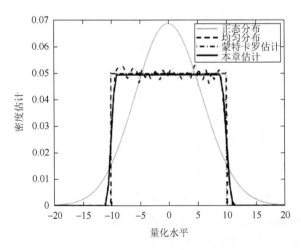

图 3-2　量化噪声密度估计仿真结果，近似为均匀分布（$\sigma = 0.5$，$\Delta = 20$，$\theta = 20$）

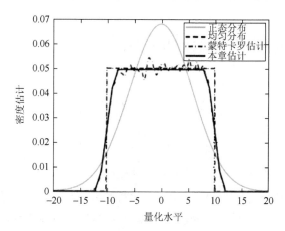

图 3-3　量化噪声密度估计仿真结果，近似为均匀分布（$\sigma=1$，$\Delta=20$，$\theta=10$）

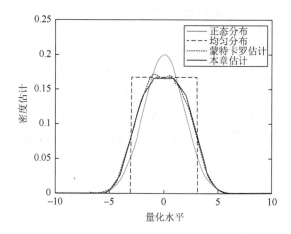

图 3-4　量化噪声密度估计仿真结果（$\sigma=1$，$\Delta=6$，$\theta=3$）

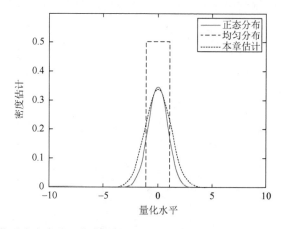

图 3-5　量化噪声密度估计仿真结果，近似为高斯分布（$\sigma=1$，$\Delta=2$，$\theta=1$）

3.5.2　均匀量化条件下的目标跟踪仿真

目标初始状态为

$$X_0 = [35 \ 1.1 \ 25 \ 0.9]^T$$

滤波算法的初始化为

$$X_{0|0} = [38 \ 1.05 \ 23 \ 1.0]^T$$

$$P_{0|0} = 50 \times Q$$

其中，过程噪声强度为 $Q = 0.09$。有 $N = 3$ 个传感器，分别位于 $S_1(25,20)$、$S_2(45,0)$、$S_3(0,40)$。量化 $[\underline{R_i}, \overline{R_i}] = [0\text{m},100\text{m}]$ 为 $L_i = 5\text{bit}$，量化精度为 $\Delta_i = \Delta = 3.125\text{m}$，测量误差的标准差为 $\sigma_i = \sigma = 0.15625\text{m}$。因此，有 $\theta_i = \theta = \Delta/2\sigma = 10$。在这种情况下，由 3.3 节中量化噪声分析可知，测量系统噪声近似地服从均匀分布。最常见也是最简单的滤波方法是将量化的影响视作独立的高斯白噪声。这样，卡尔曼滤波就可以应用在系统（3.45）～（3.47）上[71]。然而，对于量化测量模型（3.48），卡尔曼滤波效果却是较差的。进一步地，若取 $\Delta_i^2/12 + \sigma_i^2$ 为测量系统误差，100 次蒙特卡罗仿真运行当中，仅有 28 次顺利运行；而若取 $\Delta_i^2/4 + 2\sigma_i\Delta_i + 4\sigma_i^2$，有 92 次顺利运行。由此可见，寻求新型的量化滤波算法来提高滤波性能是十分必要的。

为了比较不同算法的性能，在这里将新提出的算法（NovelQUKF）与量化无迹卡尔曼滤波（QUKF）、无量化无迹卡尔曼滤波（UKF）做比较。以下结果是建立在 300 次蒙特卡罗仿真基础之上的。图 3-6 给出了基于量化测量的跟踪结果。NovelQUKF、QUKF 和 UKF 的仿真均方根误差（RMSE）在图 3-7 和图 3-8 中给出。由于空间方面的原因，这里只给出关于 x 轴方向的 RMSE。y 轴方向的 RMSE 与 x 轴方向的类似。

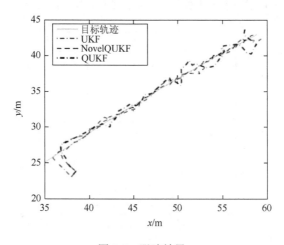

图 3-6　跟踪效果

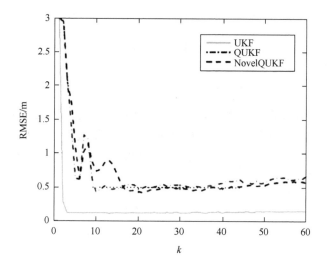

图 3-7　沿 x 轴方向的位置估计均方根误差

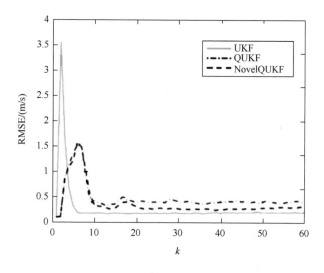

图 3-8　沿 x 轴方向的速度估计均方根误差

　　由仿真结果可知，QUKF 的跟踪效果最差，这是由于测量系统噪声服从于均匀分布，而不是高斯分布。NovelQUKF 的性能明显比 QUKF 的效果好，无论速度还是位移的估计。NovelQUKF 的速度估计效果几乎和 UKF 的效果相同。NovelQUKF 在位移方面的估计之所以和理想 UKF 的估计效果相差较大，是因为量化的影响，这也证实了精度的丢失正是来源于量化。

3.6　本章小结

　　基于相互独立随机变量的卷积公式和中值定理从理论上分析了量化噪声分布，给出了量化噪声的近似概率密度函数。当均匀量化的量化步长比测量误差的标准差大很多时，测量系统噪声近似于均匀分布；反过来，则近似于正态分布。基于非参数密度估计技术，给出一种用来估计量化噪声分布的蒙特卡罗方法。

第4章 自适应量化测量与融合

4.1 引　言

由于无线传感器网络受到能量和通信带宽的严格约束，原始测量信息需要通过量化处理才能传输给融合中心[15, 20, 114, 115]。量化策略的选取和自适应有利于改进目标跟踪精度，甚至减少网络中的通信能量，延长网络的生命时间。本章的重点在于自适应量化策略的研究，即针对特定的量化方法，自适应分配节点的通信带宽和自适应选取量化阈值。并在此基础上对基于量化测量的目标跟踪算法进行性能分析，给出了其后验克拉默-拉奥下界。

4.2　模　型　建　立

考虑由 N 个传感器节点组成的传感器网络中具有如下离散非线性动态系统的目标状态估计问题：

$$x_{k+1} = f(x_k, k) + \omega_k \tag{4.1}$$

$$y_k^i = h_i(x_k, k) + \upsilon_k^i, \quad i = 1, 2, 3, \cdots, N \tag{4.2}$$

其中，$k \in \mathbb{Z}$（整数集合）是时间指标；$x_k \in \mathfrak{R}^n$ 和 $y_k^i \in \mathfrak{R}^m$ 分别是 k 时刻的目标状态向量和第 i 个传感器的局部测量；$f : \mathfrak{R}^n \times \mathfrak{R}^n \to \mathfrak{R}^n$ 是系统状态演化映射；$\omega_k \in \mathfrak{R}^p$ 是由扰动或者建模误差引起的目标状态演化噪声；$h_i : \mathfrak{R}^n \times \mathfrak{R}^m \to \mathfrak{R}^m$ 是第 i 个传感器的测量映射；υ_k^i 是第 i 个传感器的测量噪声。假定过程噪声 ω_k 与 υ_k^i 为零均值随机过程且相互独立，即

$$E\left(\upsilon_t^i \left(\upsilon_k^j\right)^{\mathrm{T}}\right) = 0, \quad i \neq j; \forall t, k$$

$$E\left(\begin{bmatrix} \omega_t \\ \upsilon_t^i \end{bmatrix} \begin{bmatrix} \omega_k^{\mathrm{T}} & \left(\upsilon_k^i\right)^{\mathrm{T}} \end{bmatrix}\right) = \begin{bmatrix} Q_k & 0 \\ 0 & \sigma_{\upsilon_i}^2 \end{bmatrix} \delta_{tk} \tag{4.3}$$

其中，E 是数学期望；δ_{tk} 是 Kronecker 函数，即 $t = k$ 时 $\delta_{tk} = 1$，否则为零。目标的初始状态 $x(0)$ 均值为 x_0，方差为 P_0，同样独立于 $\omega(k)$ 和 $\upsilon_i(k), i = 1, 2, 3, \cdots, N$。

假定第 i 个传感器局部量化后的测量值为 z_k^i 且由量化引起的噪声为 q_k^i，则融合中心接收到的第 i 个传感器的信息为

$$z_k^i = h_i(x_k, k) + n_k^i, \quad i = 1, 2, 3, \cdots, N \tag{4.4}$$

其中，$n_k^i = \upsilon_k^i + q_k^i$ 为相互独立的零均值噪声过程，其方差视不同的量化策略而定，将在 4.3.1 节中给出。融合中心根据接收到的信息首先进行量化测量融合，具体来说，N 个局部传感器的观测模型（4.4）按式（4.5）进行整合：

$$z_k = h(x_k, k) + n_k \tag{4.5}$$

其中，n_k 是零均值的融合噪声。

通常存在以下两种（量化）测量融合策略[1, 116, 117]：一种称为测量扩维方法，将所有接收到的信息合并成向量形式，即

$$z_k = \begin{bmatrix} z_k^1 & \cdots & z_k^N \end{bmatrix}^{\mathrm{T}}$$
$$h(x_k, k) = \begin{bmatrix} h_1(x_k, k) & \cdots & h_N(x_k, k) \end{bmatrix}^{\mathrm{T}} \tag{4.6}$$
$$R(k) = \mathrm{diag}\left(\begin{bmatrix} \sigma_{n_1}^2 & \sigma_{n_2}^2 & \cdots & \sigma_{n_N}^2 \end{bmatrix} \right)$$

另一种即所谓的测量加权方法，将所有接收到的信息按某种规则（如最优线性无偏估计 BLUE 规则）进行加权，也就是说

$$z_k = \left(\sum_{i=1}^{N} 1 \big/ \sigma_{n_i}^2 \right)^{-1} \sum_{i=1}^{N} z_k^i \big/ \sigma_{n_i}^2 \tag{4.7}$$

$$h(x_k, k) = \left(\sum_{i=1}^{N} 1 \big/ \sigma_{n_i}^2 \right)^{-1} \sum_{i=1}^{N} h_i(x_k, k) \big/ \sigma_{n_i}^2 \tag{4.8}$$

此时，融合后的噪声协方差可由式（4.9）确定：

$$R(k) = \sigma_n^2(k) = \left(\sum_{i=1}^{N} 1 \big/ \sigma_{n_i}^2(k) \right)^{-1} \tag{4.9}$$

注 4.1　由于扩维方法利用了原始量化测量值，基于此种方法的状态估计更有可能提供较优的目标状态估计值。然而，对于测量加权方法，无论网络中有多少传感器被激活，观测向量的维数始终保持不变；换句话说，无论融合中心接收到多少个局部传感器传递的量化测量值，加权融合后的测量维数不变。众所周知，在进行目标状态估计时滤波器增益的计算需要求矩阵的逆，此过程的计算量是系统测量空间维数的三次方，因此，基于测量加权方法的目标状态估计理论上具有较低的计算代价。由于在某一特定时刻上可能会有多个传感器节点被激活，测量加权方法在节点密集分布的传感器网络中更具有优势。

注 4.2　显然，量化噪声越小，基于融合后的量化测量的目标跟踪精度越高。一种简单的方法就是给每个局部传感器足够大的带宽，然而如前所述，每个传感器节点的能量和带宽都是非常有限的。因此，如何在满足带宽要求的条件下提高

目标跟踪精度或者在满足目标跟踪精度的条件下减少通信能量,是个非常有意义的研究内容,下面将讨论这个问题:先给出传感器网络中能量消耗模型,然后基于此,建立起传感器网络中能量和带宽约束的目标跟踪的整体模型,最后,在求解优化模型的基础上,给出能量消耗和跟踪精度之间的一个折中。

4.2.1　能量模型

假定第 i 个传感器与融合中心之间的信号传递遵循某种路径损耗,该损耗与 $a_i = d_i^{\alpha_i}$ 成正比,其中 d_i 是第 i 个传感器与融合中心之间的距离。因此,如果第 i 个传感器在第 k 时刻向融合中心发送 $b_i(k)$ bit 数据,所需能量为

$$E_i(k) = \beta_i \left(2^{b_i(k)} - 1 \right) \tag{4.10}$$

其中,能量密度 $\beta_i = \rho d_i^{\alpha_i} \ln(2/P_b)$; ρ 是依赖于通道噪声的常数; P_b 是通道比特误差率,我们假定所有传感器到融合中心的链接之间的比特误差率相同。

4.2.2　概率量化策略

下面我们简单回顾一下本章所用的量化策略。假定测量 y_k^i 是 $[-W, W]$ 区间上的一个有界信号,其中 W 可视传感器的动态范围而定。由于严格的带宽和能量限制,每个传感器将其测量量化为长度为 b_i bit 的信息,其中比特率 b_i 将在 4.3.1 节中由带宽调度的最优解给出。因此,我们有 $L_i = 2^{b_i}$ 个量化水平和量化阈值 $\tau_i = \{\tau_1, \tau_2, \cdots, \tau_{L_i}\}$,其中 $\tau_1 = -W$, $\tau_{L_i} = W$。这些量化阈值是均匀分布的,且满足 $\Delta = \tau_{j+1} - \tau_j$, $j \in \{1, 2, \cdots, L_i - 1\}$,从而量化分辨率 $\Delta = 2W/(2^{b_i} - 1)$。现在假定在某个采样周期范围内有 $y_k^i \in [\tau_j, \tau_{j+1})$ 且 $z_k^i = Q(y_k^i)$,其中 $Q(\cdot)$ 表示概率量化算子。即 y_k^i 按以下规则进行量化:

$$\Pr\left(y_k^i = \tau_{j+1} \right) = r, \quad \Pr\left(y_k^i = \tau_j \right) = 1 - r \tag{4.11}$$

其中, $r = (y_k^i - \tau_j)/\Delta$。下面的引理给出了概率量化的两种重要性质[18]。

引理 4.1　假定区间 $[-W, W]$ 内有界的测量值 $y_k^i \in [\tau_j, \tau_{j+1})$,且 z_k^i 为其对应的 b_i bit 量化值,则 z_k^i 是 y_k^i 的一个无偏表示,即

$$E\left(z_k^i \right) = y_k^i \text{ 且 } E\left(\left(z_k^i - y_k^i \right)^2 \right) \leqslant \frac{W^2}{(2^{b_i} - 1)^2} \equiv \frac{\Delta^2}{4} \tag{4.12}$$

基于引理 4.1,式(4.4)中 $n_k^i = \upsilon_k^i + q_k^i$,其中的量化噪声 q_k^i 是零均值噪声过程,且其方差小于等于 $\Delta^2/4$。也就是说

$$\sigma_{n_i}^2(k) \leqslant \sigma_{\upsilon_i}^2(k) + \sigma_{q_i}^2, \quad \sigma_{q_i}^2 = \frac{W^2}{(2^{b_i}-1)^2} = \frac{\Delta^2}{4} \tag{4.13}$$

进一步地，由于每个传感器独立地进行局部量化过程，量化噪声在第 k 个采样时刻上是相互独立的。

4.2.3　优化模型建立

本节的优化目标是在保证跟踪性能的前提下使得能量消耗最小，或者在满足能量和带宽要求下使得跟踪性能最优。因此，根据以上能量模型和量化策略，可以建立起在量测量扩维情况下的优化问题：

$$\begin{cases} \min \; \det(R) = \sum_{i=1}^{N}\left(\sigma_{\upsilon_i}^2 + \sigma_{q_i}^2\right) \\[2mm] \text{s.t.} \; \sum_{i=1}^{N}\beta_i^2(2^{b_i}-1)^2 \leqslant E(k) \\[2mm] b_i(k) \in \mathbb{Z}_0^+, \; 1 \leqslant i \leqslant N \end{cases} \tag{4.14}$$

或者

$$\begin{cases} \min \; \sum_{i=1}^{N}\beta_i^2(2^{b_i}-1)^2 \\[2mm] \text{s.t.} \; \det(R) = \sum_{i=1}^{N}\left(\sigma_{\upsilon_i}^2 + \sigma_{q_i}^2\right) \leqslant D(k) \\[2mm] b_i(k) \in \mathbb{Z}_0^+, \; 1 \leqslant i \leqslant N \end{cases} \tag{4.15}$$

其中，$E(k), D(k) > 0$ 是给定的能量约束或者性能约束。在不引起混淆的情况下，我们将略掉时间指标 k。

对于测量加权方法，根据以上能量模型和量化策略，同样可以建立起如下优化问题：

$$\begin{cases} \min \; \left(\sum_{i=1}^{N}1 \middle/ \sigma_{n_i}^2\right)^{-1} = \left(\sum_{i=1}^{N}\frac{1}{\sigma_{\upsilon_i}^2 + \sigma_{q_i}^2}\right)^{-1} \\[3mm] \text{s. t.} \; \sum_{i=1}^{N}\beta_i^2(2^{b_i}-1)^2 \leqslant E(k) \\[3mm] b_i(k) \in \mathbb{Z}_0^+, \; 1 \leqslant i \leqslant N \end{cases} \tag{4.16}$$

或者

$$\begin{cases} \min \ \sum_{i=1}^{N} \beta_i^2 (2^{b_i} - 1)^2 \\ \text{s. t.} \ \left(\sum_{i=1}^{N} 1/\sigma_{n_i}^2 \right)^{-1} = \left(\sum_{i=1}^{N} \dfrac{1}{\sigma_{\nu_i}^2 + \sigma_{q_i}^2} \right)^{-1} \leqslant D(k) \\ b_i(k) \in \mathbb{Z}_0^+, \ 1 \leqslant i \leqslant N \end{cases} \tag{4.17}$$

注 4.3　以上两个优化模型分别对应于测量扩维方法和测量加权方法,其中式(4.14)或式(4.15)是一个凸优化问题,可以通过简单的变量替换方法得到解析解;而式(4.16)或式(4.17)是一个非凸优化问题,我们将在 4.3.1 节中分别给出两个优化模型的解析解。

4.3　自适应带宽分配

本节将分别给出测量扩维和测量加权情况下能量/带宽约束的目标跟踪最优解析解。先讨论测量扩维的情况。

4.3.1　测量扩维情况下的带宽分配策略

定理 4.1　测量扩维情况下的带宽分配问题,即在跟踪性能约束下的能量最小优化问题(4.15),具有如下最优解析解:

$$\left(B_i^* \right)^2 = \begin{cases} 0, & 1 \leqslant i \leqslant K_1 - 1 \\ \dfrac{W}{\beta_i} \sqrt{\lambda^*}, & K_1 \leqslant i \leqslant N \end{cases} \tag{4.18}$$

其中,$B_i^* = 2^{b_i} - 1$,且

$$\sqrt{\lambda^*} = W \left(\sum_{j=K_1}^{N} \beta_j \right) \left(D - \sum_{j=K_1}^{N} \sigma_{\nu_j}^2 \right)^{-1} \tag{4.19}$$

一旦最优解 $B_i^* = 2^{b_i} - 1$ 给出,每个传感器的比特率可由 $\log_2 \left(B_i^* + 1 \right)$ 向上取整得到,即 $b_i^* = \left\lceil \log_2 \left(B_i^* + 1 \right) \right\rceil$。

证明　由定义 $B_i = 2^{b_i} - 1$,可将式(4.15)中的优化问题重新表述如下:

$$\begin{cases} \min \ \sum_{i=1}^{N} \beta_i^2 \cdot B_i^2 \\ \text{s.t.} \ \sum_{i=1}^{N} \left(\sigma_{\nu_i}^2 + \dfrac{W^2}{B_i^2} \right) \leqslant D(k), \ 1 \leqslant i \leqslant N \\ B_i \geqslant 0, \ 1 \leqslant i \leqslant N \end{cases} \tag{4.20}$$

其中，关于 B_i 的下界是由 $b_i \in \mathbb{Z}_0^+$ 且 $B_i = 2^{b_i} - 1$ 确定的。进一步地，为了方便起见，对 B_i 的约束即对式（4.20）中的 $B_i \geq 0$ 进行松弛。式（4.20）的优势在于它是一个凸优化问题且可以直接得出解析解。由标准的拉格朗日乘子法，我们可以得到式（4.20）的最优解求解如下[118]。

不失一般性，假定能量密度满足 $\beta_1 \geq \beta_2 \geq \cdots \geq \beta_N$，并定义如下关于能量密度的函数：

$$f(K) := \beta_K \left(D \sum_{j=K}^{N} \beta_j \right)^{-1} \left(D - \sum_{j=K}^{N} \sigma_{\nu_j}^2 \right), \quad 1 \leq K \leq N \tag{4.21}$$

设 $1 \leq K_1 \leq N$ 是满足 $f(K_1) < 1$ 且 $f(K_1 - 1) \geq 1$ 的唯一整数。类似于文献[17]，不难证明 K_1 具有唯一性，除非对于所有 $1 \leq K \leq N$，$f(K) < 1$，这种情况下，我们可设定 $K_1 = 1$。从而对式（4.20）的简单运算可得到最优解如式（4.18）所示。

注 4.4 由式（4.10）可见，每个传感器的能量消耗与该节点与融合中心之间的路径损耗 $d_i^{\alpha_i}$ 成比例。也就是说，传感器与融合中心的距离越远，其能量消耗越大，一般来说其通道增益情况越差。因此，从式（4.18）中得到的最重要的结论是传感器所分配的带宽与该节点的能量消耗的对数成反比，直观上来说，更好通信条件的节点（离融合中心近的节点）将会分配到更宽的通信带宽，从而提高整体跟踪精度。

4.3.2 测量加权情况下的带宽分配策略

定理 4.2 测量加权情况下的带宽分配问题（4.17）具有如下最优解析解：

$$b_i^* = \log_2 \left(1 + \sqrt{\frac{W^2}{\frac{1}{r_i^*} - \sigma_{\nu_i}^2}} \right)$$

$$= \begin{cases} 0, & k \geq K_1 + 1 \\ \log_2 \left(1 + W \sqrt{\frac{1}{\sigma_{\nu_i}^2} \left(\frac{\delta}{\omega_i} - 1 \right)} \right), & k \leq K_1 \end{cases} \tag{4.22}$$

其中

$$\delta = \frac{\sqrt{\lambda^*}}{W} = \left(\sum_{i=K_1}^{N} \frac{1}{\sigma_{\nu_i}^2} - \frac{1}{D} \right)^{-1} \left(\sum_{i=K_1}^{N} \frac{\beta_i}{\sigma_{\nu_i}^2} \right) \tag{4.23}$$

证明 为了方便分析，将式（4.17）中对 $b_i(k)$ 整数约束松弛为正实数，并略掉此约束。即便如此，式（4.17）仍然是一个非凸优化问题。下面，我们将通过变量变换使其变为一个凸优化问题。

定义 $r_i = 1 / \left(\sigma_{\upsilon_i}^2 + \sigma_{q_i}^2 \right)$，有

$$\sigma_{q_i}^2 = \frac{1}{r_i} - \sigma_{\upsilon_i}^2, \quad (2^{b_i} - 1)^2 = \frac{W^2}{\sigma_{q_i}^2} = \frac{W^2 r_i}{1 - \sigma_{\upsilon_i}^2 r_i} \quad (4.24)$$

从而，问题（4.17）可以转化成如下关于 $r = (r_1, r_2, \cdots, r_N)$ 的优化问题：

$$\begin{cases} \min \ \sum_{i=1}^{N} \beta_i^2 \cdot \dfrac{W^2 r_i}{1 - \sigma_{\upsilon_i}^2 r_i} \\ \text{s.t.} \ \sum_{i=1}^{N} r_i \geqslant 1/D \\ 0 \leqslant r_i < \dfrac{1}{\sigma_{\upsilon_i}^2}, \quad 1 \leqslant i \leqslant N \end{cases} \quad (4.25)$$

其中，r_i 的上界是由 $r_i = 1 / \left(\sigma_{\upsilon_i}^2 + \sigma_{q_i}^2 \right)$ 和 $\sigma_{q_i}^2 \geqslant 0$ 确定的。可见，式（4.25）是一个关于 $r = (r_1, r_2, \cdots, r_N)$ 的凸优化问题。不失一般性，仍然假定 $\beta_1 \geqslant \beta_2 \geqslant \cdots \geqslant \beta_N$ 并定义

$$f(K) := \beta_K \left(\sum_{i=K}^{N} \frac{\beta_i}{\sigma_{\upsilon_i}^2} \right)^{-1} \left(\sum_{i=K}^{N} \frac{1}{\sigma_{\upsilon_i}^2} - \frac{1}{D} \right), \quad 1 \leqslant K \leqslant N \quad (4.26)$$

同样定义一个整数 $1 \leqslant K_1 \leqslant N$ 满足 $f(K_1) < 1$ 和 $f(K_1 - 1) \geqslant 1$。如果对所有 $1 \leqslant K \leqslant N$，有 $f(K) < 1$，只需定义 $K_1 = 1$ 即可。从而运用拉格朗日乘子法对式（4.25）的简单运算可以得到

$$\sqrt{\lambda^*} = W \left(\sum_{i=K_1}^{N} \frac{\beta_i}{\sigma_{\upsilon_i}^2} \right) \left(\sum_{i=K_1}^{N} \frac{1}{\sigma_{\upsilon_i}^2} - \frac{1}{D} \right)^{-1} \quad (4.27)$$

其中

$$r_i^* = \frac{1}{\sigma_{\upsilon_i}^2} \left(1 - \frac{\beta_i W}{\sqrt{\lambda^*}} \right)^+, \quad 1 \leqslant i \leqslant N \quad (4.28)$$

如果 $x < 0$，$(x)^+$ 取 0，否则取 x。

进一步地，由 r_i 的定义可得

$$r_i = \frac{1}{\sigma_{\upsilon_i}^2 + \dfrac{W^2}{(2^{b_i} - 1)^2}}$$

从而由式（4.27）和式（4.28）可得到 b_i 的最优解如式（4.22）和式（4.23）所示。

注 4.5　同样地，求得最优解以后，每个传感器的带宽可由 b_i^* 向上取整得到。与定理 4.1 类似，式（4.22）暗含传感器所分配的带宽与该节点的能量消耗的对数

成反比，也就是说，更好通信条件的节点（离融合中心近的节点）将会分配到更宽的通信带宽，从而提高整体跟踪精度。而后，融合中心根据目标的动态方程（4.1）和融合的测量方程（4.5）进行目标的状态估计，常用的滤波方法可为扩展卡尔曼滤波器（EKF）、无迹卡尔曼滤波器（UKF）、粒子滤波器（PF）以及交互式多模型（IMM）中的任何一种方法。

4.3.3 噪声相关情况下的带宽分配策略

本节考虑噪声相关情况下的带宽分配问题，目标运动模型及传感器的观测方程与式（4.1）和式（4.2）一致，区别在于传感器的观测噪声 $v_i(k)$ 关于各传感器是相关的，并且方差为 R，也就是说 R 为非对角元矩阵。

根据最优线性无偏估计准则，可得到如下融合的量化测量方程：

$$\overline{z}(k) = \overline{h}(x(k), k) + \overline{n} \tag{4.29}$$

其中

$$\overline{z}(k) = \frac{e^{\mathrm{T}} R^{-1} z(k)}{e^{\mathrm{T}} R^{-1} e} \tag{4.30}$$

$$\overline{h}(x(k), k) = \frac{e^{\mathrm{T}} R^{-1} h(x(k), k)}{e^{\mathrm{T}} R^{-1} e} \tag{4.31}$$

且 $e = [1 \; \cdots \; 1]^{\mathrm{T}}$，即由 1 构成的列向量。相应地，融合后的噪声方差为

$$
\begin{aligned}
\overline{R} &= \operatorname{cov}(\overline{n}) = E\left(\left(\overline{z}(k) - \overline{h}(x(k), k) \right) (*)^{\mathrm{T}} \right) \\
&= E\left(\frac{e^{\mathrm{T}} R^{-1}}{e^{\mathrm{T}} R^{-1} e} (z(k) - h(x(k), k)) (*)^{\mathrm{T}} \left(\frac{e^{\mathrm{T}} R^{-1}}{e^{\mathrm{T}} R^{-1} e} \right)^{\mathrm{T}} \right)^2 \\
&= \left(\frac{1}{e^{\mathrm{T}} R^{-1} e} \right)^2 e^{\mathrm{T}} R^{-1} E((z(k) - h(x(k), k))(*)^{\mathrm{T}}) R^{-1} e
\end{aligned} \tag{4.32}
$$

其中，$(*)^{\mathrm{T}}$ 表示对应部分的向量（或矩阵）转置运算。进而，我们有如下结论：

$$
\begin{aligned}
&E((z(k) - h(x(k), k))(*)^{\mathrm{T}}) \\
&= E((z(k) - y(k) + y(k) - h(x(k), k))(*)^{\mathrm{T}}) \\
&= E((z(k) - y(k))(*)^{\mathrm{T}}) + E((y(k) - h(x(k), k))(*)^{\mathrm{T}}) \\
&\quad + 2E((z(k) - y(k))(y(k) - h(x(k), k))^{\mathrm{T}}) \\
&= Q + R + 0
\end{aligned} \tag{4.33}
$$

其中，$y(k) = [y_1(k) \; \cdots \; y_N(k)]^{\mathrm{T}}$；量化噪声相关矩阵 $Q = E((z(k) - y(k))(z(k) - y(k))^{\mathrm{T}})$。综合考虑式（4.32）与式（4.33），有

$$
\begin{aligned}
\overline{R} &= \left(\frac{1}{e^{\mathrm{T}}R^{-1}e}\right)^2 e^{\mathrm{T}}R^{-1}(Q+R)R^{-1}e \\
&= \left(\frac{1}{e^{\mathrm{T}}R^{-1}e}\right) \cdot \left(\frac{e^{\mathrm{T}}R^{-1}(Q+R)R^{-1}e}{e^{\mathrm{T}}R^{-1}e}\right) \\
&= \left(\frac{1}{e^{\mathrm{T}}R^{-1}e}\right) \cdot \left(\frac{e^{\mathrm{T}}R^{-1}QR^{-1}e}{e^{\mathrm{T}}R^{-1}e}+1\right)
\end{aligned}
\tag{4.34}
$$

下面将针对以上分析对噪声相关情况下的带宽调度问题进行设计。考虑 4.2.1 节中相同的能量模型和量化策略，我们的目标是在保证融合测量噪声方差 $\overline{R}$ 满足某个常数界约束的情况下，使得通信能量最小。也就是说，给定某个常数 $\alpha > 0$，要求 $\overline{R} \leqslant (1+\alpha)/(e^{\mathrm{T}}R^{-1}e)$，其中 $1/(e^{\mathrm{T}}R^{-1}e)$ 是未量化情况下最优线性无偏估计的融合方差。基于此，我们可以建立如下优化问题：

$$
\begin{cases}
\min \ \displaystyle\sum_{i=1}^{N}\beta_i\left(2^{b_i}-1\right) \\[2mm]
\text{s.t.} \ \ \dfrac{e^{\mathrm{T}}R^{-1}QR^{-1}e}{e^{\mathrm{T}}R^{-1}e} \leqslant \alpha \\[2mm]
b_i \in \mathbb{Z}_0^+, \quad 1 \leqslant i \leqslant N
\end{cases}
\tag{4.35}
$$

定理 4.3　测量噪声相关情况下的带宽分配问题 (4.35) 具有如下最优解析解：

$$
b_i^* = \log_2\left(1+\sqrt[3]{\frac{2\lambda^* r_i^2}{\beta_i}}\right)
\tag{4.36}
$$

其中，拉格朗日乘子 λ^* 满足

$$
(\lambda^*)^{2/3} = \frac{\theta}{W^2}\left(\sum_{i=1}^{N}\left(\frac{r_i}{2\beta_i}\right)^{2/3}\right)^{-1}
\tag{4.37}
$$

为了证明定理 4.3，需要以下命题。

命题 4.1　量化噪声方差矩阵 Q 是对角矩阵且有 $Q_{ii} \leqslant W^2/(2^{b_i}-1)^2$。

证明　考虑方差矩阵 Q 的第 (i,j)（$i \neq j$）个元素，有

$$
\begin{aligned}
Q_{ij} &= E((z_i(k)-y_i(k))(z_j(k)-y_j(k))^{\mathrm{T}}) \\
&= E_{y_i,y_j}\left(E_{p_i,p_j|y_i,y_j}(z_i(k)-y_i(k))(z_j(k)-y_j(k))^{\mathrm{T}} \mid y_i,y_j\right) \\
&= E_{y_i,y_j}\left(E_{p_i|y_i}(z_i(k)-y_i(k))E_{p_j|y_j}(z_j(k)-y_j(k))^{\mathrm{T}} \mid y_i,y_j\right) \\
&= 0
\end{aligned}
\tag{4.38}
$$

其中，我们运用了引理 4.1 中关于概率量化的零均值属性和以下结论：在给定测量 $y_i(k)$ 和 $y_j(k)$ 的情况下，$z_i(k)$ 和 $z_j(k)$ 是相互独立的。进一步地，根据引理 4.1，有 $Q_{ii} \leqslant W^2/(2^{b_i}-1)^2$。

定理 4.3 证明　下面我们对优化问题 (4.35) 进行求解。定义新的变量 $r = R^{-1}e$，

$\theta = \alpha/(e^{\mathrm{T}}R^{-1}e)$ ，则问题（4.35）中第一个约束可表示为

$$r^{\mathrm{T}}Qr \leqslant \theta \tag{4.39}$$

由命题 4.1 可知 Q 是一个对角矩阵，因此可以对 Q 增加一个更强的条件：

$$\max\ r^{\mathrm{T}}Qr = \max \sum_{i=1}^{N} Q_{ii} r_i^2 = \sum_{i=1}^{N} \frac{W^2 r_i^2}{(2^{b_i}-1)^2} \leqslant \theta \tag{4.40}$$

进而，为了方便分析，我们将对 b_i 的整数约束松弛为一个正实数，并且略去问题（4.35）中的最后一个约束。所以，优化问题（4.35）可以表述如下：

$$\begin{cases} \min\ \sum_{i=1}^{N} \beta_i \left(2^{b_i}-1\right) \\ \mathrm{s.\,t.}\ \sum_{i=1}^{N} \dfrac{W^2 r_i^2}{(2^{b_i}-1)^2} \leqslant \theta \end{cases} \tag{4.41}$$

其中，r_i 是由噪声相关矩阵 R 确定的。不失一般性，我们假定对所有 i，均有 $r_i \neq 0$。如果 $r_i = 0$，则该传感器的测量对融合估计没有任何贡献，可以将对应的量化测量 $z_i(k)$ 不进行融合加权。根据标准的拉格朗日乘子法，不难得出式（4.42）：

$$L(\lambda, b_i) = \sum_{i=1}^{N} \beta_i \left(2^{b_i}-1\right) + \lambda \left(\sum_{i=1}^{N} \frac{W^2 r_i^2}{(2^{b_i}-1)^2} - \theta \right) \tag{4.42}$$

令 $\partial L/\partial b_i = 0$，有

$$(2^{b_i}-1)^3 = \frac{2\lambda r_i^2}{\beta_i} \tag{4.43}$$

同理，在最优解情况下有

$$\sum_{i=1}^{N} \frac{W^2 r_i^2}{(2^{b_i}-1)^2} = \theta \tag{4.44}$$

组合式（4.43）和式（4.44），不难得到如式（4.36）和式（4.37）所示的最优解。

4.4　自适应量化阈值

假定目标的运动可用二维平面内的常速运动模型或者常加速运动模型进行描述，即

$$x_{k+1} = F_k x_k + \omega_k \tag{4.45}$$

其中，k 时刻目标状态定义为 $x_k = [x_k\ \ y_k\ \ \dot{x}_k\ \ \dot{y}_k]^{\mathrm{T}}$（常速运动）或者 $x_k = [x_k\ \ y_k\ \ \dot{x}_k\ \ \dot{y}_k\ \ \ddot{x}_k\ \ \ddot{y}_k]^{\mathrm{T}}$（常加速运动）；$x_k$ 和 y_k 表示目标的位置；$\dot{x}_k$ 和 $\dot{y}_k$ 表示速度；$\ddot{x}_k$ 和 $\ddot{y}_k$ 表示加速度。描述目标状态动态的转移矩阵 F_k 分别为

$$F_k = \begin{bmatrix} 1 & 0 & T & 0 \\ 0 & 1 & 0 & T \\ 0 & 0 & 1 & 0 \\ 0 & 0 & 0 & 1 \end{bmatrix} \quad 或 \quad F_k = \begin{bmatrix} 1 & 0 & T & 0 & T^2/2 & 0 \\ 0 & 1 & 0 & T & 0 & T^2/2 \\ 0 & 0 & 1 & 0 & T & 0 \\ 0 & 0 & 0 & 1 & 0 & T \\ 0 & 0 & 0 & 0 & 1 & 0 \\ 0 & 0 & 0 & 0 & 0 & 1 \end{bmatrix}$$

而 $\omega_k \in \Re^4$ 或者 $\omega_k \in \Re^6$ 是零均值过程噪声，其方差矩阵为

$$R_k = q \begin{bmatrix} \dfrac{T^3}{3} & 0 & \dfrac{T^2}{2} & 0 \\ 0 & \dfrac{T^3}{3} & 0 & \dfrac{T^2}{2} \\ \dfrac{T^2}{2} & 0 & T & 0 \\ 0 & \dfrac{T^2}{2} & 0 & T \end{bmatrix} \quad 或 \quad R_k = q \begin{bmatrix} \dfrac{T^4}{4} & 0 & \dfrac{T^3}{3} & 0 & \dfrac{T^2}{2} & 0 \\ 0 & \dfrac{T^4}{4} & 0 & \dfrac{T^3}{3} & 0 & \dfrac{T^2}{2} \\ \dfrac{T^3}{3} & 0 & \dfrac{T^2}{2} & 0 & T & 0 \\ 0 & \dfrac{T^3}{3} & 0 & \dfrac{T^2}{2} & 0 & T \\ \dfrac{T^2}{2} & 0 & T & 0 & 1 & 0 \\ 0 & \dfrac{T^2}{2} & 0 & T & 0 & 1 \end{bmatrix}$$

其中，T 和 q 分别为采样周期和过程噪声强度。

主要考虑具有如下非线性测量方程的传感器组成的网络，这些传感器在每个采样时刻上接收到目标导频信号的某种能量信息，且该能量满足如下路径损耗模型[114, 119]：

$$y_k^i = \sqrt{\alpha \cdot d_0^n / \left(d_k^i \right)^n} + \upsilon_k^i, \quad i = 1, 2, \cdots, N \tag{4.46}$$

其中，α 是在某个参考距离 d_0 处的目标信号能量强度（不失一般性，假定 $d_0 = 1$）；n 是信号的衰减指数；$d_k^i = \left\| (x_k, y_k) - \left(x_s^i, y_s^i \right) \right\|$ 表示目标与分布在 $\left(x_s^i, y_s^i \right)$ 点的第 i 个传感器之间的距离。在检测距离 $\leqslant 1\text{km}$ 的情况下，信号衰减指数 n 约为 2[119]。噪声序列同样满足式（4.3），即具有相互独立性且均值为零。定义 $\alpha_{k+1}^i = \sqrt{\alpha / \left(d_{k+1}^i \right)^2} = \sqrt{\alpha} / d_{k+1}^i$，它表示第 i 个传感器接收到的真实能量。

注 4.6　在这里我们没有指定被动传感器的类型，且式（4.46）中的能量强度衰减模型具有一般性。例如，单源声波在空气中传播时，其强度就会随传播距离的平方成反比衰减[120]；同样，模型（4.46）可以用来描述等方性辐射的电磁波在空气中传递的信号衰减情况[121]。

由于能量和带宽的限制，局部传感器将自身的测量值量化为一个有限位的数字信号传递给融合中心。考虑如下量化策略：

$$z_k^i = Q\left(y_k^i\right) = \begin{cases} 0, & \tau_k^0 < y_k^i \leqslant \tau_k^1 \\ 1, & \tau_k^1 < y_k^i \leqslant \tau_k^2 \\ \vdots & \\ L-1, & \tau_k^{L-1} < y_k^i < \tau_k^L \end{cases} \quad (4.47)$$

其中，$\tau_k^j (j = 0,1,\cdots,L-1)$ 是 $K = \log_2 L$ 位的量化器的量化阈值。

注 4.7 量化器（4.47）既可以是均匀量化器，也可以是非均匀量化器，本节的重点是如何优化或者自适应地调整量化器的阈值使得目标跟踪的精度更高，或者跟踪的鲁棒性更强。另外，虽然我们没有要求 $\tau_k^0 = -\infty$，$\tau_k^{L-1} = \infty$，但量化模型（4.47）满足该条件。为了简单起见，假定所有的传感器使用相同的阈值，这在理论上和实际应用中都是一个合理的假设。

由式（4.46）可见，信号强度是目标在参考位置处的信号强度 α、传感器位置 $\left(x_s^i, y_s^i\right)$ 以及目标位置 (x_k, y_k) 的函数。假定在参考距离 d_0 处的信号强度是区间 $[0, \alpha_m]$ 上的均匀分布，即

$$f_\alpha(\alpha) = \begin{cases} \dfrac{1}{\alpha_m}, & 0 < \alpha \leqslant \alpha_m \\ 0, & \text{其他} \end{cases} \quad (4.48)$$

其中，α_m 是 α 可能取得的最大值。假设 x_s^i、y_s^i、x_k、y_k 是相互独立且均匀分布的变量，且为区间 $[-b/2, b/2]$ 上的均匀分布，则有

$$f_X(x) = \begin{cases} \dfrac{1}{b}, & -\dfrac{b}{2} < x \leqslant \dfrac{b}{2} \\ 0, & \text{其他} \end{cases} \quad (4.49)$$

其中，b 为感兴趣方形区域的边长。基于以上假设，可以得出如下定理。

定理 4.4 在任意位置上测得的目标信号强度 r_k 的概率密度函数为

$$f_R(r_k) = \frac{2}{\theta \alpha_m} \begin{cases} \left(\dfrac{b^2}{3} - \rho\right) r_k, & 0 < r_k \leqslant \dfrac{\sqrt{\alpha_m/2}}{b} \\ \left(\dfrac{b^2}{15} - \rho + g\left(\dfrac{\alpha_m}{z^2}\right)\right) r_k, & \dfrac{\sqrt{\alpha_m/2}}{b} < r_k \leqslant \dfrac{\sqrt{\alpha_m}}{b} \\ \dfrac{\alpha_m^3}{3b^4 r_k^5} - \dfrac{8\alpha_m^{2.5}}{5b^3 r_k^4} + \dfrac{\pi \alpha_m^2}{2b^3 r_k^3} - \rho r_k, & \dfrac{\sqrt{\alpha_m}}{b} < r_k \leqslant \dfrac{\sqrt{\alpha_m}}{d_0} \\ 0, & \text{其他} \end{cases} \quad (4.50)$$

定义 $\theta_k = 1 + \dfrac{8d_0^3}{3b^3} - \pi\dfrac{d_0^2}{b^2} - \dfrac{d_0^4}{2b^4}$ 表示在第 k 个采样周期内某一传感器离目标至少有

d_0（m）远的概率；$\rho_k = \pi\dfrac{d_0^4}{2b^2} + \dfrac{d_0^6}{3b^4} - \dfrac{8d_0^5}{5b^3}$。另外，$g_k(t)$ 定义如下：

$$g_k(t) = \frac{t^2}{b^2}\arcsin\left(\frac{2b^2}{t} - 1\right) - \frac{t^2}{b^2} - \frac{t^3}{3b^4}$$
$$+ \frac{2}{15b^3}\sqrt{t - b^2}(12t^2 + b^2 t + 2b^4)$$

证明　前面已经假定 x_s^i 与 x_k 是独立同分布的随机变量，且在区间 $[-b/2, b/2]$ 上均匀分布。定义 $t_k = x_s^i - x_k$，则 t_k 的概率密度函数等于两个均匀分布的概率密度函数的卷积，也就是说

$$f_T(t_k) = \begin{cases} \dfrac{b + t_k}{b^2}, & -b < t_k \leqslant 0 \\[2mm] \dfrac{b - t_k}{b^2}, & 0 < t_k \leqslant b \\[2mm] 0, & \text{其他} \end{cases} \tag{4.51}$$

基于此，很容易求得 $u_k = \left(x_s^i - x_k\right)^2 = t_k^2$ 具有如下概率密度函数：

$$f_U(u_k) = \begin{cases} \dfrac{1}{b\sqrt{u_k}} - \dfrac{1}{b^2}, & 0 < u_k \leqslant b^2 \\[2mm] 0, & \text{其他} \end{cases} \tag{4.52}$$

进一步定义 $v_k = \left(x_s^i - x_k\right)^2 + \left(y_s^i - y_k\right)^2$，即 k 时刻第 i 个传感器与目标之间距离的平方。很明显，v_k 的概率密度函数是两个 $f_U(\cdot)$ 函数的卷积，即

$$f_V(v_k) = \begin{cases} \dfrac{\pi}{b^2} + \dfrac{v_k}{b^4} - \dfrac{4\sqrt{v_k}}{b^3}, & 0 < v_k \leqslant b^2 \\[2mm] \dfrac{2}{b^2}\arcsin\left(\dfrac{2b^2}{v_k} - 1\right) - \dfrac{v_k}{b^4} + \dfrac{4\sqrt{v_k - b^2}}{b^3} - \dfrac{2}{b^2}, & b^2 < v_k \leqslant 2b^2 \\[2mm] 0, & \text{其他} \end{cases} \tag{4.53}$$

因此，某一传感器与目标至少相距 d_0（m）的概率密度函数为

$$\theta_k = 1 - \int_0^{d_0^2}\left(\frac{\pi}{b^2} + \frac{v_k}{b^4} - \frac{4\sqrt{v_k}}{b^3}\right)\mathrm{d}v_k$$
$$= 1 + \frac{8d_0^3}{3b^3} - \pi\frac{d_0^2}{b^2} - \frac{d_0^4}{2b^4} \tag{4.54}$$

从而，给定条件 $v_k \geq d_0^2$，变量 v_k 的概率密度函数为

$$f_V\left(v_k \mid v_k \geq d_0^2\right) = \frac{1}{\theta} f_V(v_k), \quad d_0^2 \leq v_k \leq 2b^2 \tag{4.55}$$

定义 $w_k = \alpha/v_k$，则根据 α 在区间 $[0, \alpha_m]$ 上均匀分布且独立于 v_k，不难证明以下等式：

$$f_W(w_k) = \int_{d_0^2}^{2b^2} v_k f_\alpha(w_k v_k) f_V\left(v_k \mid v_k \geq d_0^2\right) \mathrm{d}v_k \tag{4.56}$$

其中，$f_\alpha(\cdot)$ 表示 α 的概率密度函数。将各函数代入式（4.56）可得如下结果：

$$f_W(w_k) = \frac{2}{\theta \alpha_m} \begin{cases} \dfrac{b^2}{3} - \rho, & 0 < w_k \leq \dfrac{\alpha_m}{2b^2} \\[2mm] \dfrac{b^2}{15} - \rho + g(v_m), & \dfrac{\alpha_m}{2b^2} < w_k \leq \dfrac{\alpha_m}{b^2} \\[2mm] \dfrac{v_m^3}{3b^4} - \dfrac{8v_m^{2.5}}{5b^3} + \dfrac{\pi v_m^2}{2b^3} - \rho, & \dfrac{\alpha_m}{b^2} < w_k \leq \dfrac{\alpha_m}{d_0^2} \\[2mm] 0, & \text{其他} \end{cases} \tag{4.57}$$

其中，$v_m = \alpha_m/w_k$；函数 $g(\cdot)$ 如定理 4.4 所示。最后，定义 $r_k = \sqrt{w_k}$，由如下关系式不难求得其概率密度函数：

$$f_R(r_k) = 2r_k f_W(r_k^2) \tag{4.58}$$

注 4.8　θ_k 表示在第 k 个采样周期内某一传感器离目标至少有 d_0（m）远的概率。例如，假定感兴趣区域边长为 $b = 50\text{m}$，则随机分布的传感器在某一时刻上离目标距离小于 $d_0 = 1\text{m}$ 的概率为 $1 - \theta_k = 1.2 \times 10^{-3}$，可见，这种可能性相当小。

注 4.9　值得一提的是，定理 4.4 是在参考位置 d_0 处信号强度、x_s^i、y_s^i、x_k、y_k 都是均匀分布的基础上推导出来的。虽然均匀分布比较切合实际，但是依照相同的思路，定理 4.4 中的结果不难推广到其他分布情况。

一旦 $r_k = \alpha_k^i$ 已知，由量化规则（4.47）可知量化测量 z_k^i 取定量化值 l 的情况下有 $\tau_k^l < y_k^i \leq \tau_k^{l+1}$，也就是说

$$\tau_k^l \leq y_k^i = r_k + \upsilon_k^i \leq \tau_k^{l+1} \tag{4.59}$$

从而，量化过程的输出为 $l(l = 0, \cdots, L-1)$ 的概率为

$$P_k^l = \int_0^{\sqrt{\alpha_m}}_{\,d_0} \left(\Phi\left(\frac{\tau_k^{l+1} - r_k}{\sigma_{\upsilon_i}} \right) - \Phi\left(\frac{\tau_k^l - r_k}{\sigma_{\upsilon_i}} \right) \right) f_R(r_k) \mathrm{d}r_k \tag{4.60}$$

其中，Φ 表示均值为零、方差为 1 的累积高斯分布，即

$$\Phi(x) = \int_{-\infty}^{x} \frac{1}{\sqrt{2\pi}} e^{-t^2/2} dt \tag{4.61}$$

根据最大熵原理，本节提出如下方法设计量化器的阈值：定义代价函数为使得局部传感器发送给融合中心的量化值的熵最大化。这可以通过自适应选择阈值使得每个传感器发送的量化值的概率都一样，也就是 $P_k^l = 1/L$ 来实现。以二值量化为例，最大熵原理的目的是使所有传感器发送"1"和"0"的概率都是 1/2。这样，网络中的节点（平均意义上来说）有一半发送"1"到融合中心，其他的发送"0"。这样做的优势在于极大地减少了几乎所有传感器都发送相同量化值到融合中心的可能性，在更大程度上提高跟踪精度。基于以上分析，我们可以通过数值方式来确定量化器的阈值，以使得 $P_k^l = 1/L, \forall l \in \{0, \cdots, L-1\}$。

注 4.10　基于最大熵原理的自适应量化方法不需要传感器位置、目标位置以及目标在参考位置 d_0 处的信号强度的任何先验知识，只需要 α 的取值范围（α_m）和感兴趣区域的相关信息（b）。因此，量化阈值可以在执行目标跟踪任务以前预先确定好。

4.5　基于粒子滤波的目标跟踪

在非线性动态和（或）非高斯噪声情况下，常用的状态估计算法有扩展卡尔曼滤波器、无迹卡尔曼滤波器和粒子滤波器。针对量化测量情况下的目标跟踪问题，除了非线性测量方程外，融合中心的最终测量融合模型还包括量化映射，这使得基于量化测量的目标状态估计问题成为一个强非线性非高斯问题。本节我们采用新近发展起来的序贯重要性重采样粒子滤波器[87]来估计目标的状态。序贯重要性重采样粒子滤波器的优势在于易于应用且计算代价相对较低。它的原理是根据量化测量序列 $Z_k = \{z_1, z_2, \cdots, z_k\}$，以及初始概率密度函数 $p(x_0)$ 递推地估计目标的状态 $\hat{x}_{k|k}$，即后验分布 $p(x_k | Z_k)$。众所周知，计算后验分布 $p(x_k | Z_k)$ 需要已知三个分布，即表征目标动态的状态转移模型 $p(x_k | x_{k-1})$、依赖于测量模型和量化策略的似然函数 $p(z_k | x_k)$ 以及初始概率密度函数 $p(x_0)$[72]。

注意到上面提到的三个分布中，唯一未知的就是似然函数 $p(z_k | x_k)$，它依赖于传感器的测量模型以及量化策略。而由量化测量 z_k^i 我们可以得到的信息就是，原始测量满足 $\tau_k^l \leqslant y_k^i \leqslant \tau_k^{l+1}$，也就是说：

$$\tau_k^l \leqslant y_k^i = \alpha_k^i + \upsilon_k^i \leqslant \tau_k^{l+1} \tag{4.62}$$

基于此，我们可以利用传感器测量模型（4.46）和高斯噪声假设，以及量化策略（4.47）得到基于目标状态的量化传感器测量取某个特定值的条件概率 $p(z_k^i | x_k)$，具体表示如下：

$$p(z_k^i \mid x_k) = \begin{cases} \varPhi\left(\dfrac{\tau_k^1 - \alpha_k^i}{\sigma_{\upsilon_i}}\right) - \varPhi\left(\dfrac{\tau_k^0 - \alpha_k^i}{\sigma_{\upsilon_i}}\right), & z_k^i = 0 \\[3mm] \varPhi\left(\dfrac{\tau_k^2 - \alpha_k^i}{\sigma_{\upsilon_i}}\right) - \varPhi\left(\dfrac{\tau_k^1 - \alpha_k^i}{\sigma_{\upsilon_i}}\right), & z_k^i = 1 \\[1mm] \quad\quad\quad\quad\vdots \\[1mm] \varPhi\left(\dfrac{\tau_k^L - \alpha_k^i}{\sigma_{\upsilon_i}}\right) - \varPhi\left(\dfrac{\tau_k^{L-1} - \alpha_k^i}{\sigma_{\upsilon_i}}\right), & z_k^i = L-1 \end{cases} \quad (4.63)$$

从而根据式（4.63）可以直接得到每个粒子 $x_k^{(j)}$ 的似然函数：

$$p\left(z_k \mid x_k^{(j)}\right) = \prod_{i=1}^{N}\left(\sum_{z_k^i=0}^{L-1} p\left(z_k^i \mid x_k^{(j)}\right)\right) \quad (4.64)$$

基于式（4.64），序贯重要性重采样粒子滤波器可以用于目标跟踪，具体步骤从略。

4.6　性　能　分　析

令 $\hat{x}_{k|k}$ 为关于目标状态向量 x_k 的基于量化测量序列 Z_k 和初始状态先验知识 $p(x_0)$ 的无偏估计，则对应的估计误差协方差由以下后验克拉默-拉奥下界（CRLB）界定：

$$P_{k|k} = E\left(\left[\hat{x}_{k|k} - x_k\right]\left[\hat{x}_{k|k} - x_k\right]^{\mathrm{T}}\right) \geqslant J_k^{-1} \quad (4.65)$$

其中，J_k 是对应的 Fisher 信息矩阵（FIM）；J_k^{-1} 是所谓的后验克拉默-拉奥下界。Tichavsky 等给出了计算 J_k 的一种迭代计算方法[122]。

引理 4.2　式（4.65）中的 J_k 可按式（4.66）迭代求得：

$$J_{k+1} = D_k^{22} - D_k^{21}\left(J_k + D_k^{11}\right)^{-1}D_k^{12} \quad (4.66)$$

其中

$$D_k^{11} = E\left(-\varDelta_{x_k}^{x_k}\lg p(x_{k+1} \mid x_k)\right) \quad (4.67)$$

$$D_k^{12} = \left(D_k^{21}\right)^{\mathrm{T}} = E\left(-\varDelta_{x_k}^{x_{k+1}}\lg p(x_{k+1} \mid x_k)\right) \quad (4.68)$$

$$D_k^{22} = E\left(-\varDelta_{x_{k+1}}^{x_{k+1}}\lg p(x_{k+1} \mid x_k)\right) + E\left(-\varDelta_{x_{k+1}}^{x_{k+1}}\lg p(z_{k+1} \mid x_{k+1})\right) \quad (4.69)$$

$\varDelta_{x_k}^{x_{k+1}} = \nabla_{x_k}\nabla_{x_{k+1}}^{\mathrm{T}}$，而 ∇ 表示一阶偏微分算子，定义如下：

$$\nabla_{x_k} = \left[\frac{\partial}{\partial x_k}\ \frac{\partial}{\partial y_k}\ \frac{\partial}{\partial \dot{x}_k}\ \frac{\partial}{\partial \dot{y}_k}\right]^{\mathrm{T}} \quad (4.70)$$

方程（4.66）从初始 J_0 开始，而初始 Fisher 信息矩阵可以根据先验概率密度函数 $p(x_0)$ 由式（4.71）得到：

$$J_0 = E\left(-\Delta_{x_0}^{x_0} \lg p(x_0)\right) \tag{4.71}$$

下面，我们将在引理 4.2 的基础上导出基于量化测量的目标跟踪问题的性能下界。

定理 4.5　常速运动模型情况下，基于量化测量的目标跟踪问题的 PCRLB 由式（4.66）给定，其中的 FIM 可迭代计算如下：

$$
\begin{aligned}
J_{k+1} &= Q_k^{-1} + E\left(-\Delta_{x_{k+1}}^{x_{k+1}} \lg p\left(z_{k+1} \mid x_{k+1}\right)\right) \\
&\quad - Q_k^{-1} F_k \left(J_k + F_k^{\mathrm{T}} Q_k^{-1} F_k\right)^{-1} F_k^{\mathrm{T}} Q_k^{-1} \\
&= \left(Q_k + F_k J_k^{-1} F_k^{\mathrm{T}}\right)^{-1} + E\left(-\Delta_{x_{k+1}}^{x_{k+1}} \lg p\left(z_{k+1} \mid x_{k+1}\right)\right)
\end{aligned} \tag{4.72}
$$

其中

$$
\begin{aligned}
& E\left(-\Delta_{x_{k+1}}^{x_{k+1}} \lg p\left(z_{k+1} \mid x_{k+1}\right)\right) \\
& \overset{(a)}{\approx} -\frac{1}{M} \sum_{i=1}^{N} \sum_{j=1}^{M} \sum_{l=1}^{s} \omega_k^{(t)} g(x_{k+1}, z_{k+1})\big|_{x_{k+1}=x_{k+1}^{(t)}, z_{k+1}=z_{k+1}^{(t)}}
\end{aligned} \tag{4.73}
$$

矩阵 $g \in \mathfrak{R}^4 \times \mathfrak{R}^4$，其第 $(1,1)$、$(1,2)$、$(2,1)$ 和 $(2,2)$ 个元素可由式（4.74）计算得到，而其他元素均为零。值得一提的是，在式（a）中，我们使用了粒子滤波技术来逼近所求的数学期望。具体来说，M 次蒙特卡罗仿真以后，可以用一系列的赋予权值的粒子（样本）来表示数学期望，其中的 s 是粒子数，而 $x_{k+1}^{(l)}$ 和 $z_{k+1}^{(l)}$ 分别为 x_{k+1} 和 z_{k+1} 在第 j 次蒙特卡罗仿真过程中的第 t 次实现。令 $x_{k+1}^{(m)}$ 表示向量 x_{k+1} 的第 m 个元素，则对于 $m,n = \{1,2\}$，有

$$
g^{(m,n)} = \frac{\dfrac{\partial p\left(z_k^i \mid x_k\right)}{\partial x_{k+1}^{(m)}} \dfrac{\partial p\left(z_k^i \mid x_k\right)}{\partial x_{k+1}^{(n)}}}{p^2\left(z_k^i \mid x_k\right)} \tag{4.74}
$$

其中，$p\left(z_k^i \mid x_k\right)$ 由式（4.63）给定。式（4.74）中的其他项可以表示如下：

$$
\frac{\partial p\left(z_k^i \mid x_k\right)}{\partial x_{k+1}^{(m)}} = \frac{\sqrt{\alpha}\, \delta_{x_s^{(m),i}}^{x_{k+1}^{(m)}} \beta_i}{\sqrt{2\pi}\, \sigma_{\upsilon_i} \left(d_{k+1}^i\right)^3}, \quad m = 1,2 \tag{4.75}
$$

其中

$$
\delta_{x_s^{(m),i}}^{x_{k+1}^{(m)}} = x_s^{(m),i} - x_{k+1}^{(m)} \tag{4.76}
$$

$$
\beta_i = \exp\left(-\frac{\left(\tau_{k+1}^{l+1} - \alpha_{k+1}^i\right)^2}{2\sigma_{\upsilon_i}^2}\right) - \exp\left(-\frac{\left(\tau_{k+1}^l - \alpha_{k+1}^i\right)^2}{2\sigma_{\upsilon_i}^2}\right) \tag{4.77}
$$

证明　对于常速运动模型（4.45）和量化策略（4.47），式（4.67）～式（4.69）可表示如下：

$$D_k^{11} = F_k^{\mathrm{T}} Q_k^{-1} F_k \tag{4.78}$$

$$D_k^{12} = \left(D_k^{21}\right)^{\mathrm{T}} = -F_k^{\mathrm{T}} Q_k^{-1} \tag{4.79}$$

$$D_k^{22} = Q_k^{-1} + E\left(-\Delta_{x_{k+1}}^{x_{k+1}} \lg p(z_{k+1} \mid x_{k+1})\right) = D_k^{22,a} + D_k^{22,b} \tag{4.80}$$

将式（4.78）～式（4.80）代入迭代式（4.66），再应用矩阵逆引理可以得到式（4.72）。另外，由式（4.47）和测量噪声的独立性假设，可得

$$\lg p\left(z_{k+1} \mid x_{k+1}\right)$$

$$= \sum_{i=1}^{N} \lg\left(\int_{\tau_{k+1}^i - \alpha_{k+1}^i}^{\tau_{k+1}^{i+1} - \alpha_{k+1}^i} \frac{1}{\sqrt{2\pi}\sigma_{\upsilon_i}} \exp\left(-\frac{t^2}{2\sigma_{\upsilon_i}^2}\right) \mathrm{d}t\right)$$

$$= \sum_{i=1}^{N} \lg\left(p\left(z_k^i \mid x_k\right)\right) \tag{4.81}$$

从而根据目标运动方程（4.45），$D_k^{22,b}$ 可求解如下：

$$D_k^{22,b} = E\left(-\Delta_{x_{k+1}}^{x_{k+1}} \lg p\left(z_{k+1} \mid x_{k+1}\right)\right)$$

$$= -E\left(\Delta_{x_{k+1}}^{x_{k+1}} \sum_{i=1}^{N} \lg p\left(z_k^i \mid x_k\right)\right)$$

$$= -E\begin{bmatrix} \displaystyle\sum_{i=1}^{N} \frac{\partial^2 \lg p\left(z_k^i \mid x_k\right)}{\partial x_{k+1}^2} & \displaystyle\sum_{i=1}^{N} \frac{\partial^2 \lg p\left(z_k^i \mid x_k\right)}{\partial x_{k+1} \partial y_{k+1}} & 0 & 0 \\ \displaystyle\sum_{i=1}^{N} \frac{\partial^2 \lg p\left(z_k^i \mid x_k\right)}{\partial y_{k+1} \partial x_{k+1}} & \displaystyle\sum_{i=1}^{N} \frac{\partial^2 \lg p\left(z_k^i \mid x_k\right)}{\partial y_{k+1}^2} & 0 & 0 \\ 0 & 0 & 0 & 0 \\ 0 & 0 & 0 & 0 \end{bmatrix} \tag{4.82}$$

$$:= -\sum_{i=1}^{N} E\left(g(x_{k+1}, z_{k+1})\right)$$

基于此，由一阶马尔可夫系统属性[123, 124]不难得到式（4.74）～式（4.77）。

定理 4.6　常加速运动模型情况下，基于量化测量的目标跟踪问题的 PCRLB 由式（4.66）给定，其中的 FIM 可由式（4.72）迭代计算，而 $g \in \mathfrak{R}^6 \times \mathfrak{R}^6$，其第(1, 1)、(1, 2)、(2, 1)和(2, 2)个元素可由式（4.72）计算得到，其他元素均为零。

证明　依照定理 4.5 相同的思路不难得证。

注 4.11　在使用未量化的测量值的情况下，有

$$D_k^{22,b} = E\left(-\Delta_{x(k+1)}^{x(k+1)} \lg p(z(k+1) \mid x(k))\right) = (\nabla h)^{\mathrm{T}} \mathrm{diag}\left(\sigma_{\upsilon_i}^2\right)^{-1} \nabla h \tag{4.83}$$

其中，∇h 是非线性测量模型的偏微分。具体来说，对于测量模型（4.46），

$$\nabla h = \left[\sqrt{\alpha} \delta_{x_s^{(1),i}}^{x_{k+1}^{(1)}} \Big/ \left(d_{k+1}^i \right)^3 \quad \sqrt{\alpha} \delta_{x_s^{(2),i}}^{x_{k+1}^{(2)}} \Big/ \left(d_{k+1}^i \right)^3 \quad 0 \quad 0 \right]^{\mathrm{T}}$$ 。注意到测量量化仅影响 $D_k^{22,b} = E\left(-\Delta_{x_{k+1}}^{x_{k+1}} \lg p(z_{k+1} \mid x_{k+1}) \right)$ ，且不难证明当量化比特数 $L_k^i \to \infty$ 时， $D_k^{22,b} \to \sum_{i=1}^{N} (\nabla h)^{\mathrm{T}} \nabla h \big/ \sigma_{\upsilon_i}^2$ 。也就是说，量化测量情况下的 FIM 渐近（在量化比特数意义上）达到未量化情况下的 FIM。

4.7　仿真与分析

考虑 $S = 225$ 个传感器随机分布在一个 $50\mathrm{m} \times 50\mathrm{m}$ 的区域中的情况，假定该区域的坐标为（$-25, -25$）到（$25, 25$）。假设目标从（$15, -10$）点处开始做近似圆周运动，传感器的测量方程如式（4.46）所示，采样周期 $T = 0.25\,\mathrm{s}$ ，参考点处的信号强度为 $\alpha = 1600$ ，观测噪声方差为 $\sigma_{\upsilon_i}^2 = 1$ 。整个网络的框架如图 4-1 所示，其中每个小正方形表示一个传感器节点。

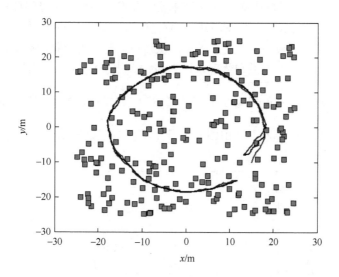

图 4-1　随机分布的传感器节点构成的网络中目标的运动轨迹（彩图扫二维码）

每个小方块表示一个节点；红、黑、蓝色圆圈分别表示目标的真实轨迹、测量扩维方法估计的目标轨迹以及测量加权方法估计的目标轨迹

采用前面章节中引入的目标导向动态分簇策略，每个采样周期内，所有感知半径内的传感器均被激活，组成一个临时任务簇，并且其中某一个传感器被竞争选为簇首。所有的传感器都参与目标能量感知，并将测量值量化后送给融合中心；融合中心除了进行基本的目标感知功能外，还要融合各子传感器的量

化测量进行目标状态估计。融合中心的竞争方式选用与所有激活传感器之间通信距离（$\text{mean}D_i$）最小且残余能量（E_{ri}）最大的节点作为临时融合中心节点，即满足 $\underset{i}{\arg\min}\ \left(\gamma\cdot\text{mean}D_i+(1-\gamma)E_{ri}^{-1}\right)$ 的节点，其中 $\gamma\in[0,1]$ 是平均通信距离的权值。

4.7.1　自适应带宽分配

假定所有传感器都具有以下属性：感知半径为 $\gamma_s=8\text{m}$，测量幅值范围为 $[0,W]$ 且 $W=20$。假设目标的初始位置估计符合均值为 $[13\ -8\ 1\ 1]^{\mathrm{T}}$，方差为 $\text{diag}(5,5,1,1)$ 的高斯分布。上面提出的自适应带宽分配策略用于确定在每个采样周期内各激活子传感器的量化比特率。具体来说，对于测量扩维情况，各子传感器的最优带宽分配由式（4.18）给出，而式（4.22）定出测量加权融合情况下的带宽分配的最优解。然后每个传感器根据所分配到的带宽将局部测量值量化并送给融合中心，融合中心利用序贯重要性重采样粒子滤波器估计目标的状态，同时逼近所需的 PCRLB。图 4-1 给出了真实的目标运动轨迹及两种融合方式下的目标轨迹估计。可见，两种方法都能很好地估计目标的运动轨迹。相对来说，加权方法的精度略差，这是因为测量加权融合过程带来一定的信息丢失，从而使得整体跟踪精度降低。

这个结论在图 4-2 中也有体现，这里我们采用 RMSE 性能指标，即 $\text{RMSE}_k=\sqrt{\dfrac{1}{k}\sum_{i=1}^{k}\left((x_i-\hat{x}_i)^2+(y_i-\hat{y}_i)^2\right)}$。同时，我们给出了量化测量情况下跟踪性能的 CRLB 以及未量化情况下的 CRLB。由图 4-2 可见，测量扩维方法与量化 CRLB 非常接

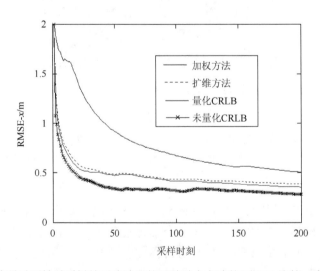

图 4-2　使用序贯重要性重采样粒子滤波器的两种融合方法的 RMSE 比较（彩图扫二维码）

近且比测量加权情况下的性能略好。两者的区别还在于前者把所有的量化测量合并成一个向量，而后者将所有量化测量加权成标量的形式，理论上来说前者的计算代价较高。因此可以得知，加权方法比扩维方法节省31%的计算成本。

跟踪精度并不能说明全部问题，这在无线传感器网络中更是如此，因为所有节点都受到严格的资源约束，包括能量和通信带宽。因此，下面我们将研究感知范围内的激活传感器百分比与跟踪精度以及能量节省方面的内容。具体来说，假定被激活传感器数由10%到100%可变，每一种情况下，$[P \cdot N_s]$ 个传感器被激活，其中 P 是百分比，N_s 是感知半径内的传感器个数，而[·] 是向上取整运算。采用如下性能指标：$\text{meanRMSE} = \dfrac{1}{K}\sum\limits_{i=1}^{K}\text{RMSE}_i$，即关于采样时间的平均 RMSE。仿真结果如图 4-3 所示，为了比较起见，图 4-3 同样列出了量化情况下的 CRLB。整体来看，随着被激活传感器百分比的增加，meanRMSE 和 CRLB 减小。另外，在所有情况下，测量扩维方法与 CRLB 都非常接近且比测量加权方法略好。

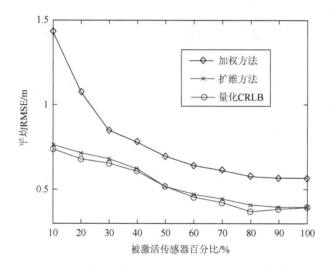

图 4-3　平均 RMSE 随着被激活传感器数量增加而减小

最后，我们将自适应带宽调度策略与平均带宽分配进行对比。所谓平均带宽分配，就是每个传感器将其测量值量化为相等的最大可用比特率[17]。比较结果见图 4-4，其中我们同样从 10%到 100%改变被激活传感器百分比。由图可见，虽然相对于平均带宽分配策略来说，自适应带宽分配策略在各种情况下均有能量节省，但是从 50%开始，自适应带宽分配策略在测量加权情况下比测量扩维情况下的耗能量更省，且百分比越高，能量节省得越多。换句话说，对于测量扩维方法，自适应带宽分配策略在传感器密集分布的低成本网络中将节省更多的通信能量。在传感器 100%激活情况下，测量扩维方法与加权方法分别节省 45.1%和 72.8%的能量。这将有效延长整个传感器网络的生命时间。

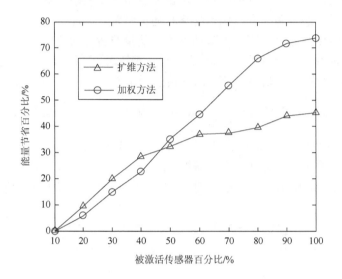

图 4-4　与平均带宽分配策略相比，所提出的带宽分配策略的能量节省情况

4.7.2　噪声相关情况

考虑与 4.7.1 小节相同的情况，区别仅在于假定传感器的测量噪声 $\upsilon_i(k)$ 符合如下三对角相关协方差矩阵：

$$R(k) = \mathrm{diag}\{\sigma_1, \sigma_2, \cdots, \sigma_N\} \begin{bmatrix} 1 & \tau & \cdots & 0 & 0 \\ \tau & 1 & \cdots & 0 & 0 \\ \vdots & \vdots & & \vdots & \vdots \\ 0 & 0 & \cdots & 1 & \tau \\ 0 & 0 & \cdots & \tau & 1 \end{bmatrix} \mathrm{diag}\{\sigma_1, \sigma_2, \cdots, \sigma_N\}$$

其中，$\tau = 0.25$，$\sigma_i^2 = 1$，$i = 1, 2, 3, \cdots, N$。进行 500 蒙特卡罗仿真后的 RMSE 比较与图 4-2 基本一致，从略。这里我们仅列出每个采样时刻上所需的总带宽和平均通信能量节约情况（分别见图 4-5 和图 4-6）。噪声相关情况下，相对于平均带宽分配策略，自适应带宽分配方法节省可达 93.88%的通信能量。两种方法的计算复杂度比较如表 4-1 所示。

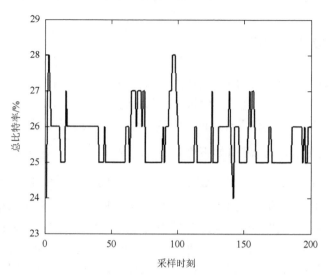

图 4-5　每个采样时刻上的总比特率

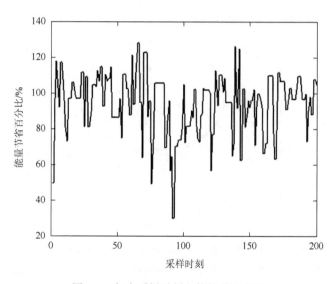

图 4-6　每个采样时刻上的能量节省量

表 4-1　计算复杂度比较

算法	时间/ms	比例
扩维方法	501.6	1.0
加权方法	344.8	0.6874

4.7.3　自适应阈值仿真

本节的目的是验证自适应量化阈值算法。考虑与前面相同的仿真环境，假设噪声相互独立，目标的初始状态满足均值为 $\mu_x = [10 \ -5 \ 1 \ 1]^{\mathrm{T}}$、方差 $C_x = \mathrm{diag}(50, \ 50, \ 1, \ 1)$ 的高斯分布。假定 $S = 64$ 个传感器随机分布在 $50\mathrm{m} \times 50\mathrm{m}$ 的区域中（见图 4-7）。采用如下性能指标：$\xi_k = \sqrt{\left(x_k^{(1)} - \hat{x}_k^{(1)}\right)^2 + \left(x_k^{(2)} - \hat{x}_k^{(2)}\right)^2}$ 和 $C_k = \sqrt{\mathrm{CRLB}_k^{(1)} + \mathrm{CRLB}_k^{(2)}}$。为了比较方便，这里给出了未量化情况下的 CRLB、固定量化阈值情况下的 CRLB 的结果。比较结果见图 4-8，其中每个传感器仅使用 1bit 量化。由图可见，使用自适应量化阈值的粒子滤波器很明显比使用固定阈值的滤波效果好。而使用自适应阈值的 CRLB 也比固定阈值的 CRLB 精度更高。更重要的是，使用自适应阈值的 CRLB 很接近未量化这个标准情况。

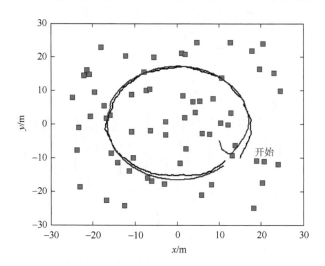

图 4-7　　传感器分布与目标运动轨迹图（彩图扫二维码）

每个方块为一个节点，黑色和蓝色圆圈分别表示目标真实轨迹与估计轨迹

为了更好地说明自适应量化的优势，分别对以下两种情况进行了仿真：①每个传感器可用的比特率由 1 至 8 可变；②传感器数由 36 到 400 可变。结果分别如图 4-9 和图 4-10 所示，采用如下性能指标：$C_{\mathrm{mean}} = \sum_{k=1}^{K} C_k / K$，其中 K 为总采样步数。由图 4-9 可见，随着比特数增加，C_{mean}（CRLB 平方根的均值）减小，而且 C_{mean} 更接近未量化情况下的标准情况。另外由图 4-9 可见，每个传感器的带宽多于 3bit 并不能更好地改善跟踪精度，因为此时使用自适应阈值的 C_{mean} 已经非常接近未量

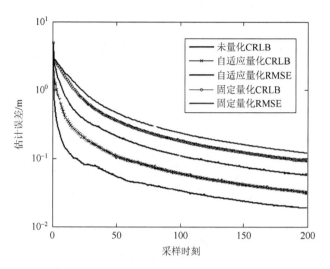

图 4-8　自适应量化阈值和固定量化阈值情况下的 RMSE 和 CRLB,以及未量化情况下的 CRLB
比较（彩图扫二维码）

化的精度。使用固定量化阈值的 C_{mean} 也可以收敛到未量化情况下的精度,但是收敛速度明显比自适应阈值情况慢。图 4-10 中每个传感器分配 1bit 的带宽,而整个传感器数由 36 到 400 可调整变化。从图中可以看出,传感器增多, C_{mean} 降低。同时,使用自适应阈值和使用固定阈值的 C_{mean} 都能收敛到标准情况,但是很明显使用自适应阈值时收敛得更快。

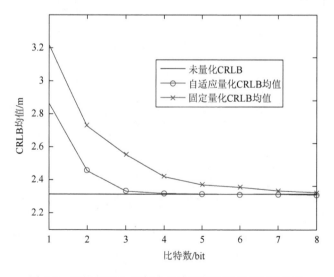

图 4-9　平均 CRLB 与每个传感器的比特率之间的关系

网络中一共 $N = 64$ 个传感器

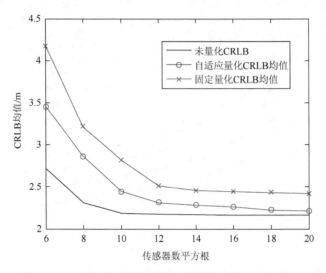

图 4-10　平均 CRLB 与传感器总数的平方根之间的关系

所有传感器采用 1bit 量化

4.8　本 章 小 结

　　本章重点考虑了自适应量化策略，包括带宽自适应分配和量化阈值自适应调整两种策略。并对基于自适应量化测量的目标状态融合估计的性能进行分析，给出了其后验 CRLB。

第5章 量化新息与融合

5.1 引　言

前面章节考虑对测量信息进行直接量化的估计与融合问题，本章给出一种面向新息量化传输的量化传输策略，同时还讨论了相应的量化新息滤波算法 QIUKF（quantized innovation based UKF）。一般而言，由于传感器的观测值大多为向量，所以本章考虑向量状态-向量观测模型的多水平量化滤波，并将 QIUKF 算法用于 WSN 中目标跟踪。

5.2　问 题 描 述

考虑如下非线性系统的状态估计问题：

$$x_k = f(x_{k-1}) + \Gamma_{k-1}\omega_{k-1} \tag{5.1}$$

$$Y_k = H(x_k) + \upsilon_k, \quad k = 0,1,2,\cdots \tag{5.2}$$

其中，$x_k \in \Re^n$ 是在时刻 $t_k = k\Delta t$ 的状态向量；Δt 是时间采样步长；$f(\cdot)$ 是 X_k 的连续可微函数；Γ_{k-1} 是具有合适维数的时变矩阵；$Y_k \in \Re^N$ 是观测向量，N 是观测向量的维数（传感器的数目）；$H(\cdot) = \{h_1(\cdot), h_2(\cdot), \cdots, h_N(\cdot)\}^T$ 是观测向量函数。定义 $\omega(k) \in \Re^r$ 和 $\upsilon_i(k) (i = 1,2,\cdots,N)$ 是分别具有方差阵 Q 和 R 的零均值的互不相关的白噪声。ω_k 和 υ_k 独立于具有均值 μ_0 和方差 P_0 的初始值 x_k。本章假设融合中心知道所有传感器节点的系统参数，且从传感器到融合中心的信道不存在通信损失，即不存在比特误差。

由于 WSN 中的通信带宽限制，观测值不得不被量化。量化器可以表示为

$$m_k^i = Q_{Li}(y_k^i), \quad k = 0,1,2,\cdots; i = 1,2,\cdots,N \tag{5.3}$$

其中，$Q_{Li}(\cdot)$ 记为 Li-levels 的非线性量化映射。则 Y_k 的每一个元素 y_k^i（$i = 1,2,\cdots,N$）被量化，这样一来 $Y \in A$ 意味着 $\{a_i \le y_i < b_i, i = 1,2,\cdots,N\}$。下述主要结果并不依赖于 A 是一个超矩形（hypercube）。

定义如下事件：

$$M_k = \{a_k^i \le y_k^i \le b_k^i, i = 1,2,\cdots,N\}, \quad k = 1,2,\cdots \tag{5.4}$$

和

$$M_1^k = \{M_1, M_2, \cdots, M_k\}, \quad 1 \leqslant k$$

$$m_i(1:k) = \{m_i(1), m_i(2), \cdots, m_i(k)\}, \quad 1 \leqslant k; \ 1 \leqslant i \leqslant N$$

已知最小均方误差（MMSE）估计可由条件期望计算得到，从而可记 $\hat{X}_{k|k}$ 为由 $\{M_1^k\}$ 所得到的 MMSE 估计。有

$$\hat{X}_{k|k} = E(X_k \mid \sigma(M_1^k)) = \int_{R^d} X_k p(X_k \mid \sigma(M_1^k)) \mathrm{d}X_k \tag{5.5}$$

估计误差协方差矩阵（ECM）定义为

$$P_{k|k} = E((\hat{X}_{k|k} - X_k)(\hat{X}_{k|k} - X_k)^{\mathrm{T}})$$

$\hat{X}_{k|k}$ 的均方误差（MSE）定义为 ECM 的对角元之和。

为了得到 $\hat{X}_{k|k}$ 的闭形式的表达式，后验分布 $p(X_k \mid \sigma(M_1^k))$ 是必需的，而方程（5.5）中的积分也需要计算。理论上来说，$p(X_k \mid \sigma(M_1^k))$ 可以通过预测修正步来获得，详见算法 5.1[19, 20]。

算法 5.1 初始化：给定 $p(X_0 \mid \sigma(M_{-1}^0))$。

（1）预测步：给定 $p(X_{k-1} \mid \sigma(M_1^{k-1}))$：

$$p(X_k \mid \sigma(M_1^{k-1}))$$
$$= \int_{R^d} p(X_k \mid X_{k-1}, \sigma(M_1^{k-1})) p(X_{k-1} \mid \sigma(M_1^{k-1})) \mathrm{d}X_{k-1}$$
$$= \int_{R^d} p(X_k \mid X_{k-1}) p(X_{k-1} \mid \sigma(M_1^{k-1})) \mathrm{d}X_{k-1} \tag{5.6}$$

（2）修正步：接收量化观测 M_k：

$$p(X_k \mid \sigma(M_1^k)) = p(X_k \mid \sigma(M_1^{k-1})) \frac{\mathrm{Pr}(M_k \mid \sigma(X_k, M_1^{k-1}))}{\mathrm{Pr}(M_k \mid \sigma(M_1^{k-1}))} \tag{5.7}$$

估计 $\hat{X}_{k|k}$ 可通过方程（5.5）中的积分获得。更多细节请参考文献[19]、[20]及相关的文献。

假如有无限带宽，人们可以无误差地获得观测值 Y_k。这可以视作一个比较标准，相应地上述问题可以通过 $M_k = Y_k$ 来获得。在这种情况下，著名的非线性高斯状态估计 UKF 可以解决这个问题。记估计 $\hat{X}_{k|k} = E(X_k \mid M_1^k)$ 和 ECM $P_{k|k} = ((X_k - \hat{X}_{k|k})(X_k - \hat{X}_{k|k})^{\mathrm{T}} \mid M_1^k)$。

算法 5.2 初始化，给定 $\hat{x}_{0|0}$（$E\hat{x}_{0|0} = \mu_0$）和 $P_{0|0}$。

（1）预测步：给定 $\hat{X}_{k-1|k-1}$ 和 $P_{k-1|k-1}$：

$$\hat{X}_{k|k-1} = \sum_{j=0}^{2d} W_{k-1}^j F(\mathcal{X}_{k-1}^j) \tag{5.8}$$

$$P_{k|k-1} = Q + \sum_{j=0}^{2d} W_{k-1}^{j}(F(\mathcal{X}_{k-1}^{j}) - \hat{X}_{k|k-1})(F(\mathcal{X}_{k-1}^{j}) - \hat{X}_{k|k-1})^{\mathrm{T}} \tag{5.9}$$

$$\hat{Y}_{k|k-1} = \sum_{j=0}^{2d} W_{k-1}^{j} H(\mathcal{X}_{k-1}^{j}), \quad i = 1, 2, \cdots, N \tag{5.10}$$

其中，$\{W_{k-1}^{j}, j = 0, 1, \cdots, 2d\}$ 是权值集合；$\{\mathcal{X}_{k-1}^{j}, j = 0, 1, \cdots, 2d\}$ 是 Sigma 点集合[123]；$F(\mathcal{X}_{k-1}^{j})$ 记为 $\mathcal{X}_{k|k-1}^{j}$；$\hat{Y}_{k|k-1} = (y_1(k\,|\,k-1), y_2(k\,|\,k-1), \cdots, y_N(k\,|\,k-1))^{\mathrm{T}}$。

（2）修正步：接收新观测值 $M_k = Y_k$：

$$\begin{aligned} \hat{X}_{k|k-1} &= E(X_k\,|\,\sigma(M_1^{k-1}, Y_k)) \\ &= \hat{X}_{k|k-1} + K_k(Y_k - \hat{Y}_{k|k-1}) \end{aligned} \tag{5.11}$$

$$P_{k|k} = P_{k|k-1} - K_k(R + P_{yy})K_k^{\mathrm{T}} \tag{5.12}$$

其中

$$K_k = P_{xy}(R + P_{yy})^{-1} \tag{5.13}$$

$$P_{xy} = \sum_{j=0}^{2d} W_{k-1}^{j}(\mathcal{X}_{k|k-1}^{j} - \hat{X}_{k-1})(H(\mathcal{X}_{k|k-1}^{j}) - \hat{Y}_{k|k-1})^{\mathrm{T}} \tag{5.14}$$

$$P_{yy} = \sum_{j=0}^{2d} W_{k-1}^{j}(H(\mathcal{X}_{k|k-1}^{j}) - \hat{Y}_{k|k-1})(H(\mathcal{X}_{k|k-1}^{j}) - \hat{Y}_{k|k-1})^{\mathrm{T}} \tag{5.15}$$

算法 5.2 中的 UKF 迭代的计算明显比算法 5.1 中的基于量化测量的估计迭代简单。每个时间步，算法 5.2 只需要很简单的代数运算，而算法 5.1 中的方程（5.6）和（5.7）却需要数值积分。

5.3　基于量化新息的状态估计

本节推导 WSN 中基于多水平量化新息的状态估计问题。一般而言，由于新息的取值范围要远小于测量范围，量化新息所带来的量化误差要远小于量化测量值所带来的。从而在相同的带宽约束条件下，量化新息所造成的信息丢失也较小。值得注意的是，在数据传输过程中，文献[21]和[22]中的算法是建立在固定比特数条件下的，这降低了传输信道的使用率。为了进一步减少信息丢失和提高滤波精度，本节给出一种量化新息的动态传输策略。

5.3.1　量化新息和传输策略

这里仍然采用多水平量化策略，但是传输策略不同于 Msechu 等[21]和 You 等[22]的研究。考虑 WSN 中的非线性系统（5.1）和（5.2），被激活的传感器获得观测

值并计算测量新息 $\varepsilon_k = Y_k - \hat{Y}_{k|k-1}$，其中一步观测预测值 $\hat{Y}_{k|k-1}$ 和测量新息的均方误差矩阵的平方根 $(S_k^{1/2})^{-1} = ((P_{yy} + R)^{1/2})^{-1}$ 由融合中心发送到相应的传感器。记规范化的测量新息为

$$\overline{\varepsilon}_k = (S_k^{1/2})^{-1}\varepsilon_k$$

规范化新息 $\overline{\varepsilon}_k$ 的每一个元素 $\overline{\varepsilon}_{ik}$（$i = 1, 2, \cdots, N$）被量化为 $L = (2l+1)$ 水平的量化新息 $\varXi_k = Q_L(\overline{\varepsilon}_k)$。考虑一种对称量化器 $\varXi_{ik} = Q_L(\overline{\varepsilon}_{ik})$，具体地，有

$$\varXi_{ik} = \begin{cases} \xi_l, & \overline{\varepsilon}_{ik} \in (\eta_j, +\infty) \\ \quad\vdots \\ \xi_2, & \overline{\varepsilon}_{ik} \in (\eta_2, \eta_3) \\ \xi_1, & \overline{\varepsilon}_{ik} \in (\eta_1, \eta_2) \\ 0, & \overline{\varepsilon}_{ik} \in (-\eta_1, \eta_1) \\ -\xi_1, & \overline{\varepsilon}_{ik} \in (-\eta_2, \eta_1) \\ -\xi_2, & \overline{\varepsilon}_{ik} \in (-\eta_3, \eta_2) \\ \quad\vdots \\ -\xi_l, & \overline{\varepsilon}_{ik} \in (-\infty, \xi_l) \end{cases} \tag{5.16}$$

这样，规范化新息 $\overline{\varepsilon}_k$ 就被量化产生量化新息 $\varXi_k = \{\varXi_k^1, \varXi_k^2, \cdots, \varXi_k^i\}^{\mathrm{T}}$。

注 5.1　（1）比较方程（5.4）中的定义 M_k 和 $\varXi_k = Q_L(\overline{\varepsilon}_k)$，两者的不同之处在于前者仅仅给出 $\overline{\varepsilon}_k$ 的范围，而后者不仅给出 $\overline{\varepsilon}_k$ 的范围信息而且给出一个具体的值。显然 $\varXi_k^i$ 的定义给出了从 M_k^i 到实数域 $\mathfrak{R}$ 的一一映射。所以在后面内容中，不再区分 M_k^i 和 $\varXi_k^i$。如果取值 $\xi_j = E((\overline{\varepsilon}_k^i) | (\eta_j < \overline{\varepsilon}_k^i) \leqslant \eta_{j+1})$（$j = 1, 2, \cdots, l_i$）即 $\varXi_k^i = E((\overline{\varepsilon}_k^i) | (\eta_j < \overline{\varepsilon}_k^i) \leqslant \eta_{j+1})$，则数值积分可以不在算法迭代过程中执行，这样就可以降低算法的在线计算量。更多的细节将在后面内容中给出（见 5.3.3 节）。

（2）值得注意的是，在实际应用时，常常需要多个传感器的信息来实现目标跟踪。在这种情况下，可以采用近似的量化算法。具体地，融合中心仅仅传输预测测量值和预测误差协方差阵相应的对角线元素到相应的传感器节点。从而传感器节点可以根据量化算法近似计算量化新息并将它们传回融合中心。

经过量化之后，量化新息 $\varXi_k = \{\varXi_k^1, \varXi_k^2, \cdots, \varXi_k^i\}^{\mathrm{T}}$ 通过动态传输策略发送到融合中心，该策略不同于 Msechu 等[21]和 You 等[22]研究中的固定比特传输策略。动态传输策略的数学描述为

$$u_k^i = \begin{cases} 0, & -\eta_1 < \overline{\varepsilon}_k^i \leqslant \eta_1 \\ \lceil \log_2(j+1) \rceil, & \eta_j < \overline{\varepsilon}_k^i < \eta_{j+1} \text{ 或 } -\eta_{j+1} < \overline{\varepsilon}_i(k) \leqslant -\eta_j; \ j = 1, 2, \cdots, l \end{cases}$$

其中，$\eta_{l+1} = +\infty$；$\lceil \ \rceil$ 为向上取整算子。具体地，动态传输策略是，当量化新息 $m_k^i = 0$ 时，不传送；当量化新息 $\varXi_k^i \in \{\xi_1, -\xi_1\}$ 时通过 $u_k^i = 1\,\mathrm{bit}$ 传送到融合中心；

当量化新息 $\varXi_k^i \in \{\xi_2, -\xi_2, \xi_3, -\xi_3\}$ 时通过 $u_k^i = 2\text{bit}$ 传送到融合中心；当量化新息 $\varXi_k^i \in \{\xi_4, -\xi_4, \xi_5, -\xi_5, \xi_6, -\xi_6, \xi_7, -\xi_7\}$ 时通过 $u_k^i = 3\text{bit}$ 传送到融合中心，以此类推。所以，举例而言，当 $L_i = 7$ 时量化新息 $\varXi_k^i$ 通过不超过 $u_k^i = 2\text{bit}$ 传送出去，然而在 Msechu 等[21]和 You 等[22]的研究中，固定带宽传送技术却需要 $u_k^i = 3\text{bit}$。显然，动态传输策略可以更有效地节约带宽和传输能量。本章方法由于更多的信息的加入，其性能要比文献[21]和[22]中的好。

接收到量化测量新息后，融合中心将综合所接收到的新息 $\varXi_k$ 来估计状态 X_k。类似于文献[21]和[22]，假设融合中心具有足够的带宽和能量用来传送信息，并且忽略接收信息所损耗的能量。

5.3.2　基于量化新息的状态估计方法

根据方程（5.4），有

$$\sigma(M_1^{k-1}, Y_k) \supset \sigma\{M_1^k\}, \quad k = 1, 2, \cdots \tag{5.17}$$

根据迭代条件期望的性质，对于状态变量 $X_k (k = 1, 2, \cdots)$，有

$$E(X_k \mid \sigma(M_1^k)) = E(E(X_k \mid \sigma(M_1^{k-1}, Y_k)) \mid \sigma(M_1^k)) \tag{5.18}$$

因此，X_k 以 (M_1^k) 为条件的期望可以由以下两步来获得：

（1）找出 $E(X_k \mid \sigma(M_1^{k-1}, Y_k))$，这与无量化测量的第一步相类似；

（2）找出以量化测量 (M_1^k) 为条件的期望 $E(X_k \mid \sigma(M_1^{k-1}, Y_k))$。

第一步，在先验分布 $p(X_k \mid \sigma(M_1^{k-1}))$ 为高斯的假设下，可以进行如下（类似于算法 5.2）计算：

$$\begin{aligned}
\hat{X}_{k|k}^* &= E(X_k \mid \sigma(M_1^{k-1}, Y_k)) \\
&= \hat{X}_{k|k-1} + K_k(Y_k - \hat{Y}_{k|k-1}) \\
&= \hat{X}_{k|k-1} + K_k(\varepsilon_k)
\end{aligned} \tag{5.19}$$

$$P_{k|k}^* = P_{k|k-1} - K_k(R + P_{yy})K_k^{\mathrm{T}} \tag{5.20}$$

其中，$\hat{X}_{k|k-1}$、$P_{k|k-1}$、K_k 和 P_{yy} 可由方程（5.8）、（5.9）、（5.13）和（5.15）分别获得。

第二步，为了寻找以 (M_1^k) 为条件的 X_k 条件均值，即式（5.19）中的条件期望：

$$\begin{aligned}
\hat{X}_{k|k} &= E(X_k \mid \sigma(M_1^k)) \\
&= E\big(E(X_k \mid \sigma(M_1^{k-1}, Y_k)) \mid \sigma(M_1^k)\big) \\
&= \hat{X}_{k|k-1} + K_k E(\varepsilon_k \mid \sigma(M_1^k))
\end{aligned} \tag{5.21}$$

相应地

$$P_{k|k} = \mathrm{MSE}(\hat{X}_{k|k} \mid \sigma(M_1^k))$$
$$= E((X_k - \hat{X}_{k|k})(X_k - \hat{X}_{k|k})^{\mathrm{T}} \mid \sigma(M_1^k))$$

由式（5.19）和式（5.21）有

$$X_k - \hat{X}_{k|k} = X_k - \hat{X}_{k|k}^* + (\hat{X}_{k|k}^* - \hat{X}_{k|k}) = X_k - \hat{X}_{k|k}^* + K_k(\varepsilon_k - E(\varepsilon_k \mid \sigma(M_1^k)))$$

从而有

$$E((X_k - \hat{X}_{k|k})(X_k - \hat{X}_{k|k})^{\mathrm{T}} \mid \sigma(M_1^k))$$
$$= P_{k|k}^* + K_k(\varepsilon_k - E(\varepsilon_k \mid \sigma(M_1^k)))(\varepsilon_k - E(\varepsilon_k \mid \sigma(M_1^k)))^{\mathrm{T}} K_k^{\mathrm{T}}$$

最终有

$$P_{k|k} = P_{k|k}^* + K_k \mathrm{cov}(\varepsilon_k \mid \sigma(M_1^k)) K_k^{\mathrm{T}}$$
$$= P_{k|k-1} - K_k(R + P_{yy}) K_k^{\mathrm{T}} + K_k \mathrm{cov}(\varepsilon_k \mid \sigma(M_1^k)) K_k^{\mathrm{T}} \tag{5.22}$$

这样，基于量化测量的近似 MMSE 滤波即由式（5.19）～式（5.22）给出。第一步由系统（5.1）和（5.2）的高斯-马尔可夫性所对应的卡尔曼类型滤波直接获得。第二步，在实际应用中的关键问题是分别有效计算式（5.21）和式（5.22）中的 $E(\varepsilon_k \mid \sigma(M_1^k))$ 和 $\mathrm{cov}(\varepsilon_k \mid \sigma(M_1^k))$。尽管这有一定的困难，但这的确给滤波设计提供了可行的思路。上述两者的计算需要结合具体的量化算子来考虑。

5.3.3　量化新息卡尔曼滤波器

首先，给定 $\hat{X}_{k-1|k-1}$ 和 $\hat{P}_{k-1|k-1}$，根据无迹变换，有

$$\hat{Y}_{k|k-1} = \sum_{j=0}^{2d} W_{k-1}^j H(\mathcal{X}_{k-1}^j), \quad i = 1, 2, \cdots, N \tag{5.23}$$

$$P_{yy} = \sum_{j=0}^{2d} W_{k-1}^j (H(\mathcal{X}_{k|k-1}^j) - \hat{Y}_{k|k-1})(H(\mathcal{X}_{k|k-1}^j) - \hat{Y}_{k|k-1})^{\mathrm{T}} \tag{5.24}$$

从而可以得到测量新息的方差：

$$S_k = E(\varepsilon_k \varepsilon_k^{\mathrm{T}} \mid M_1^{k-1})$$
$$= E((Y_k - \hat{Y}_{k|k-1})(Y_k - \hat{Y}_{k|k-1}^{\mathrm{T}}) \mid M_1^{k-1})$$
$$= P_{yy} + R \tag{5.25}$$

进一步地，在先验概率密度函数

$$p(X_k \mid \sigma(M_1^{k-1})) = \mathcal{N}(X_k; X_{k|k-1}, P_{k|k-1})$$

的高斯假设下，对于更新过程 ε_k，可得

$$
\begin{aligned}
p(\varepsilon_k \mid M_1^{k-1}) &= \int p(\varepsilon_k, X_k \mid M_1^{k-1})\mathrm{d}X_k \\
&= \int p(\varepsilon_k \mid X_k, M_1^{k-1})p(X_k \mid M_1^{k-1})\mathrm{d}X_k \\
&= \int p(\varepsilon_k \mid X_k)p(X_k \mid M_1^{k-1})\mathrm{d}X_k \\
&= \int \mathcal{N}(\varepsilon_k; H(X_k) - H(X_{k|k-1}), R)\mathcal{N}(X_k; X_{k|k-1}, P_{k|k-1})\mathrm{d}X_k \\
&\approx \mathcal{N}(\varepsilon_k; 0, P_{yy} + R) = \mathcal{N}(\varepsilon_k; 0, S_k)
\end{aligned}
$$

这样，对于规范化更新过程 $\bar{\varepsilon}_k$，有

$$
p(\bar{\varepsilon}_k \mid M_1^{k-1}) = \mathcal{N}(\bar{\varepsilon}_k; 0, I_{N\times N}) \tag{5.26}
$$

其中，$I_{N\times N}$ 是 N 阶单位矩阵。进一步地，根据条件概率的性质，有

$$
\begin{aligned}
p(\bar{\varepsilon}_k \mid M_1^{k-1}, M_k) &= \begin{cases} \dfrac{p(\bar{\varepsilon}_k \mid M_1^{k-1})}{\Pr(M_k \mid M_1^{k-1})}, & Q_L(\bar{\varepsilon}_k) = M_k \\ 0, & \text{其他} \end{cases} \\
&= \frac{\mathrm{e}^{-\frac{1}{2}\bar{\varepsilon}_k^{\mathrm{T}}\bar{\varepsilon}_k}}{(2\pi)^{\frac{N}{2}}\Pr(M_k \mid M_1^{k-1})}I_{[a^k, b^k)}(\bar{\varepsilon}_k)
\end{aligned} \tag{5.27}
$$

其中，$[a^k, b^k)$ 是对应于 M_k 的超矩形

$$
\begin{aligned}
\Pr(M_k \mid M_1^{k-1}) &= \int_{a^k}^{b^k} p(\bar{\varepsilon}_k \mid M_1^{k-1})\mathrm{d}\bar{\varepsilon}_k \\
&= \int_{a^k}^{b^k} \mathcal{N}(\bar{\varepsilon}_k; 0, I_{N\times N})\mathrm{d}\bar{\varepsilon}_k
\end{aligned} \tag{5.28}
$$

和

$$
I_{[a^k, b^k)}(\bar{\varepsilon}_k) = \begin{cases} 1, & \bar{\varepsilon}_k \in [a^k, b^k) \\ 0, & \text{其他} \end{cases} \tag{5.29}
$$

从而

$$
\begin{aligned}
E(\bar{\varepsilon}_k \mid M_1^{k-1}, M_k) &= \int_{a^k}^{b^k} \bar{\varepsilon}_k p(\bar{\varepsilon}_k \mid M_1^{k-1}, M_k)\mathrm{d}\bar{\varepsilon}_k \\
&= \frac{\int_{a^k}^{b^k} \bar{\varepsilon}_k p(\bar{\varepsilon}_k \mid M_1^{k-1})\mathrm{d}\bar{\varepsilon}_k}{\int_{a^k}^{b^k} p(\bar{\varepsilon}_k \mid M_1^{k-1})\mathrm{d}\bar{\varepsilon}_k} \\
&= \frac{\int_{a^k}^{b^k} \bar{\varepsilon}_k \mathcal{N}(\bar{\varepsilon}_k; 0, I_{N\times N})\mathrm{d}\bar{\varepsilon}_k}{\int_{a^k}^{b^k} \mathcal{N}(\bar{\varepsilon}_k; 0, I_{N\times N})\mathrm{d}\bar{\varepsilon}_k}
\end{aligned} \tag{5.30}
$$

且

$$\mathrm{cov}(\overline{\varepsilon}_k \,|\, M_1^{k-1}, M_k) = E(\overline{\varepsilon}_k \overline{\varepsilon}_k^{\mathrm{T}} \,|\, M_1^{k-1}, M_k) - E(\overline{\varepsilon}_k \,|\, M_1^{k-1}, M_k) E^{\mathrm{T}}(\overline{\varepsilon}_k \,|\, M_1^{k-1}, M_k)$$

$$= \int_{a^k}^{b^k} \overline{\varepsilon}_k \overline{\varepsilon}_k^{\mathrm{T}} p(\overline{\varepsilon}_k \,|\, M_1^{k-1}) \mathrm{d}\overline{\varepsilon}_k - E(\overline{\varepsilon}_k \,|\, M_1^{k-1}, M_k) E^{\mathrm{T}}(\overline{\varepsilon}_k \,|\, M_1^{k-1}, M_k)$$

$$= \frac{\int_{a^k}^{b^k} \overline{\varepsilon}_k \overline{\varepsilon}_k^{\mathrm{T}} \mathcal{N}(\overline{\varepsilon}_k ; 0, I_{N \times N}) \mathrm{d}\overline{\varepsilon}_k}{\int_{a^k}^{b^k} \mathcal{N}(\overline{\varepsilon}_k ; 0, I_{N \times N}) \mathrm{d}\overline{\varepsilon}_k} - E(\overline{\varepsilon}_k \,|\, M_1^{k-1}, M_k) E^{\mathrm{T}}(\overline{\varepsilon}_k \,|\, M_1^{k-1}, M_k)$$

$$\text{(5.31)}$$

注 5.2 上述积分的数值计算负担很重,但是注意到这些积分是由其区间唯一确定的,而这些积分区间只和量化策略有关。所以这些积分可以离线计算。正如注 5.1 中所言,可以取 $\xi_j = E(\overline{\varepsilon}_k^i \,|\, \eta_j < \overline{\varepsilon}_k^i \leqslant \eta_{j+1}), j = 1, 2, \cdots, l_i$,即 $\varXi_k^i = E(\overline{\varepsilon}_{ik} \,|\, \eta_j < \overline{\varepsilon}_{ik} \leqslant \eta_{j+1})$。进一步地,

$$\varXi(k) = \{\varXi_k^1, \varXi_k^2, \cdots, \varXi_k^N\}^{\mathrm{T}} = E(\overline{\varepsilon}_k \,|\, M_k)$$

类似地,量化误差的协方差矩阵也可以对不同的正规化新息的量化结果 M_k 进行离线计算,记为 $\varSigma_k$。

最终,根据条件期望性质,有

$$E(\varepsilon_k \,|\, M_1^{k-1}, M_k) = S_K^{1/2} E(\overline{\varepsilon}_k \,|\, M_1^{k-1}, M_k) = S_K^{1/2} \varXi_k \tag{5.32}$$

$$\mathrm{cov}(\varepsilon_k \,|\, M_1^{k-1}, M_k) = S_K^{1/2} \mathrm{cov}(\overline{\varepsilon}_k \,|\, M_1^{k-1}, M_k)(S_K^{1/2})^{\mathrm{T}} = S_K^{1/2} \varSigma_k (S_K^{1/2})^{\mathrm{T}} \tag{5.33}$$

这样,方程(5.8)~(5.15)和方程(5.21)~(5.33)构成了基于多水平量化新息的 QIUKF 算法。QIUKF 算法一共有三层:给定 $\hat{X}_{0|0}$ 和 $\hat{P}_{0|0}$;利用式(5.30)和式(5.31)对所有可能的 M_k 值离线计算 $E(\overline{\varepsilon}_k \,|\, M_1^{k-1}, M_k)$ 和 $\mathrm{cov}(\overline{\varepsilon}_k \,|\, M_1^{k-1}, M_k)$。

算法 5.3 初始化,给定 $\hat{x}_{0|0}(E\hat{x}_{0|0} = \mu_0)$ 和 $P_{0|0}$。

(1)预测步:给定 $\hat{X}_{k-1|k-1}$ 和 $P_{k-1|k-1}$:

$$\hat{X}_{k|k-1} = \sum_{j=0}^{2d} W_{k-1}^j F(\mathcal{X}_{k-1}^j) \tag{5.34}$$

$$P_{k|k-1} = Q + \sum_{j=0}^{2d} W_{k-1}^j (F(\mathcal{X}_{k-1}^j) - \hat{X}_{k|k-1})(F(\mathcal{X}_{k-1}^j) - \hat{X}_{k|k-1})^{\mathrm{T}} \tag{5.35}$$

$$\hat{Y}_{k|k-1} = \sum_{j=0}^{2d} W_{k-1}^j H(\mathcal{X}_{k-1}^j) \tag{5.36}$$

$$(S_K^{1/2})^{-1} = (P_{yy} + R^{1/2})^{-1} \tag{5.37}$$

其中,$\{W_{k-1}^j, j = 0, 1, \cdots, 2d\}$ 是权值集合;$\{\mathcal{X}_{k-1}^j, j = 0, 1, \cdots, 2d\}$ 是 Sigma 点集[1]。另外,$\mathcal{X}_{k|k-1}^j$ 记为 $F(\mathcal{X}_{k-1}^j)$,$\hat{Y}_{k|k-1} = (y_1(k| k-1), y_2(k| k-1), \cdots, y_N(k| k-1))^{\mathrm{T}}$,且

$$K_k = P_{xy}(R + P_{yy})^{-1} \qquad (5.38)$$

$$P_{xy} = \sum_{j=0}^{2d} W_{k-1}^j (\mathcal{X}_{k|k-1}^j - \hat{X}_{k|k-1})(H(\mathcal{X}_{k|k-1}^j) - \hat{Y}_{k|k-1})^{\mathrm{T}} \qquad (5.39)$$

$$P_{yy} = \sum_{j=0}^{2d} W_{k-1}^j (H(\mathcal{X}_{k|k-1}^j) - \hat{Y}_{k|k-1})(H(\mathcal{X}_{k|k-1}^j) - \hat{Y}_{k|k-1})^{\mathrm{T}} \qquad (5.40)$$

（2）测量和量化步：给定 $\hat{Y}_{k|k-1}$ 和 $(S_K^{1/2})^{-1} = ((P_{yy} + R)^{1/2})^{-1}$。

测量 Y_k；

构建量化新息 $M_k = Q_L(\bar{\varepsilon}_k)$；

传输量化新息 M_k。

（3）修正步：接收量化新息 M_k。

根据 M_k，取 $\varXi_k$ 和 $\varSigma_k$ 的相应值。

利用式（5.32）和式（5.33）计算 $E(\varepsilon_k | M_1^{k-1}, M_k)$ 和 $\mathrm{cov}(\varepsilon_k | M_1^{k-1}, M_k)$：

$$\hat{X}_{k|k} = \hat{X}_{k|k-1} + K_k E(\varepsilon_k | \sigma(M_1^k)) \qquad (5.41)$$

$$P_{k|k} = P_{k|k-1} - K_k(R + P_{yy})K_k^{\mathrm{T}} + K_k \mathrm{cov}(\varepsilon_k | \sigma(M_1^k))K_k^{\mathrm{T}} \qquad (5.42)$$

注 5.3　当状态-观测系统（5.1）和（5.2）是线性的且 $L = 3$ 时，若式（5.16）中 $\eta_1 \to 0$，则本章中的 QIUKF 就变为基于 1bit 量化新息的量化卡尔曼滤波。人们也许会问：本章中的 QIUKF 与 SOI-KF[19, 20] 有什么关系？除了本章中使用了无迹变换和多水平量化，这两种算法的结构有着本质的不同。在 SOI-KF 的每次迭代计算中，增益矩阵、状态估计和估计误差协方差阵需要重复计算 N 次。而在本章中的 QIUKF 算法中的每次迭代计算中，增益矩阵、状态估计和估计误差协方差阵只需要计算 1 次。

5.4　性　能　分　析

比较式（5.12）与式（5.42）中的 ECM，容易发现，除了式（5.42）中的第三项不同以外，其余各项都相同。这种相似度可以通过定义每个修正步中 ECM 的减少量（式（5.42））来衡量，即

$$\begin{aligned} \Delta P_k &:= P_{k|k-1} - P_{k|k} \\ &= K_k(R + P_{yy})K_k^{\mathrm{T}} - K_k \mathrm{cov}(\varepsilon_k | \sigma(M_1^k))K_k^{\mathrm{T}} \end{aligned} \qquad (5.43)$$

如果在修正步中利用 Y_k 替代 M_k，ECM 减少部分（式（5.12））为

$$\Delta P_k := P_{k|k-1} - P_{k|k} = K_k(R + P_{yy})K_k^{\mathrm{T}} \qquad (5.44)$$

比较式（5.43）和式（5.44），算法 5.3 中 ECM 的减少量小于 UKF 中的。

类似于文献[21]，量化器的最优性定义为使得平均方差减小量最大化，即

$$\{\eta_{ik}^*\}_{i=1}^L := \arg \max_{\{\eta_i(k)\}_{i=1}^L} E_{M_k}(\Delta P(k)\,|\,M_1^{k-1})$$

$$= \arg \min_{\{\eta_i(k)\}_{i=1}^L} E_{M_k}(\mathrm{cov}(\varepsilon(k)\,|\,M_1^k)\,|\,M_1^{k-1}) \tag{5.45}$$

对于 M_1^{k-1}，采用均方误差失真率条件，$\bar{\varepsilon}(k)$ 的最优量化器为

$$\{\eta_{ik}^{\dagger}\}_{i=1}^L := \arg \min_{\{\eta_{ik}\}_{i=1}^L} E_{M_k}(\mathrm{cov}(\bar{\varepsilon}_k\,|\,M_1^k)\,|\,M_1^{k-1}) \tag{5.46}$$

由文献[21]可知，上述两者最优量化门限是统一的，即

$$\{\eta_{ik}^*\}_{i=1}^L := \{\eta_{ik}^{\dagger}\}_{i=1}^L$$

由方程（5.26）可知 $\bar{\varepsilon}_k$ 的元素 $\bar{\varepsilon}_k^i$ $(i=1,2,\cdots,N)$ 是相互独立同分布的（IID）。显然，量化不会破坏这种独立性。从另一方面讲，M_k 的元素 m_k^i $(i=1,2,\cdots,N)$ 之间仍然是 IID。所以，协方差阵 $\mathrm{cov}(\bar{\varepsilon}_k\,|\,M_1^k)$ 是对角矩阵，且

$$\mathrm{cov}(\bar{\varepsilon}_k\,|\,M_1^k) = \begin{bmatrix} \mathrm{var}(\bar{\varepsilon}_{1k}\,|\,M_1^k) & 0 & \cdots & 0 \\ 0 & \mathrm{var}(\bar{\varepsilon}_{2k}\,|\,M_1^k) & \cdots & 0 \\ \vdots & \vdots & & \vdots \\ 0 & 0 & \cdots & \mathrm{var}(\bar{\varepsilon}_{Nk}\,|\,M_1^k) \end{bmatrix} \tag{5.47}$$

进一步，注意到 $E_{M_k}(\mathrm{var}(\bar{\varepsilon}_k^i\,|\,M_1^k))$ $(i=1,2,\cdots,N)$ 是相等的，不失一般性，有

$$E_{M_k}(\mathrm{cov}(\bar{\varepsilon}_k\,|\,M_1^k)\,|\,M_1^{k-1}) = E_{M_k}(\mathrm{var}(\bar{\varepsilon}_k^1\,|\,M_1^k)\,|\,M_1^{k-1}) \times I_{N \times N} \tag{5.48}$$

因此，式（5.46）的最优化问题就等价于

$$\{\tilde{\eta}_{ik}^{\dagger}\}_{i=1}^L := \arg \min_{\{\eta_{ik}\}_{i=1}^L} E_{M_k}(\mathrm{var}(\bar{\varepsilon}_k^1\,|\,M_1^k)\,|\,M_1^{k-1}) \tag{5.49}$$

且对于以 M_1^k 为条件的 ε_k 的方差，有

$$E_{M_k}(\mathrm{cov}(\varepsilon_k\,|\,M_1^k)\,|\,M_1^{k-1})$$

$$= E_{M_k}(S_k^{1/2}\mathrm{cov}(\bar{\varepsilon}_k\,|\,M_1^k)(S_k^{1/2})^{\mathrm{T}}\,|\,M_1^{k-1})$$

$$= S_k^{1/2} E_{M_k}(\mathrm{cov}(\bar{\varepsilon}_k\,|\,M_1^k)\,|\,M_1^{k-1})(S_k^{1/2})^{\mathrm{T}} \tag{5.50}$$

$$= S_k^{1/2} \times E_{M_k}(\mathrm{var}(\bar{\varepsilon}_k^1\,|\,M_1^k)\,|\,M_1^{k-1}) \times I_{N \times N} \times (S_k^{1/2})^{\mathrm{T}}$$

$$= E_{M_k}(\mathrm{var}(\bar{\varepsilon}_k^1\,|\,M_1^k)\,|\,M_1^{k-1}) \times I_{N \times N} \times S_k$$

结合方程（5.50）和方程（5.43），有

$$E_{M_k}(\Delta P_k\,|\,M_1^{k-1})$$

$$:= E_{M_k}(P_{k|k-1} - P_{k|k}\,|\,M_1^{k-1})$$

$$= K_k(R + P_{yy})K_k^{\mathrm{T}} - K_k E_{M_k}(\mathrm{cov}(\varepsilon k\,|\,\sigma(M_1^k))\,|\,M_1^{k-1})K_k^{\mathrm{T}} \tag{5.51}$$

$$= K_k(R + P_{yy})K_k^{\mathrm{T}} - E_{M_k}(\mathrm{var}(\bar{\varepsilon}_k^1\,|\,M_1^k)\,|\,M_1^{k-1}) \times I_{N \times N} \times K_k(P_{yy} + R)K_k^{\mathrm{T}}$$

$$= (1 - E_{M_k}(\mathrm{var}(\bar{\varepsilon}_k^1\,|\,M_1^k)\,|\,M_1^{k-1})) \times I_{N \times N} \times K_k(P_{yy} + R)K_k^{\mathrm{T}}$$

表 5-1 给出了最优量化门限值及相应的代表值 $\varXi$ 和误差方差值 $\varSigma$ 。

表 5-1　最优量化门限值及相应的代表值 $\varXi$ 和误差方差值 $\varSigma$

取值	η_j	$\varXi_j$	$\varSigma_j$
$L=3$			
$j=1$	0.6120	1.2241	0.2508
$L=7$			
$j=1$	0.2803	0.5607	0.0287
$j=2$	0.8744	1.1883	0.0425
$j=3$	1.6110	2.0338	0.1401
$L=15$			
$j=1$	0.1369	0.2739	0.0060
$j=2$	0.4143	0.5550	0.0065
$j=3$	0.7030	0.8514	0.0074
$j=4$	1.0130	1.1752	0.0098
$j=5$	1.3610	1.5464	0.0137
$j=6$	1.7760	2.0068	0.0240
$j=7$	2.3440	2.6814	0.0947

这意味着对于相同的系统模型，QIUKF 的 MSE 性能与无量化条件下（即完全测量信息条件下）UKF 的 MSE 性能相比，相当于在每个修正步中乘以一个因子：

$$\bar{\alpha}=1-E_{M_k}\left(\mathrm{var}(\bar{\varepsilon}_k^1\,|\,M_1^k)\,|\,M_1^{k-1}\right) \tag{5.52}$$

式（5.49）中的最优化问题有一个著名的最优解，即 Lloyd-Max quantizer。基于文献[100]，对于 $L=3$、$L=7$ 和 $L=15$，相应的量化门限以及对应的代表值 $\varXi$ 和量化误差方差 $\varSigma$ 由表 5-1 给出。对于不同量化水平 $L=3$、$L=7$ 和 $L=15$，相应的通信带宽和修正因子 $\bar{\alpha}$ 在表 5-2 给出。

表 5-2　常用量化水平所需的通信带宽和对应的修正因子 $\bar{\alpha}$ 值

量化水平	Max u/bit	$\bar{\alpha}$
$L = 3$	1	0.8098
$L = 7$	2	0.9560
$L = 15$	3	0.9893

现在计算在概率平均意义下的量化新息的传输带宽。根据 5.3 节中的传输策略，对于传输比特数目 u，易得概率平均意义下的量化新息的传输带宽为

$$E(u_k^i \mid M_1^{k-1}) = 2 \sum_{j-1}^{l} \int_{\eta_j}^{\eta_{j+1}} u_k^i \frac{1}{\sqrt{2\pi}} \mathrm{e}^{-t^2/2} \mathrm{d}t \tag{5.53}$$

表 5-3 中给出了传输比特数目的最大值（Max u）和传输比特数目的概率平均意义下的平均值（Ave u），为了和 Msechu 等[21]、You 等[22]的传输策略进行比较，在相同量化水平条件下所需的传输比特数目（Msechu u 和 You u）也列在表 5-3 中。

表 5-3　不同算法对于常用量化水平所需要的通信带宽比较

量化水平	Max u/bit	Ave u/bit	Msechu[21] u/bit	You[22] u/bit
$L = 3$	1	1	2	1
$L = 7$	2	1.1611	3	3
$L = 15$	3	1.8806	4	4

注 5.4　一方面，在标量观测情形，相同的量化水平，算法 5.3 的滤波性能和文献[21]、[22]中的类似。然而，值得注意的是，此时它们所需要的通信带宽是不相同的，算法 5.3 所需要的通信带宽最小。从而，算法 5.3 能更有效地节约通信带宽，与此同时计算量也不是很大。另一方面，在相同的传输带宽条件下，算法 5.3 可以比 Msechu 等和 You 等的算法容许测量新息被量化成更高的水平。例如，在 2bit 带宽条件下，Msechu 等[21]的算法允许的量化水平为 4；You 等[22]的算法允许的量化水平为 5；但是对于本章中的算法，允许的量化水平为 7。因此算法 5.3 所导致的测量信息丢失最少。从而，新的传输策略能够更有效地提高通信带宽的利用率。进一步地，算法 5.3 的状态估计精度比文献[21]和[22]中的更高。

5.5　仿真与分析

考虑 WSN 中的目标跟踪问题。共有 $N = 81$ 个传感器均匀分布在 400m×400m

的方形区域内。第 i 个传感器的位置 (x_i, y_i) 是已知的， $i = 1, 2, \cdots, N$ 。假设没有通信损失，且传感器时间同步。目标（如小车等）被视作一个在二维平面内的点目标。这里考虑一般的非线性模型，即转弯模型，该模型假设目标以常速度和未知的转弯速率运行。记 X_k 为目标运动状态。X_k 分别表示目标的位置 X_k^1、X_k^2 和速度 $\dot{X}_k^1$、$\dot{X}_k^2$，以及转弯速率 ϕ_k：

$$X_k = \{X_k^1, \dot{X}_k^1, X_k^2, \dot{X}_k^2, \phi_k\}^\mathrm{T} \tag{5.54}$$

目标在直角坐标系下的运动模型为

$$X_k = \Phi_{k-1} X_{k-1} + \Gamma_{k-1} \omega_{k-1} \tag{5.55}$$

其中， ω_{k-1} 是方差为 Q_{k-1} 的过程噪声。系统噪声是高斯噪声 $\omega_k \sim \mathcal{N}(0, \mathrm{diag}(\varrho_1^2, \varrho_2^2, \varrho_\phi^2))$ ，其中 $\varrho_1 = \varrho_2 = \varrho_\phi = 0.001$ 。状态转移矩阵 Φ_k 和噪声系数矩阵 Γ_k 分别为

$$\Phi_k = \begin{bmatrix} 1 & \dfrac{\sin\phi_k \Delta t}{\phi_k} & 0 & \dfrac{1-\cos\phi_k \Delta t}{\phi_k} & 0 \\ 0 & \cos\phi_k \Delta t & 0 & -\sin\phi_k \Delta t & 0 \\ 0 & -\dfrac{1-\cos\phi_k \Delta t}{\phi_k} & 1 & \dfrac{\sin\phi_k \Delta t}{\phi_k} & 0 \\ 0 & -\sin\phi_k \Delta t & 0 & \cos\phi_k \Delta t & 0 \\ 0 & 0 & 0 & 0 & 1 \end{bmatrix} \tag{5.56}$$

和

$$\Gamma_k = \begin{bmatrix} \dfrac{\Delta t^2}{2} & 0 & 0 \\ \Delta t & 0 & 0 \\ 0 & \dfrac{\Delta t^2}{2} & 0 \\ 0 & \Delta t & 0 \\ 0 & 0 & 1 \end{bmatrix} \tag{5.57}$$

对于所有的仿真，选取如下参数：总时间 $T = 120\mathrm{s}$，时间步长为 $\Delta t = 1\,\mathrm{s}$；不同时段的转弯速率为 $-0.05\mathrm{rad}$（$1 \leqslant k \leqslant 70$）、$0.15\mathrm{rad}$（$71 \leqslant k \leqslant 100$）和 $0.25\mathrm{rad}$（$101 \leqslant k \leqslant 120$）。目标初始状态为

$$X_0 = [90 \ 3 \ 300 \ 4 \ -0.05]^\mathrm{T}$$

跟踪算法的初始化为

$$X_{0|0} = [100 \ 2 \ 280 \ 5 \ 0.08]^\mathrm{T}$$

$$P_{0|0} = 30 \times Q$$

例 5.1 为了比较 QIUKF、MLQIKF[21, 22]和基于原始测量的 UKF[1]的目标跟踪性能，考虑在相同带宽约束条件下的标量测量 WSN 中的目标跟踪问题。在这个例子中，考虑 2bit 带宽约束下的目标跟踪问题。测量值是目标与传感器之间距离带误差的测量值，位于 $X^i = (x_i, y_i)$ 的传感器测得[21]

$$y_k^i = h_i(X_k) + \upsilon_k^i = X_k - X^i + \upsilon_k = \sqrt{(X_{1k} - x_i)^2 + (X_{2k} - y_i)^2} + \upsilon_{ik} \quad (5.58)$$

测量噪声是高斯噪声 $\upsilon_k^i \sim \mathcal{N}(0,9)$。类似于扩展卡尔曼滤波，将式（5.58）关于预测状态值 $\hat{X}_{k|k-1}$ 线性化，可得

$$y_k^i \approx \left. \frac{\partial h_i(X_k)}{\partial X_k} \right|_{\hat{X}_{k|k-1}} X_k + y_i^0(k) + \upsilon_k \quad (5.59)$$

其中，$y_i^0(k)$ 是 $\hat{X}_{k|k-1}$ 和 X^i 的函数。

图 5-1～图 5-5 给出了 QIUKF、MLQIKF（Msechu 等[21]和 You 等[22]），以及原始测量条件下 UKF[1]的跟踪结果。仿真结果是建立在 100 次蒙特卡罗基础之上的。比较的标准分别是目标位置的均方误差（MSE）和均方根误差（RMSE）。

这些结果验证了 5.4 节中理论分析结果的正确性。图 5-4 和图 5-5 给出了沿 x 轴和 y 轴方向的位置估计的 RMSE。由图 5-4 和图 5-5 可见，算法 5.3 的估计性能明显比 Msechu 等[21]和 You 等[22]的性能好，究其原因是算法 5.3 的带宽利用率更高。进一步地，算法 5.3 的位置估计的均方根误差与原始测量条件下的 UKF 的非常接近。

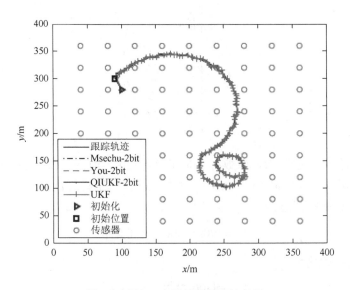

图 5-1　例 5.1 中目标位置估计结果

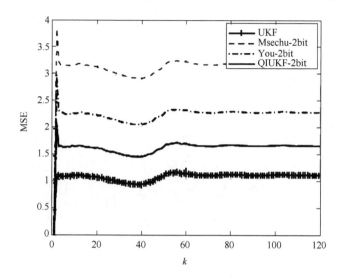

图 5-2　例 5.1 中沿 x 轴方向位置估计均方误差

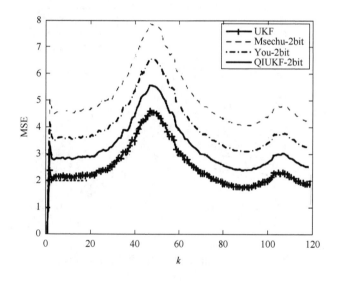

图 5-3　例 5.1 中沿 y 轴方向位置估计均方误差

注 5.5　在算法运行的过程中，传感器数据的选择采用最近邻原则。具体地，每隔 5s，融合中心将激活距目标预测位置最近的三个传感器。然后将预测测量值和相应的误差协方差阵的对角线元素传送给相应的传感器。从而，传感器可以根据 5.3 节中的量化算法将测量新息量化，然后传送给融合中心。这样融合中心就可以利用这三个传感器的量化新息进行目标状态估计。

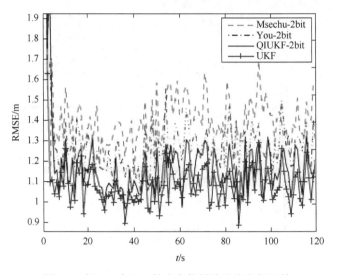

图 5-4　例 5.1 中沿 x 轴方向位置估计均方根误差

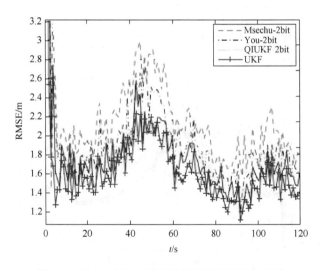

图 5-5　例 5.1 中沿 y 轴方向位置估计均方根误差

例 5.2　在这个例子中，比较关于向量观测的 SOI-KF 和 QIUKF 的性能。在这个 WSN 中，每个传感器可以同时测量相对距离和目标方位角。对于每个测量新息的通信带宽只有 1bit。从而，对于 SOI-KF，每个测量新息的元素只能量化成 2-水平；而对于算法 5.3，则可以量化成 3-水平。位于 $X^i = (x_i, y_i)$ 的传感器测量值为

$$y_{ik}^1 = X_k^1 - X^i + \upsilon_{ik}^1 \tag{5.60}$$

$$y_{ik}^2 = \arctan\left(\frac{X_{2k} - y_i}{X_{1k} - x_i}\right) + \upsilon_{ik}^2 \tag{5.61}$$

测量噪声为高斯变量 $\upsilon_k^i \sim \mathcal{N}(0, \mathrm{diag}((3m)^2, (0.003\mathrm{rad})^2))$ 。在算法运行时，传感器数据的选择类似于例 5.1。

图 5-6～图 5-8 给出了 SOI-KF 与算法 5.3 的目标跟踪性能比较，共运行 100 次蒙特卡罗仿真。图 5-6 中给出了位置估计的仿真结果。图 5-7 和图 5-8 给出了沿 x 轴和 y 轴方向的位置估计的 RMSE。由图 5-6 可见，算法 5.3 运行良好。类似于例 5.1，算法 5.3 的性能之所以比 SOI-KF[19, 20]的性能好，也是因为算法 5.3 的带宽利用率更高。

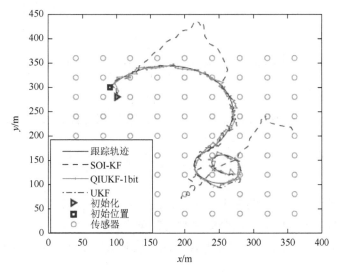

图 5-6　例 5.2 中目标位置估计结果

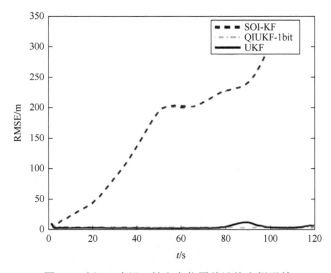

图 5-7　例 5.2 中沿 x 轴方向位置估计均方根误差

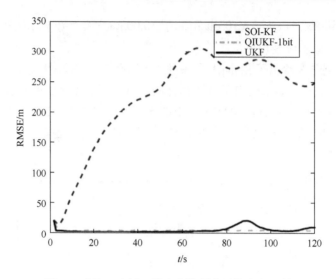

图 5-8　例 5.2 中沿 y 轴方向位置估计均方根误差

5.6　本 章 小 结

　　本章阐述了状态新息的多水平量化方法，给出量化新息的动态传输策略，从而更有效地利用传输信道。结合量化和传输策略设计，讨论了关于一般的向量状态-向量观测情形的量化观测状态估计算法，同时给出了该算法的性能分析。

第6章 分布式量化航迹融合

6.1 引 言

相对于集中式估计融合系统，传统的分布式航迹融合方法具有造价低、可靠性高、系统生命力强和工程上易于实现等特点。然而，考虑到低成本无线传感器网络中节点往往受通信带宽和系统能量的严格约束，传统的分布式航迹融合策略不能直接应用。本章先对局部状态估计的方差阵进行压缩处理，再引入 k 均值矢量量化策略对压缩后的方差阵和状态估计向量进行量化、传输。由于存在共同的先验估计或共同的过程噪声，局部估计一般来说是相关的，而对这种相关性的知识一般很难准确获得，尤其是在量化航迹情况下，因此，本章提出了不依赖于局部估计相关性的稳健航迹融合方法——内椭球逼近法。最后，考虑到基于树和基于静态分簇的目标跟踪系统存在的缺陷，提出了一种目标导向的传感器节点动态分簇策略。

6.2 传统航迹融合方法简介

航迹融合包括航迹关联、航迹状态估计与融合协方差计算等步骤。由于本章考虑分簇传感器网络的分布式航迹融合问题，航迹关联问题不再赘述。下面仅对分布式融合状态估计与融合协方差计算进行简单回顾。

假定有两个信息源 x_{0_1} 和 x_{0_2}，目的是要融合这两个信息源得到一个更精确的信息 x_0 以及对应的协方差阵 P_0。对于这两个信息源唯一可用的信息是其统计量/估计量，分别为 $\hat{x}_{0_1}$ 和 $\hat{x}_{0_2}$，以及对应的估计方差阵：

$$\hat{P}_1 = E(\tilde{x}_{0_1} \tilde{x}_{0_1}^{\mathrm{T}}) \text{ 和 } \hat{P}_2 = E(\tilde{x}_{0_2} \tilde{x}_{0_2}^{\mathrm{T}}) \tag{6.1}$$

一般来说，这两个信息源之间是相关的，其互协方差阵

$$\hat{P}_{12} = E(\tilde{x}_{0_1} \tilde{x}_{0_2}^{\mathrm{T}}) \tag{6.2}$$

为未知的或者不完整的。局部估计误差分别用 $\tilde{x}_{0_1}$ 和 $\tilde{x}_{0_2}$ 表示，定义为

$$\tilde{x}_{0_1} = \hat{x}_{0_1} - x_{0_1}, \quad \tilde{x}_{0_2} = \hat{x}_{0_2} - x_{0_2} \tag{6.3}$$

现有的融合方法通过两个估计 x_{0_1} 和 x_{0_2} 的线性组合得到融合估计，并解析确定其对应的协方差阵。这里介绍几种在经典分布式航迹融合中广泛应用的方法。

首先，给出如下定义。

定义 6.1　$\Re^n$ 空间中以 x_0 为中心、P_0 为形状矩阵的椭球 $\varepsilon(x_0, P_0)$ 为满足如下条件的集合：

$$\varepsilon(x_0, P_0) = \{x \in \Re^n \mid (x - x_0)^T P_0^{-1} (x - x_0) \leqslant 1\} \tag{6.4}$$

其中，$P_0 > 0$ 表示估计（或融合）误差的协方差阵。

6.2.1　信息融合卡尔曼滤波算法

信息融合卡尔曼滤波算法通过如下线性组合 $\{x_{0_1}, P_1\}$ 和 $\{x_{0_2}, P_2\}$ 来估计 $\{x_0, P_0\}$：

$$x_0 = W_1 x_{0_1} + W_2 x_{0_2} \tag{6.5}$$

$$P_0 = W_1 P_1 W_1^T + W_1 P_{12} W_2^T + W_2 P_{21} W_1^T + W_2 P_2 W_2^T \tag{6.6}$$

其中，权值 W_1 和 W_2 通过最小化 P_0 的迹得到。在互相关性为零，即 $P_{12} = P_{21} = 0$ 时，对 $\{x_{0_1}, P_1\}$ 和 $\{x_{0_2}, P_2\}$ 估计的一致性保证了卡尔曼滤波融合器的一致性[124]。此时，$P_0^{-1} = P_1^{-1} + P_2^{-1}$，进而式（6.5）中的权值分别为 $W_1 - P_0 P_1^{-1}$ 和 $W_2 = P_0 P_2^{-1}$，这正好对应于传统卡尔曼滤波器的增益[125, 126]。文献[127]提出了最优信息融合卡尔曼滤波器，可以描述如下。

定理 6.1　设 $\hat{x}_i$（$i = 1, 2, \cdots, N$）是 n 维随机向量 x 的无偏估计，估计误差 $\tilde{x}_i = x - \hat{x}_i$（$i = 1, 2, \cdots, N$）。假设 $\tilde{x}_i$ 和 $\tilde{x}_j$ 是相关的，且协方差阵和互协方差阵设为 P_{ii} 和 P_{ij}。那么矩阵加权的最优融合估值由式（6.7）给出：

$$\hat{x}_0 = \overline{A}_1 \hat{x}_1 + \overline{A}_2 \hat{x}_2 + \cdots + \overline{A}_N \hat{x}_N \tag{6.7}$$

其中，最优加权矩阵 $\overline{A}_i$（$i = 1, 2, \cdots, N$）可进行如下计算得到：

$$\overline{A} = P^{-1} e (e^T P^{-1} e)^{-1} \tag{6.8}$$

其中，$P = [P_{ij}]$（$i, j = 1, 2, \cdots$）；$\overline{A} = [\overline{A}_1 \ \overline{A}_2 \ \cdots \ \overline{A}_N]^T$ 和 $e = [I_n \cdots I_n]^T$ 都是 $nN \times N$ 的矩阵。最优信息融合估计对应的方差阵由式（6.9）给出：

$$P_0 = (e^T \Sigma^{-1} e)^{-1} \tag{6.9}$$

并且有 $P_0 \leqslant P_i$（$i = 1, 2, \cdots, N$）。

注 6.1　在互协方差阵已知的情况下，卡尔曼滤波融合算法和最优信息融合卡尔曼滤波器是全局最优的。但是在实际应用条件下，局部估计的互相关性往往是未知的或者不完整的，此时卡尔曼滤波融合器和最优信息融合卡尔曼滤波器并不能保证融合的全局最优性和一致性。一种简单的处理办法就是假定局部估计量之间是不相关的，从而出现了所谓的加权平均法。

6.2.2　加权平均法

定理 6.2　设 $\hat{x}_i$（$i = 1, 2, \cdots, N$）为对随机向量 $x \in \Re^n$ 的 N 个无偏估计，估计误差分别为 $\tilde{x}_i = x - \hat{x}_i$（$i = 1, 2, \cdots, N$）。已知第 i 个估计的协方差阵为 $P_i = E(\tilde{x}_i \tilde{x}_i^{\mathrm{T}})$，且估计误差 $\tilde{x}_i$ 和 $\tilde{x}_j$ 不相关，则加权平均法的融合方程为

$$\hat{x}_0(k) = P(k) \sum_{j=1}^{N} P_j^{-1}(k) \hat{x}_j(k) \tag{6.10}$$

$$P_0^{-1}(k) = \sum_{j=1}^{N} P_j^{-1}(k) \tag{6.11}$$

由于加权平均法实现起来特别容易，所以它得到了广泛的应用。加权平均法在两条航迹都是传感器航迹并且不存在过程噪声，两个传感器在初始时刻的估计误差也不相关时是最优的。然而，当各传感器的局部估计误差相关时，它是次优的。例如，当其中一个航迹是融合航迹，而另一个为局部估计航迹时，或者当存在共同的过程噪声和先验知识时，由于子系统估计的相关性，加权平均法就失去了其最优性。

6.2.3　协方差交叉法

由于估计互协方差阵计算代价较高，Julier 和 Uhlmann 提出了协方差交叉法[126, 128]。这种方法通过在逆协方差空间中寻找均值和方差的凸组合，从而绕过传统方法对互协方差阵的依赖性。两传感器情况下协方差交叉法表述如下：

$$P_0^{-1} = \omega P_1^{-1} + (1 - \omega) P_2^{-1} \tag{6.12}$$

$$P_0^{-1} x_0 = \omega P_1^{-1} x_{0_1} + (1 - \omega) P_2^{-1} x_{0_2} \tag{6.13}$$

其中，参数 ω 通过使融合方差的某种特定测度得到，如融合方差阵 P_0 的迹、特征值或者行列式。采用行列式更好一些，因为它不受状态量单位的影响，同时可充分利用融合方差阵 P_0 所有元素提供的信息[128]。

定理 6.3[128]　对于任意 $\omega \in [0, 1]$，无论 P_{12} 和 ω 取何值，由式（6.12）和式（6.13）确定的融合估计量始终满足一致性。

注 6.2　如式（6.12）和式（6.13）所示的协方差交叉法很容易推广到 N 个传感器的情形，此时可按以下公式进行融合：

$$P_0^{-1} = \omega_1 P_1^{-1} + \omega_2 P_2^{-1} + \cdots + \omega_N P_N^{-1} \tag{6.14}$$

$$P_0^{-1} x_0 = \omega_1 P_1^{-1} x_{0_1} + \omega_2 P_2^{-1} x_{0_2} + \cdots + \omega_N P_N^{-1} x_{0_N} \tag{6.15}$$

其中，权值和为1，即 $\sum_{i=1}^{N} \omega_i = 1$ 。

6.3　资源受限的航迹融合

考虑到无线传感器网络受带宽和能源约束，本节提出量化航迹融合方法。具体来说，各激活节点作为局部子系统单独进行目标的状态估计，并对状态估值及其方差阵进行处理，包括方差阵的压缩、估值与压缩方差阵的量化及传输等；融合中心在收到各子系统传输的量化信息以后，先进行解量化，然后根据所得信息进行稳健的航迹融合，从而得到目标的融合状态估计及对应的方差阵。所述流程如图6-1所示。值得一提的是，本章考虑的是基于分簇传感器网络的单目标跟踪问题，簇内各传感器的感测范围有限，因此不再考虑航迹关联的问题。

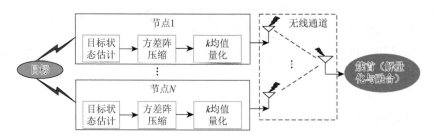

图 6-1　无线传感器网络中量化航迹稳健融合框架示意图

6.3.1　协方差阵的压缩处理

给定第 k 个采样时刻上的状态估计误差协方差阵 $P(k|k) = [p_{ij}]_{n \times n}$ ，为了保证融合估计的一致性，必须找到一个对角矩阵 $\bar{P}(k|k) = \text{diag}[\bar{p}_i]_n$（$i = 1, 2, \cdots, n$），使得其为原始估计误差协方差阵的上界。从数学上来说，其目标是解如下优化问题：

$$\begin{cases} \min\limits_{\{\bar{p}_i\}} & \text{tr}(\bar{P}(k|k)) \\ \text{s.t.} & \bar{P}(k|k) \geqslant P(k|k) > 0 \end{cases} \tag{6.16}$$

其中，$\text{tr}(\bar{P}(k|k))$ 表示矩阵 $\bar{P}(k|k)$ 的迹运算。

注 6.3　问题（6.16）可由 LMI 方法求解。然而 LMI 方法的计算代价较大，不太适合低成本的传感器节点。因此，下面先给出一个通用的次优解，然后分别给出在一维、二维、三维目标跟踪情况下问题（6.16）的最优解。

定理 6.4 对于 $\mathfrak{R}^n$ 中的对称正定方阵 $P_n = [p_{ij}]_{n \times n}$，矩阵 $\overline{P}_n = n \times \text{diag}(p_{ii})_n$ 是 P_n 的一个上界。换句话说，如果 $P_n > 0$，有 $\overline{P}_n \geqslant P_n$。

证明 （归纳法）不难验证，该结论在 $n = 2$ 的情况下成立。进一步，假定此结论在 $n = r - 1$ 情况下成立，即有 $\overline{P}_{r-1} \geqslant P_{r-1} > 0$，其中 $\overline{P}_{r-1} = (r-1) \times \text{diag}(p_{ii})_{r-1}$；那么，对于 $n = r$，有

$$P_r = \begin{bmatrix} p_{11} & p_{12} & \cdots & p_{1r} \\ p_{12} & p_{22} & \cdots & p_{2r} \\ \vdots & \vdots & & \vdots \\ p_{1r} & p_{2r} & \cdots & p_{rr} \end{bmatrix} = \begin{bmatrix} P_{r-1} & C \\ C^{\mathrm{T}} & p_{rr} \end{bmatrix} \tag{6.17}$$

其中，$C = [p_{1r} \quad p_{2r} \quad \cdots \quad p_{r-1,r}]^{\mathrm{T}}$。假定有

$$\overline{P}_r = \begin{bmatrix} rp_{11} & 0 & \cdots & 0 \\ 0 & rp_{22} & \cdots & 0 \\ \vdots & \vdots & & \vdots \\ 0 & 0 & \cdots & rp_{rr} \end{bmatrix} \tag{6.18}$$

从而

$$\overline{P}_r - P_r = \begin{bmatrix} (r-1)p_{11} & -p_{12} & \cdots & -p_{1r} \\ -p_{12} & (r-1)p_{22} & \cdots & -p_{2r} \\ \vdots & \vdots & & \vdots \\ -p_{1r} & -p_{2r} & \cdots & (r-1)p_{rr} \end{bmatrix}$$

$$= \begin{bmatrix} A & -C \\ -C^{\mathrm{T}} & (r-1)p_{rr} \end{bmatrix} \tag{6.19}$$

其中，$A = \overline{P}_{r-1} - P_{r-1} + \text{diag}(p_{ii})_{r-1}$。由假设条件 $\overline{P}_{r-1} \geqslant P_{r-1} > 0$，有 $\overline{P}_{r-1} - P_{r-1} \geqslant 0$。另外，由于 $\text{diag}(p_{ii})_{r-1}$ 是一正定对角矩阵，矩阵 A 为一个正半定矩阵和另一正定矩阵的和，很显然是一个正定矩阵。从而，要证明 $\overline{P}_r - P_r$ 的正定性，我们只需证明 $\det(\overline{P}_r - P_r) > 0$，证明过程如下所述。

首先，比较矩阵 A 与 $\dfrac{1}{r-1}P_{r-1}$，有

$$A - \frac{1}{r-1}P_{r-1}$$

$$= \frac{1}{r-1}((r-1)A - P_{r-1})$$

$$= \frac{1}{r-1}((r-1)(\overline{P}_{r-1} - P_{r-1}) + (r-1) \times \text{diag}(p_{ii})_{r-1} - P_{r-1})$$

$$= \frac{r}{r-1}(\overline{P}_{r-1} - P_{r-1}) \geqslant 0 \tag{6.20}$$

因此，$A - \dfrac{1}{r-1} P_{r-1} \geqslant 0$，且 $A^{-1} \leqslant \left(\dfrac{1}{r-1} P_{r-1} \right)^{-1}$（参见文献[105]）。从而

$$C^{\mathrm{T}} A^{-1} C \leqslant C^{\mathrm{T}} \left(\dfrac{1}{r-1} P_{r-1} \right)^{-1} C \tag{6.21}$$

另外，由于 $P_r > 0$，由 Schur 补引理有

$$p_{rr} - C^{\mathrm{T}} P_{r-1}^{-1} C > 0 \tag{6.22}$$

即

$$(r-1) p_{rr} - C^{\mathrm{T}} \left(\dfrac{1}{(r-1)} P_{r-1} \right)^{-1} C > 0 \tag{6.23}$$

因此

$$(r-1) p_{rr} - C^{\mathrm{T}} A^{-1} C > 0 \tag{6.24}$$

再次运用 Schur 补引理可知

$$\begin{bmatrix} I & 0 \\ C^{\mathrm{T}} A^{-1} & I \end{bmatrix} \begin{bmatrix} A & -C \\ -C^{\mathrm{T}} & (r-1) p_{rr} \end{bmatrix} = \begin{bmatrix} A & -C \\ 0 & (r-1) p_{rr} - C^{\mathrm{T}} A^{-1} C \end{bmatrix} \tag{6.25}$$

对式（6.25）两边同取行列式，有

$$\det \begin{bmatrix} I & 0 \\ C^{\mathrm{T}} A^{-1} & I \end{bmatrix} \det \begin{bmatrix} A & -C \\ -C^{\mathrm{T}} & (r-1) p_{rr} \end{bmatrix} = \det \begin{bmatrix} A & -C \\ 0 & (r-1) p_{rr} - C^{\mathrm{T}} A^{-1} C \end{bmatrix} \tag{6.26}$$

即

$$\det(\bar{P}_r - P_r) = ((r-1) p_{rr} - C^{\mathrm{T}} A^{-1} C) \det(A) \tag{6.27}$$

根据矩阵 A 的正定性，有 $\det(A) > 0$，因此 $\det(\bar{P}_r - P_r) > 0$。进而，由矩阵正定的判别式判据可知 $\bar{P}_r - P_r$ 是一正定矩阵，即 $\bar{P}_r > P_r$。

综上所述，由归纳法可得，对于任意给定的正整数 n，矩阵 $\bar{P}_n = n \times \mathrm{diag}(p_{ii})_n$ 是 P_n 的一个上界。

注 6.4　定理 6.4 给出了求对称正定矩阵上界的一个通用解，值得一提的是，由于该结论具有通用性，由该结论得到的估计融合性能必然存在一定的保守性，为了进一步提高融合效果，下面分别给出在一维、二维、三维目标跟踪情况下的最优解（此时对于匀速运动情况，n 分别为 2、4 和 6），分别如定理 6.5～定理 6.7 所述。

定理 6.5　考虑分散式航迹融合问题，假定子（传感器）系统采用一维匀速运动模型进行目标状态估计，其估计协方差矩阵为

$$P_2 = \begin{bmatrix} p_{11} & p_{12} \\ p_{12} & p_{22} \end{bmatrix} \tag{6.28}$$

则如下对角矩阵为问题（6.16）的最优解：

$$\overline{P}_n = \mathrm{diag}(p_{11} + |p_{12}|, p_{22} + |p_{12}|) \tag{6.29}$$

证明　在 $n=2$ 的情况下，优化问题（6.16）可以重新表述如下：

$$\begin{cases} \min\limits_{(\overline{p}_i)} \mathrm{tr}(\overline{P}(k\,|\,k)) = \overline{p}_1 + \overline{p}_2 \\ \mathrm{s.t.} \begin{bmatrix} \overline{p}_1 & 0 \\ 0 & \overline{p}_2 \end{bmatrix} \geqslant \begin{bmatrix} p_{11} & p_{12} \\ p_{12} & p_{22} \end{bmatrix} \end{cases} \tag{6.30}$$

注意到上述优化问题中的约束式，给出如下两个不等式：

$$\overline{p}_1 - p_{11} \geqslant 0 \tag{6.31}$$

$$(\overline{p}_1 - p_{11})(\overline{p}_2 - p_{22}) - p_{12}^2 \geqslant 0 \tag{6.32}$$

从而，上述优化问题中的目标函数可以表述为

$$\begin{aligned} & \mathrm{tr}(\overline{P}(k\,|\,k)) \\ & = \overline{p}_1 + \overline{p}_2 \\ & \geqslant \overline{p}_1 + \left(p_{22} + \frac{p_{12}^2}{\overline{p}_1 - p_{11}} \right) \\ & \geqslant 2|p_{12}| + p_{11} + p_{22} \end{aligned} \tag{6.33}$$

当且仅当以下两个方程成立时，以上最小值点可以取得

$$(\overline{p}_1 - p_{11})(\overline{p}_2 - p_{22}) - p_{12}^2 = 0 \tag{6.34}$$

$$\frac{p_{12}^2}{\overline{p}_1 - p_{11}} = \overline{p}_1 - p_{11} \tag{6.35}$$

联立上面两式可以求得

$$\overline{p}_1 = p_{11} + |p_{12}| \tag{6.36}$$

$$\overline{p}_2 = p_{22} + |p_{12}| \tag{6.37}$$

因此，$n=2$ 情况下最优问题（6.16）的最优解为 $\overline{P}_n = \mathrm{diag}(p_{11} + |p_{12}|, p_{22} + |p_{12}|)$。

注 6.5　与定理 6.4 中的通用次优解比较，定理 6.5 的最优矩阵解的迹更小，下面给出证明。由定理 6.4 可知

$$\mathrm{tr}(\overline{P}(k\,|\,k))_G = 2(p_{11} + p_{22}) \tag{6.38}$$

其中，下标 G 表示通用次优解矩阵对应的相关量。而定理 6.5 给出的最优解对应的迹为

$$\mathrm{tr}(\overline{P}(k\,|\,k))_O = p_{11} + p_{22} + 2|p_{12}| \tag{6.39}$$

下面将证明 $\mathrm{tr}(\overline{P}(k\,|\,k))_O < \mathrm{tr}(\overline{P}(k\,|\,k))_G$。由于 $P(k\,|\,k)$ 为对称正定阵，有 $\det(P) > 0$，则 $p_{11}p_{22} - p_{12}^2 > 0$，即 $\sqrt{p_{11}p_{22}} > |p_{12}|$，所以可得

$$\mathrm{tr}(\overline{P}(k\,|\,k))_G - \mathrm{tr}(\overline{P}(k\,|\,k))_O$$
$$= p_{11} + p_{22} - 2|p_{12}|$$
$$\geqslant 2\sqrt{p_{11}p_{22}} - 2|p_{12}|$$
$$> 0$$

（6.40）

举例来说，假设目标状态估计的方差阵为

$$P(k\,|\,k) = \begin{bmatrix} 3 & 1 \\ 1 & 2 \end{bmatrix}$$

则由定理 6.4 和定理 6.5 可以分别确定压缩方差阵分别为

$$\overline{P}_G = \begin{bmatrix} 6 & 0 \\ 0 & 4 \end{bmatrix} 和 \overline{P}_O = \begin{bmatrix} 4 & 0 \\ 0 & 3 \end{bmatrix}$$

我们再用 $\overline{P}_D = \begin{bmatrix} 3 & 0 \\ 0 & 2 \end{bmatrix}$ 表示直接取对角元素构成的压缩方差阵，从而可以分别画出

四个椭球的轨迹，如图 6-2 所示。由图可见，$\overline{P}_O$ 是包含 $P(k\,|\,k)$ 的最小对角椭球。

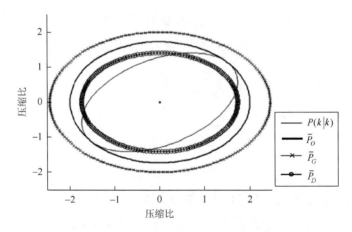

图 6-2　四种方差阵压缩效果的比较

定理 6.6　考虑分散式航迹融合问题，假定子（传感器）系统采用二维匀速运动模型进行目标状态估计，其估计协方差矩阵为

$$P_4(k\,|\,k) = \begin{bmatrix} p_{11} & p_{12} & p_{13} & p_{14} \\ p_{12} & p_{22} & p_{23} & p_{24} \\ p_{13} & p_{23} & p_{33} & p_{34} \\ p_{14} & p_{24} & p_{34} & p_{44} \end{bmatrix}$$

（6.41）

则如下对角矩阵为问题（6.16）的最优解：

$$\begin{aligned}
\overline{P}_4 = \text{diag}(&2p_{11}+2|p_{12}|, \\
&2p_{22}+2|p_{12}|, \\
&2p_{33}+2|p_{34}|, \\
&2p_{44}+2|p_{34}|)
\end{aligned} \tag{6.42}$$

证明　为了减少计算复杂性，首先根据定理 6.4 可以给出 $P_4(k|k)$ 的如下分块矩阵上界：

$$\tilde{P}_4(k|k)=\begin{bmatrix} 2p_{11} & 2p_{12} & 0 & 0 \\ 2p_{12} & 2p_{22} & 0 & 0 \\ 0 & 0 & 2p_{33} & 2p_{34} \\ 0 & 0 & 2p_{34} & 2p_{44} \end{bmatrix} \tag{6.43}$$

然后，与定理 6.5 的证明思路相似，不难得证定理 6.6。

注 6.6　同样地，与定理 6.4 中的通用次优解比较，定理 6.6 的最优解矩阵的迹更小。该结论可由注 6.5 的相同思路证明。

同理，当采用三维匀速运动模型进行目标状态估计时，估计误差协方差阵的最小对角阵上界可解析表述如下。

定理 6.7　考虑分散式航迹融合问题，假定子（传感器）系统采用三维匀速运动模型进行目标状态估计，其估计协方差矩阵为 $P_6(k|k)=[p_{ij}]_{6\times6}(i,j=1,2,\cdots,6)$，则如下对角矩阵为问题（6.16）的最优解：

$$\begin{aligned}
\overline{P}_6 = 3\times\text{diag}(&p_{11}+|p_{12}|, p_{22}+|p_{12}|, p_{33}+|p_{34}|, \\
&p_{44}+|p_{34}|, p_{55}+|p_{56}|, p_{66}+|p_{56}|)
\end{aligned} \tag{6.44}$$

注 6.7　同样地，与定理 6.4 中的通用次优解比较，定理 6.7 的最优矩阵解的迹更小。

6.3.2　量化策略

1. 量化技术概述

由模拟信号变成数字信号，需经过抽样（也称采样）、量化和编码三个过程[129]。其中，采样是将模拟信号在时间上离散化的过程；量化是把信号在幅度域上连续取值变换为幅度域上离散取值的过程；而编码是将每个量化后的样值用一定的二进制代码来表示。本小节仅对本书中关注比较多的量化技术进行简单的回顾。

一般来说，标量量化（对标量采样信号进行量化）可以分为均匀量化和非均匀量化两类。均匀量化是各量化水平间隔相等的量化方式。例如，假定原始信号的幅值范围为 $[-W,W]$，则量化水平为 L 的情况下，均匀量化的量化间隔为

$$\Delta = \frac{2W}{L} \tag{6.45}$$

从而量化噪声方差 $\delta^2 = \frac{1}{12}(\Delta)^2 = \frac{W^2}{3L^2}$，说明量化噪声仅与量化间隔 Δ 的大小有关。

第 4 章引入了一种概率量化策略，即均匀量化的一种推广。均匀量化器的特点可以归纳为，无论采样值大小如何，量化间隔是固定不变的。故信号较大时量化信噪比大，小信号时量化信噪比小。这样对于弱信号时的信号量化噪声功率比就难以达到给定的要求。均匀量化器广泛地用于线性 A/D 变换接口，例如，在计算机的 A/D 变换，以及在遥感遥测系统、仪表、图像信号的数字化接口等，也都使用均匀量化器。

非均匀量化是根据信号的不同区间来确定量化间隔的。对于小信号用较小的量化间隔，以减小噪声功率、提高信噪比；而对于大信号时用较大的量化间隔。实际中，非均匀量化的实现方法通常是将采样值经压缩器压缩后，再进行均匀量化。所谓压缩就是用一个非线性变换电路将输入变量变换成另一个变量，然后对压缩后的变量进行均匀量化，接收端采用一个扩张器来恢复原始信号。这种实现非均匀量化的技术称为压缩扩张技术。对于非均匀量化，相关学者曾提出许多压扩方法。目前，数字通信系统中采用两种压扩特性：一种是以 μ 作为参数的压扩特性，称为 μ 律压扩特性；另一种是以 A 作为参数的压扩特性，称为 A 律压扩特性。美国、加拿大、日本等国采用 μ 律压扩特性，我国和欧洲各国均采用 A 律压扩特性。下面仅介绍 A 律压扩特性：

$$y = \begin{cases} \dfrac{AX}{1+\ln A}, & 0 \leqslant |X| \leqslant \dfrac{1}{A} \\[3mm] \pm\dfrac{1+\ln A|X|}{1+\ln A}, & \dfrac{1}{A} < |X| \leqslant 1 \end{cases} \tag{6.46}$$

其中，X 为归一化输入；y 为归一化输出；通常选 $A=87.6$ 的压扩特性。

上面主要介绍了标量量化的基本概念、特性和标量量化器设计方法。然而，在很多场合下，待量化的变量往往是向量（或矩阵），如果采用标量量化方法对向量中的每个元进行单独量化，会引起压缩比小、解码时间长等问题。因此，有必要引入矢量量化技术[130]。矢量量化是在量化时用输出组集合（码书）中最匹配的一组输出值（码字）来代替一组输入采样值（输入矢量），其理论基础是香农的采样失真理论，其基本原理是用码书与输入矢量最匹配的码字的索引代替输入矢量进行传输和存储，而解码时只需简单的查表操作。矢量量化技术的应用领域非常广阔，如军事部门和气象部门的卫星（或航天飞机）遥感照片的压缩编码和实时传输、雷达图像和军用地图的存储与传输、数字电视的视频压缩、医学图像的压缩与存储、网络化测试数据的压缩和传输、语音编码、图像识别和语音识别等。

定义 6.2　　维数为 n ，量化水平为 $L = 2^B$ 的矢量量化器 Q 定义为从 n 维欧几里得空间 $\mathfrak{R}^n$ 到一包含 L 个输出点的有限集合 M 的映射，即 $Q: \mathfrak{R}^n \to M$ ，其中 $M = \{m_0, m_1, \cdots, m_{L-1}\}$ ， $m_i \in \mathfrak{R}^n (i \in \{0,1,\cdots,L-1\})$ 。集合 M 称为码书，其尺寸（大小）为 L 。码书的 L 个元素称为码字或码矢量。

输入矢量空间 $\mathfrak{R}^n$ 通过尺寸为 L 的量化器 Q 后，被分割成 L 个互不重叠的区域或胞腔，这个过程称为输入矢量空间的划分。矢量量化并不只是标量量化的简单推广，它是信号量化的"最终"解决方案，至今尚未有比矢量量化更好的量化编码技术。图 6-3 分别给出了二维空间中的一个非规则量化器和规则量化器的例子。

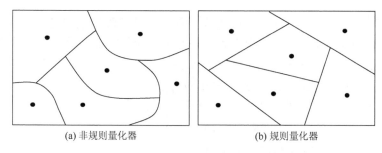

(a) 非规则量化器　　　　　　　　　　　(b) 规则量化器

图 6-3　二维空间中矢量量化的例子

2. k 均值矢量量化

本小节将应用得比较多的矢量量化技术——k 均值量化方法对压缩后的估计方差阵和估计向量进行量化。

如前所述，分布式航迹融合框架中，子传感器系统与融合中心间传递的信息为局部状态估值和对应的估计方差阵；而在无线传感器网络中信息通信所消耗的能量要比运算所需的能量大得多，一般来说，将 1bit 信息传输 100m 所需的能量与执行 3000 条指令所需的能量相当[131]。对于一个 n 维系统，局部传感器节点与融合中心（簇首）之间在每个采样周期内必须传输 n 个元素的状态向量以及 $n(n+1)/2$ 个元素的协方差阵（考虑到协方差阵的对称性，只需传输对角元以及上三角元素），即共 $n + n(n+1)/2$ 个元素。众所周知，通信能量与数据传输量之间呈比例关系。因此，如何减少无线传感器网络分布式航迹融合所需的能量，是系统设计所必须考虑的问题，也是提高整个网络生命周期的重要任务。量化传输为解决这个问题提供了一种可行的有效途径。

6.3.1 小节给出了状态估计误差方差阵最小对角阵上界的解析解。基于此，局部传感器节点与融合中心之间仅需传输 $2n$ 个元素，将有效减少通信能量，表 6-1

列出了对于目标跟踪应用的通信量减少情况对比结果（单位为矩阵元素个数）。下面的任务是如何将这 $2n$ 个元素进行有效量化，以便在无线数字通道上传输。

表 6-1　方差阵压缩前后传输元素量对比

运动空间维数	一维目标跟踪		二维目标跟踪		三维目标跟踪	
待估计状态	位置、速度	位置、速度、加速度	位置、速度	位置、速度、加速度	位置、速度	位置、速度、加速度
原始情况	6	12	20	42	42	90
压缩处理后	4	6	8	12	12	18

这里采用模式分类中的 k 均值聚类算法进行待传输向量的量化器设计。k 均值是模式识别领域中一个非常基础同时也是非常流行的非参数方法，其目的是把多维空间中的点进行聚类。k 均值聚类算法尽管简单，但在实践中却表现出色，是一种主要的聚类方法，其算法流程如下所述。

算法 6.1　k 均值聚类[132]。

步骤 1：随机选择 k 个聚类中心 $\{\mu_j\}_{j=1}^k$。

步骤 2：按照最近邻分类 M 个样本。

步骤 3：重新计算聚类中心。

步骤 4：如果算法收敛，结束；否则，返回步骤 2。

值得一提的是，步骤 1 中，我们取 2^L 个分类模式，其中 L 为每个传感器的带宽。初始聚类中心的选取也可采用其他方法，如均匀选取。在应用 k 均值聚类算法以前，需进行如下预处理：首先将状态估计向量 $\hat{x}(k|k)$ 与压缩方差阵 $\bar{P}(k|k)$ 的对角元 $\{p_{ii}\}(i=1,2,\cdots,n)$ 合并为一个向量，即 $x_k=[\hat{x}^{\mathrm{T}}(k|k)\ p_{11}\ p_{22}\ \cdots\ p_{nn}]$；其次，为了防止模糊的结构模式，我们对 x_k 进行归一化处理，归一化的方法有很多种，我们取 x_k 中绝对值最大元作为尺度因子对该向量进行缩放，记为 $\bar{x}_k$。此处尺度因子也必须量化后传给融合中心，用于向量的解量化运算。

在运行 k 均值聚类算法之前，需要对归一化向量 $\bar{x}_k$ 样本进行训练。训练样本可以根据传感器网络区域以及目标运动模式的先验知识进行离线仿真产生。训练的结果：2^L 个模式中每个模式对应的聚类中心即量化码字，而每个模式对应一个量化位；融合中心和每个子系统仅需存储这些 2^L 个聚类中心，子系统根据当前采样周期的归一化向量 $\bar{x}_k$，确定与哪种聚类中心距离最近，即按对应的码字（索引号）进行量化。融合中心在接收到索引号和尺度因子后，只需按索引号检索对应的聚类中心，再根据尺度因子即可解量化还原各个子传感器的 x_k 向量，其中包含了子系统的状态估计和对应的协方差阵。值得一提的是，索引号和尺度因子都是标量，后者的量化可以采用均匀量化，也可采用其他的非线性量化方法，这里不再赘述。整个量化和解量化过程的流程图分别如图 6-4 和图 6-5 所示。

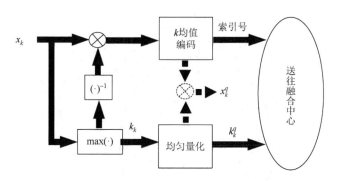

图 6-4　传感器子系统量化策略示意图

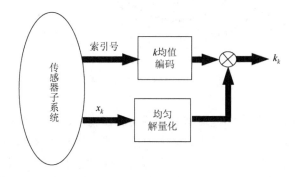

图 6-5　融合中心解量化示意图

6.4　稳健航迹融合方法——内椭球逼近法

6.4.1　算法提出

如 6.2 节所述，协方差交叉法可应用于相关性未知的航迹融合，且容易实现。2002 年，Hurley[133]从信息理论的角度证明了协方差交叉法的正确性，并找出它能用于融合任何概率密度函数的随机估计量，而不仅限于高斯分布。但是协方差交叉法过于保守，因为由该方法确定的融合方差椭球要比实际的方差椭球大。为此，相关学者提出了最大椭球法[134]以克服协方差交叉法的性能保守性，该方法寻找协方差阵交集的最大内接椭球来确定融合方差和融合估计。

二维空间中卡尔曼滤波融合器、协方差交叉法以及最大椭球法的比较见图 6-6。

由图可见，一方面，最大椭球法得到了比协方差交叉更紧凑的估计；另一方面，它不像卡尔曼滤波融合器那么乐观，从而避免了滤波发散。

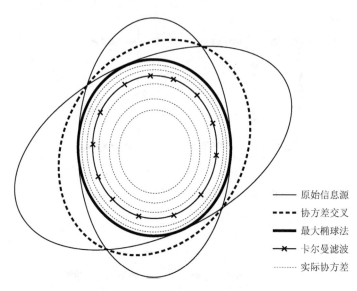

原始信息源
协方差交叉
最大椭球法
卡尔曼滤波
实际协方差

图 6-6　三种融合方法的比较

文献[134]中提出的最大椭球法针对两传感器情况，解决了矩阵取向不相容问题，并由此得到两椭球相交区域的最大内接椭球。然而，该文献中计算融合估计的公式不正确，使得融合估计性能严重恶化。针对这个问题，我们提出了如下基于内椭球逼近的信息融合方法，以解决未知相关性信息源的数据稳健融合问题。

由定义 6.1 可知，两个信息源 x_{0_1} 和 x_{0_2} 的估计误差协方差阵可分别用椭球 $\varepsilon(0, P_1)$ 和 $\varepsilon(0, P_2)$ 来表示，它们的相交区域描述了由这两个信息源融合后误差协方差阵的上界。本节所提出的算法正是基于协方差矩阵相交区域的内椭球逼近来实现的。详细描述如下。

算法 6.2　内椭球逼近融合 IEAF。

步骤 1：引入两个常数 β_1 和 β_2，它们是关于仿射坐标变换的不变量且对计算融合权值具有非常重要的作用。

$$\beta_1 = \min_{<x, P_2^{-1}x>=1} <x, P_1^{-1}x> = \min_{x^T P_2^{-1}x=1} x^T P_1^{-1}x \tag{6.47}$$

$$\beta_2 = \min_{<x, P_1^{-1}x>=1} <x, P_2^{-1}x> = \min_{x^T P_1^{-1}x=1} x^T P_2^{-1}x \tag{6.48}$$

注意，这里的 β_1 和 β_2 描述了协方差椭球 $\varepsilon(0, P_1)$ 和 $\varepsilon(0, P_2)$ 的位置关系，其中 0 为 n 维空间的坐标原点：

（1）如果 $\beta_1 \geqslant 1, \beta_2 \leqslant 1$，则 $\varepsilon(0, P_1) \subseteq \varepsilon(0, P_2)$；

（2）如果 $\beta_1 \leqslant 1, \beta_2 \geqslant 1$，则 $\varepsilon(0, P_1) \supseteq \varepsilon(0, P_2)$；

（3）如果 $\beta_1 < 1, \beta_2 < 1$，则 $\varepsilon(0, P_1) \bigcap \varepsilon(0, P_2) \neq \emptyset$ 且 $\varepsilon(0, P_1) \not\subset \varepsilon(0, P_2)$，$\varepsilon(0, P_2) \not\subset \varepsilon(0, P_1)$。

注 6.8 式（6.47）和式（6.48）中的优化问题是带二次约束的二次规划问题，可以在 MATALB 中通过函数 fmincon 求解。可以证明，独立于空间的维数，这个优化问题可以化为一维区间内的优化问题[135, 136]。这里我们给出求解这问题的拉格朗日乘子法：以式（6.47）为例，目标是寻找 β_1 以最小化性能指标 $J = x^\mathrm{T} P_1^{-1} x$，并且满足等式约束 $x^\mathrm{T} P_2^{-1} x = 1$。应用拉格朗日乘子法，引入如下拉格朗日函数：

$$F = J + \lambda(x^\mathrm{T} P_2^{-1} x - 1) \tag{6.49}$$

其中，拉格朗日乘子 λ 是一个标量。令 $\partial F / \partial x = 0$ 可得

$$(P_2 P_1^{-1} + \lambda I)x = 0 \tag{6.50}$$

考虑到约束 $x^\mathrm{T} P_2^{-1} x = 1$，不难得到拉格朗日乘子 λ 和最优点 x 分别为矩阵 $-P_2 P_1^{-1}$ 的特征值和标准化特征向量（把 P_2^{-1} 看作加权范数）。

步骤 2：融合估计可以计算如下：

$$x_0 = (\omega_1 P_1^{-1} + \omega_2 P_2^{-1})^{-1}(\omega_1 P_1^{-1} x_{0_1} + \omega_2 P_2^{-1} x_{0_2}) \tag{6.51}$$

其中，权值系数 ω_1 和 ω_2 分别为

$$\begin{cases} \omega_1 = \dfrac{1 - \min(1, \beta_2)}{1 - \min(1, \beta_1) \cdot \min(1, \beta_2)} \\[3mm] \omega_2 = \dfrac{1 - \min(1, \beta_1)}{1 - \min(1, \beta_1) \cdot \min(1, \beta_2)} \end{cases} \tag{6.52}$$

步骤 3：融合方差阵可以通过求解如下方程得到[98]：

$$P_0 = (1 - x_{0_1}^\mathrm{T} P_1^{-1} x_{0_1} - x_{0_2}^\mathrm{T} P_2^{-1} x_{0_2} + x_0^\mathrm{T} P_0^{-1} x_0) \cdot (\omega_1 P_1^{-1} + \omega_2 P_2^{-1})^{-1} \tag{6.53}$$

步骤 4：进入下一个采样周期，重复步骤 1 至步骤 3。

注 6.9 虽然文献[134]中的融合估计推导有误，但融合方差 P_0 仍可由该文献中的矩阵定向问题求得。这里给出求融合方差 P_0 的另一种方法，即通过求解如下线性矩阵不等式得到[137]：

$$\begin{cases} P_0 = \arg\min \log \det P_0^{-1} \\[2mm] \mathrm{s.t.} \begin{bmatrix} -P_i^2 & 0 & P_0 \\ 0 & \kappa_i - 1 & 0 \\ P_0 & 0 & -\kappa_i I \end{bmatrix} \leqslant 0, \quad i = 1, 2 \end{cases} \tag{6.54}$$

其中，κ_i 为非负常数；$\det P_0^{-1}$ 表示矩阵 P_0^{-1} 的行列式。

注 6.10 内椭球逼近法的一致性可由图 6-6 直观得到。

推论 6.1 存在以下两种特例：

（1）如果 $\beta_1 \geqslant 1$，$\beta_2 \leqslant 1$，则 $\omega_1 = 1$，$\omega_2 = 0$，有 $\varepsilon(x_0, P_0) = \varepsilon(x_{0_1}, P_1)$；

（2）如果 $\beta_1 \leqslant 1$，$\beta_2 \geqslant 1$，则 $\omega_1 = 0$，$\omega_2 = 1$，有 $\varepsilon(x_0, P_0) = \varepsilon(x_{0_2}, P_2)$。

6.4.2　仿真与比较

考虑一维空间雷达跟踪系统，假设系统有两个传感器[87, 114]：

$$x(k+1) = \begin{bmatrix} 1 & T & T^2/2 \\ 0 & 1 & T \\ 0 & 0 & 1 \end{bmatrix} x(k) + \begin{bmatrix} T^3/6 \\ T^2/2 \\ 1 \end{bmatrix} \omega(k) \tag{6.55}$$

$$y_i(k) = H_i x(k) + \upsilon_i(k), \quad i = 1, 2 \tag{6.56}$$

$$\upsilon_i(k) = \alpha_i \omega(k) + \xi_i(k) \tag{6.57}$$

其中，采样周期 $T = 0.1\text{s}$；$H_1 = [1\ 0\ 0]$，$H_2 = [0\ 1\ 0]$；状态 $x(k) = [s(k)\ \dot{s}(k)\ \ddot{s}(k)]^{\mathrm{T}}$，$s(k)$、$\dot{s}(k)$ 和 $\ddot{s}(k)$ 分别为目标在 kT 时刻的位置、速度和加速度；$\upsilon_i(k)\,(i = 1, 2)$ 分别为两个传感器的测量噪声，它们均与均值为零、方差为 σ_ω^2 的高斯过程噪声相关；$\xi_i(k)$ 是均值为零、方差为 $\sigma_{\xi_i}^2$ 的高斯测量噪声，并且独立于 $\omega(t)$。

仿真中我们假定 $\sigma_\omega^2 = 15$，$\sigma_{\xi_1}^2 = 5$，$\sigma_{\xi_2}^2 = 8$。初始状态 $x(0) = [10\ 1\ 0]^{\mathrm{T}}$，其方差阵 $P_0 = 0.1 I_3$，其中 I_3 为三维单位矩阵。为了比较起见，我们对最优信息融合卡尔曼滤波器[84]、协方差交叉法以及最大椭球法[134]进行仿真。采用均方误差（MSE）为性能指标，即 $\mathrm{MSE} = \dfrac{1}{M} \sum_{i=1}^{M} (\tilde{x}_k(i)^{\mathrm{T}} \tilde{x}_k(i))$，其中 M 是蒙特卡罗仿真次数，$\tilde{x}_k(i)$ 是第 i 次仿真的估计误差。考虑如下三种情况。

情况 1　传感器子系统独立。

令 $\alpha_1 = 0$ 且 $\alpha_2 = 0$。200 个采样周期的 100 次蒙特卡罗运行的仿真结果如表 6-2 所示。表 6-2 中同样列出了四种方法所得 MSE 的比值。

表 6-2　四种算法在情况 1 下的均方误差比较

参数	算法名称			
	最优信息融合 卡尔曼滤波器	协方差 交叉法	最大 椭球法	内椭球 逼近法
位置	5.7647	9.3999	1.2017×10^3	7.1284
速度	2.3473	4.6089	4.4701×10^4	3.3239
加速度	2.5197	2.9775	786.1805	2.5442
比值	1.0	1.5977	4.3915×10^3	1.2224

从表 6-2 中不难发现，在传感器子系统相互独立的情况下，最优信息卡尔曼滤波器获得最高的融合精度，然而本章所提出的内椭球逼近法与最优结果非常接近。正如前面所说，协方差交叉法有一定程度的性能保守性，其融合精度比前面两种都要差。但是最大椭球法的估计结果是发散的，究其原因，是它给出的融合航迹估计公式有误。

情况 2　传感器子系统相关且相关性已知。

令 $\alpha_1 = 1.5$，$\alpha_2 = 3.0$，100 次蒙特卡罗仿真的结果如表 6-3 所示。很显然，所提出的算法得到与最优信息卡尔曼滤波器几乎等同的效果，差距仅为 3.34%。协方差交叉法与最优信息卡尔曼滤波器的差距约为 13.8%，比 3.34% 高出很多。这是因为协方差交叉法得到的是协方差矩阵相交区域的外接椭球，而本章所提出的内椭球逼近法得到的是相交区域的内接最大椭球。文献[134]中的最大椭球法在情况 2 同样发散。从表 6-3 还可以发现互相关性并没有很严重地影响融合精度。

表 6-3　四种算法在情况 2 下的均方误差比较

参数	算法名称			
	最优信息融合 卡尔曼滤波器	协方差 交叉法	最大 椭球法	内椭球 逼近法
位置	13.9324	18.2349	2.1782×10^4	16.6028
速度	12.2251	13.0761	1.3438×10^5	12.1807
加速度	7.0191	6.4538	4.5819×10^3	5.4997
比值	1.0	1.1383	4.8450×10^3	1.0334

情况 3　传感器子系统相关但相关性未知。

在互相关性未知的情况下，最优信息卡尔曼滤波器不能直接应用。这是因为其最优性是由互协方差阵计算得来的，一种简化方法就是假定互协方差阵为零，即假设各传感器是不相关的。相反，协方差交叉法、最大椭球法和内椭球逼近法就不需要互协方差信息。在这种情况下，本章所描述的内椭球逼近法得到比最优信息卡尔曼滤波器和协方差交叉法更好的融合精度（见表 6-4）。

表 6-4　四种算法在情况 3 下的均方误差比较

参数	算法名称			
	最优信息融合 卡尔曼滤波器	协方差 交叉法	最大 椭球法	内椭球 逼近法
位置	14.7856	16.7418	752.5704	16.1701
速度	16.0640	11.4302	3.6567×10^3	11.5083
加速度	11.7611	5.2704	123.2628	5.0498
比值	1.0	0.7848	106.3717	0.7681

　　由表 6-4 可见，内椭球逼近法和协方差交叉法均获得比最优信息融合卡尔曼滤波器更好的估计精度，然而内椭球逼近法的精度更高。这是因为，如前所述，由协方差交叉法确定的融合方差椭球要比实际的方差椭球大，这带来了融合估计精度的性能保守性。此情况下，最大椭球法同样发散。

6.5　传感器节点动态分簇

6.5.1　相关工作

　　近年来，学者提出了多种传感器协作目标跟踪或路由策略。在定向扩散（directed diffusion）中，数据融合在预先设定的路径中执行，由于没有特定的算法支持共享路由，最坏的情况跟集中式协作一样，数据包传送数量很大。文献[138]提出了贪心增长树，通过修改定向扩散路径的确立和维护算法来增加路径的共享。文献[139]表明，当源节点数量比较多时，贪心增长树比基于树的路由方案节省了很大的能量。但是这种算法不适用于移动事件（如运动目标）的定位和跟踪，因为当目标移动后，该算法要付出额外的代价来重新组织贪心增长树，这成了它实际应用的一个瓶颈。

　　在各种静态分簇方案中，簇首创建算法是影响路由性能的主要因素之一。在 LEACH 协议中，k 个传感器节点被随机选为簇首，其他节点选择其中一个簇首加入该簇。在 LEACH 协议中，簇首的选取是随机的而不关心它的邻居节点，因此，会导致不均衡的簇。针对 LEACH 协议进行改进的 LEACH-C 和 LEACH-F 都假定允许基站（base station）选择簇首。在 HEED 中，分簇过程需很多次迭代，每次迭代过程中，一个节点基于一不定期概率成为簇首，其他所有非簇首节点选择最低内部通信开销的节点加入该簇。与 LEACH 簇协议不同的是 HEED 创建了平衡的簇。

　　需要提出的是，上面提到的基于树的路由协议存在如下弊端：同一个事件引起的多个源节点的数据包在向汇聚节点传输的过程中可能经过完全不同的路径，从而在没有经过网内处理（in-network processing）的情况下直接送往汇聚节点，使得通信代价增高。图 6-7 描述了三种可能的路由场景，采用不同的路由拓扑和目标的位置会影响数据传送的代价。在第 1 种情况下，事件 T1 产生的数据包在节点 B 处汇合，但是节点 B 距离目标监测区域很远。第 2 种情况下，事件 T2 产生的数据包在不同路径转发过程中没有经过融合，增加了传输代价。在第 3 种情况下，事件 T3 产生的数据包在距离源节点比较近的 C 节点处进行了融合处理，这才是基于树的路由算法所希望的。而前面两种情况都是无线传感器网络目标跟踪中所不愿意看到的，因为这两种情况不仅通信代价高，而且响应时间长、时滞大，引起跟踪精度低。

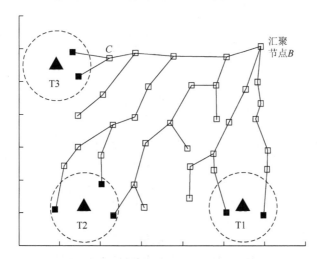

图 6-7　基于树的传感器网络中各种数据处理与路由场景

每个小正方形表示一个节点的位置；实心正方形表示唤醒节点；实心三角形表示目标所在位置

因而，参考文献[46]提出了一种基于树的动态协作框架来监测和跟踪移动目标。当传感器节点监测到目标时，它们构建一个本地融合树，称为 convoy-tree，选择其中一个节点成为 convoy-tree 根节点。其缺点是随着目标的移动，该树动态地延伸和剪除。随着目标移动率的增加，创建、延伸、剪除和重新构建 convoy-tree 的代价也在增加。

而基于静态分簇的路由协议中由于簇首是提前创建的，并不受位置或事件规律的影响。理想情况下，监测到同一事件的所有传感器节点属于同一个簇，这种情况下数据包的传输将会最小。然而，很可能监测到同一目标的传感器节点属于不同的簇。如图 6-8 所示，一个目标被簇 2、3、5 中的成员节点同时监测到。这样，多个簇首将会发送同一个事件的信息，在一定程度上损害了分簇网络跟踪的优势，增加了通信代价。

6.5.2　目标导向动态分簇策略

考虑到以上基于树和基于静态分簇的传感器网络在目标跟踪方面的缺陷，本小节提出一种目标导向的动态分簇策略。当传感器节点监测到目标时，它们交换监测报告，具有更高残余能量和更小平均通信距离的节点竞争成为簇首节点，其他节点加入该簇首成为成员节点。目标导向动态分簇流程概括如下[140]。

（1）目标周围的传感器节点被唤醒，即采用最近邻原则来决定哪些传感器被唤醒，组成一个临时任务簇。

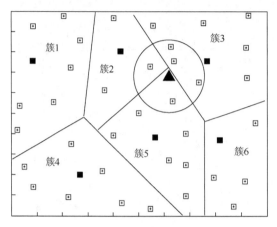

图 6-8　采用 Voronoi 图的静态分簇方案

每个小正方形表示一个节点的位置；实心正方形表示簇首；实心三角形表示目标所在位置；
圆圈表示目标的辐射范围

（2）交换监测报告。被唤醒节点广播一个监测报告（sensing report，SR），这个报告包含节点 ID、节点位置、残余能量和关于目标的信息。

（3）竞争簇首。这里选用与所有唤醒节点之间通信距离（ $\text{mean}D_i = \dfrac{1}{n}\sum_{j\in\mathcal{N}_i}D_j$ ）最小且残余能量（ E_{ri} ）最大的节点作为临时融合中心节点，即满足 $\underset{i}{\arg\min}$ （ $\gamma\cdot\text{mean}D_i + (1-\gamma)E_{ri}^{-1}$ ）的节点，其中 D_j 为其他节点到自身节点的通信距离， $\gamma\in[0,1]$ 是平均通信距离的权值。

（4）簇首广播。当某节点竞争成为簇首后，其把自身的 ID 广播出去。由于无线链路的不可靠性、信息碰撞等，或者残余能量与通信距离的加权和刚好相同时，可能会有多个簇首产生，解决的办法是簇首之间用其他权值 $\overline{\gamma}\in[0,1]$ 进行竞争。

（5）目标跟踪。所有的被唤醒节点全部（或者部分）参与目标测量，并将量化测量值（或者局部目标状态估计量与压缩方差阵）量化后送给融合中心（即簇首）；融合中心除了进行基本的目标感知功能外，还要融合各子传感器的量化信息，进行目标状态估计。

（6）下一个采样周期重新进行分簇，并且簇首把状态估计与方差阵送给下一个簇首。

在目标导向的动态分簇策略中，簇信息由目标监测触发，同时簇围绕着目标创建。多个节点相互协作选举出一个簇首，并把局部测量或者航迹估计送给簇首进行簇内处理与融合。该簇首把融合后的数据包发送到汇聚节点。因而目标导向的动态分簇策略具有以下特征。

（1）当有目标出现时，只有空间上很近的节点加入到簇的构建中来。网络中的其他节点不需要进行耗能的簇构建，仍处于休眠状态。

（2）一般来说，节点无线发射的范围大于它的测量范围的 2 倍，测量到事件的传感器节点都在相互的无线射频范围内，因此可以达成一致，选一个簇首来进行簇内处理和数据融合。注意，这正是动态分簇与静态分簇的区别所在，静态分簇中多个簇可能传送同一个事件的信息。

6.6 节将给出目标导向动态分簇策略在被唤醒节点全部或者部分参与目标感知情况下的分簇情况。

6.6 仿真与分析

假定 $S=225$ 个传感器随机分布在一个 $50\text{m}\times50\text{m}$ 的区域中，该区域的坐标为 $(-25,-25)$ m 到 $(25,25)$ m。目标从 $(15,-10)$ 点处开始做近似圆周运动，我们采用二维匀速运动模型，即

$$x(k+1)=F(k)x(k)+G(k)\omega(k) \tag{6.58}$$

其中，k 时刻目标状态定义为 $x(k)=[x(k)\ y(k)\ \dot{x}(k)\ \dot{y}(k)]^\text{T}$；$x(k)$ 和 $y(k)$ 表示第 k 个采样周期上目标的位置；$\dot{x}(k)$ 和 $\dot{y}(k)$ 表示速度；$\ddot{x}(k)$ 和 $\ddot{y}(k)$ 表示加速度；$\omega(k)\in\Re^2$ 表示均值为零、方差为 $Q(k)$ 的过程噪声。描述目标状态动态的转移矩阵 $F(k)$ 和噪声矩阵 $G(k)$ 分别为

$$F(k)=\begin{bmatrix}1&0&T&0\\0&1&0&T\\0&0&1&0\\0&0&0&1\end{bmatrix},\quad G(k)=\begin{bmatrix}T^2/2&0\\0&T^2/2\\T&0\\0&T\end{bmatrix}$$

而 $T=0.25\text{s}$ 为采样周期。

各传感器节点按如下方程对目标进行测量：

$$y_i(k)=\begin{bmatrix}d_i(k)\\\theta_i(k)\end{bmatrix}=\begin{bmatrix}\sqrt{(x(k)-x_i^s(k))^2+(y(k)-y_i^s(k))^2}\\\arctan\dfrac{y(k)-y_i^s(k)}{x(k)-x_i^s(k)}\end{bmatrix}+\upsilon_i(k),\quad i=1,2,\cdots,N \tag{6.59}$$

其中，$(x_i^s(k),y_i^s(k))$ 表示第 k 个采样周期上第 i 个传感器的位置；$\upsilon_i(k)(i=1,2,\cdots,N)$ 为第 i 个传感器的测量噪声，它们均与过程噪声相关，相关性描述如下：

$$\upsilon_i(k)=\alpha_i\omega(k)+\xi_i(k) \tag{6.60}$$

其中，α_i 为相关系数；$\xi_i(k)$ 为均值为零、方差为 $\sigma_{\xi_i}^2$ 的高斯噪声，并且独立于 $\omega(t)$。仿真中假定距离测量误差小于 3%，方位角测量误差为 $\pm8^\text{o[141]}$，并且假定 α_i 取区间 $[1,3]$ 上的一个随机数。

　　采用 6.5 节的动态分簇策略，假定所有传感器的感知半径为 $\gamma_s = 8\text{m}$。被激活的传感器节点采用扩展卡尔曼滤波器对目标的状态进行估计。同时取目标的初始位置估计符合均值为 $[13\ -8\ 1\ 1]^T$，方差为 diag(5, 5, 1, 1) 的高斯分布。

　　图 6-9 给出了真实的目标运动轨迹及本章提出的基于量化压缩方差阵和内椭球逼近融合的目标轨迹估计。可见，所提出的方法能很好地估计目标的运动轨迹。传感器节点动态分簇的结果如图 6-10 所示，其中图 6-10（a）～（c）分别表示目标感测范围内 100%、40%、10% 的节点被激活和融合中心的情况。可见，由于所

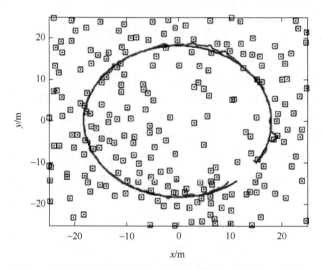

图 6-9　传感器节点和目标运动轨迹示意图（彩图扫二维码）

每个小正方形表示一个节点的位置；黑实线表示目标的真实轨迹；
红实线表示某一次成功跟踪的目标航迹估计

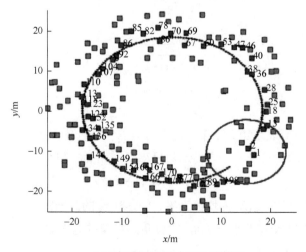

(a) 目标感测范围内全部节点被激活

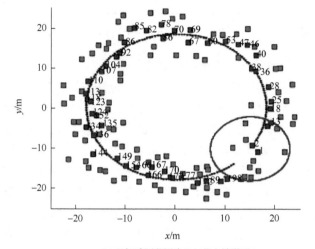

(b) 目标感测范围内40%节点被激活

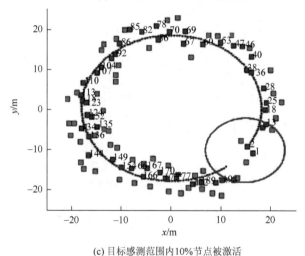

(c) 目标感测范围内10%节点被激活

图 6-10　传感器节点动态分簇图（彩图扫二维码）

绿色小正方形表示在某一采样周期内被激活的节点；红色小正方形表示某一时刻的竞选融合中心，其右上方的数
字表示该节点作为融合中心的采样周期、一直到后续采样周期中新的融合中心产生才进行接替；
红色圆圈表示第一个采样周期内目标所在位置周围能感测目标的节点范围

提出的动态分簇同时考虑了剩余能量和平均通信距离，融合中心大都为离目标最近的节点（因为从直观上来说，在目标感测范围为圆、节点密布的情况下，圆心即目标所在位置为平均通信距离最短的位置）。这样一方面提高了跟踪精度，另一方面降低了簇成员与簇首之间通信的代价。

图 6-11 给出了本章所提出的基于方差阵压缩和 k 均值量化、文献[75]中提出的量化航迹融合框架以及非压缩非量化三种算法的跟踪性能比较，采用 RMSE 性

能指标，即 $RMSE = \sqrt{\dfrac{1}{M}\sum\limits_{i=1}^{M}((x_i - \hat{x}_i)^2 + (y_i - \hat{y}_i)^2)}$，其中 $M = 50$ 为蒙特卡罗仿真

的次数。仿真中三种算法均采用相同的动态分簇节点和融合中心，并且融合中心均采用 6.4 节所提出的不需要相关信息的内椭球逼近法进行航迹融合。由图 6-11 可见，本章算法与文献[75]具有跟踪精度基本相当的性能，并且都比较接近非压缩非量化的跟踪性能。三者的区别还在于所需的通信带宽，表 6-5 给出了在不同带宽分配情况下，本章的最优压缩与次优压缩和文献[75]之间融合性能比较，可见无论本章的方差阵最优压缩还是次优压缩，都能得到与文献[75]基本相当的跟踪性能，但所需带宽显著减少了。这是由于本章算法将归一化的压缩方差阵与状态估计向量合并，寻找一个共同的模型进行量化，从而节省了量化状态估计向量所需的带宽，如果带宽允许，可以给索引号和尺度因子分配更高的带宽，以进一步提高跟踪性能。

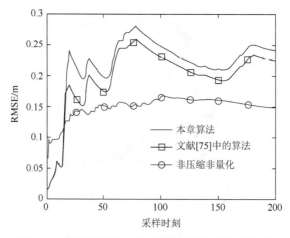

图 6-11　相同条件下三种不同算法的跟踪性能比较

表 6-5　带宽分配与平均融合性能的相互关系

算法	每个传感器所需带宽/bit				
	状态估计	尺度因子	索引号	总计	性能退化
文献[75]算法	4×4	8	8	32	16.51%
	8×4	4	6	42	20.09%
最优压缩	—	8	8	16	18.36%
	—	6	6	12	20.23%
次优压缩	—	6	8	14	20.17%
	—	6	6	12	23.92%

注：性能退化的百分比是相对于非压缩非量化情况下跟踪性能的百分数。

另外，图 6-12 给出了本章动态分簇算法与随机选取感测范围内的激活节点算法所需通信能量的比较结果。其中采用如下能量模型：假定第 i 个簇成员节点与融合中心（簇首）之间信号传递遵循某种路径损耗，该损耗与 $a_i = d_i^{\alpha}$ 成正比，其中 d_i 是第 i 个节点与融合中心之间的距离。则发送 $b_i(k)$ bit 所需的能量为

$$ET_i(k) = (e_{T_i} + e_{d_i} d_i^{\alpha_i}) b_i(k) \tag{6.61}$$

其中，e_{T_i} 是由节点发送特性而定的一个常数；e_{d_i} 是路径损耗的比例系数；α_i 是路径损耗指数。

融合中心接收来自第 i 个簇成员节点所需的能量为

$$ER_i(k) = e_{R_i} b_i(k) \tag{6.62}$$

其中，e_{R_i} 是由接收特性而定的一个常数。

因此第 i 个簇成员与融合中心之间传送 $b_i(k)$ bit 数据所需总通信能量为

$$E(k) = \sum_{i=1}^{N} \big(ET_i(k) + ER_i(k)\big) = \sum_{i=1}^{N} (e_{T_i} + e_{d_i} d_i^{\alpha_i} + e_{R_i}) b_i(k) \tag{6.63}$$

仿真中取 $\alpha_i = 2$，$e_{T_i} = e_{R_i} = 5 \times 10^{-8}$ J/bit，$e_{d_i} = 1.0 \times 10^{-9}$ J/(bit·m²)。由图 6-12 可见，激活传感器节点百分比越高，本章算法能量节省越多；当感测范围内节点全部激活时，本章算法节省约 42% 的通信能量。因此，6.5 节所提出的动态分簇策略非常适合于节点密布的低能量传感器网络。

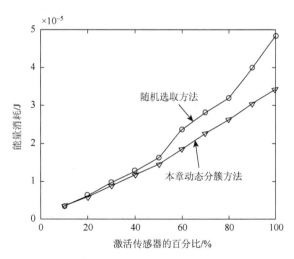

图 6-12　本章所提出的动态分簇策略与节点随机选取策略在相同数量节点被激活时所耗能量比较

6.7　本　章　小　结

考虑到无线传感器网络中的通信带宽和系统能量约束，先对传感器节点局部估计的方差阵进行压缩处理，然后对压缩后的方差阵和状态估计向量进行合并、矢量量化、传输。融合中心层针对局部估计相关性未知或者不完整性，给出了不依赖于相关性的稳健航迹融合方法——内椭球逼近法和目标导向动态分簇策略。

第7章 信道感知目标跟踪及跨层优化

7.1 引　言

在基于无线传感器网络的目标跟踪系统中，大量的无线传感器节点密集分布在监测区域内，其中的无线通信一般是无线电波，而非蓝牙或者红外。因此不能保证节点与融合中心之间一直存在视线（line-of sight）通信。也就是说，节点与融合中心之间信道是非理想信道。无线信道是无线传感器网络的传输媒体，所有的信息都在这个信道上传输。信道性能的好坏直接决定着通信的质量，因此要想在比较有限的频谱资源上尽可能高质量、大容量地传输有用的信息，就要求我们必须清楚地了解信道的特性。然后根据信道的特性在上层应用中采取相应的措施，进行信道感知的应用，如运动目标跟踪。

另外，设计一个传感器网络，使其在不同应用下都能保持最优的性能是非常困难的。目前，研究者在网络协议栈的各层（包括 MAC 层、网络层、应用层）都对能量约束、不同应用要求、网络的差异性等进行了相当的研究，但这些研究往往都局限于网络的某一层，而忽略了各层之间的相互联系。在跨层协议设计中，需要在能量、业务要求的约束条件下，对各层进行统一的优化，同时，还需要在各层之间适当地传递和共享信息，为最优化设计提供条件。因此，如何建立节能、高效、稳健、安全、可靠的网络协议是无线传感器网络研究中富有挑战的课题之一。本章的后半部分针对目标跟踪跨层优化设计进行了初步探索。

7.2 传输信道及其模型

7.2.1 无线信道的分类

根据信道输入端和输出端的关系，可以将无线信道分为无反馈信道（信道输出端无信号反馈到输入端，即输出端信号对输入端信号无影响、无作用）和反馈信道（输出信号反馈到输入端，对输入端信号起作用）；根据信道的参数与时间的关系，信道可以分为固定参数信道（统计特性不随时间变化）和时变参数信道；根据输入和输出信号的特点，无线信道可以分为离散信道（输入和输出的随机序列的取值都是离散信号）、连续信道（输入和输出的随机序列都是连续信号）和半离散或半连续信道等。另外，若信道任一时刻输出符号只统计依赖于对应时刻的输入符号，而与非对应时刻的输入符号及其他任何时刻的输出符号无关，则这种信道称为无记忆信道；若输入符号不但与对应时刻的输入符号有关，而且还与以前其他时刻信道的输入符号及输出符号有关，称为有记忆信道。以下我们只针对无反馈、无记忆、固定参数的离散信道进行信道感知的目标跟踪研究。

7.2.2　二元对称离散信道

　　二元对称离散信道（BSC）是一种最简单也是很重要的信道，常用的某些实

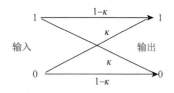

图 7-1　二元对称离散信道

际信道，如微波、卫星、深空通信信道就可以用它来近似。在通信系统中，信息的传递不只是取决于信息源所发出的平均信息量（信源的熵），而且与信道的干扰程度有关。如图 7-1 所示，设信道具有离散的二元输入和输出序列，输入值的集合 $m = \{0,1\}$ 和输出值的集合 $\tilde{m} = \{0,1\}$，考虑信道噪声和其他干扰导致传输的二进制序列发生统计独立的差错，交叉概率 κ 满足

$$p(\tilde{m} = 0 \,|\, m = 1) = p(\tilde{m} = 1 \,|\, m = 0) = \kappa \tag{7.1}$$

$$p(\tilde{m} = 1 \,|\, m = 1) = p(\tilde{m} = 0 \,|\, m = 0) = 1 - \kappa \tag{7.2}$$

　　注 7.1　造成二进制交叉的主要原因是信道的频率特性和传输所引起的噪声，如多径效应引起的乘性衰落等。频带的限制使信源发出能量受到损失，而噪声又使信息受到干扰而产生误码。

　　注 7.2　本章假定信道是固定参数的无记忆信道。这样，可以把节点与融合中心之间的通信信道用二元对称离散信道模型进行描述。对于加性高斯白噪声信道上的二相相移键控编码，交叉概率 κ 可用其能量-噪声比 γ 来表示[142]：

$$\kappa(\gamma) = \Phi\left(\sqrt{2\gamma}\right) := \int_{\sqrt{2\gamma}}^{+\infty} \frac{1}{\sqrt{2\pi}} \, e^{-t^2/2} dt \tag{7.3}$$

其中，Φ 是均值为 0、方差为 1 的高斯累积分布。而对于二元正交信号，如二元频移键控和脉位调制等，可以使用非相关包络检测进行解调。这种情况下，交叉概率 κ 与能量-噪声比 γ 的关系为[142]

$$\kappa(\gamma) = e^{-\gamma/2} \tag{7.4}$$

事实上，二元对称离散信道可以用来描述更广泛的一类无线信道，如多径衰落信道，甚至有记忆信道，但必须有合适的均衡器[143]。

7.3　信道感知目标跟踪

7.3.1　问题描述

考虑如式（4.1）所示的目标动态和式（4.2）中的传感器测量模型。由于低成本传感器节点受能量和带宽的限制，所有被激活传感器节点把局部测量值按式（4.47）进行量化，再通过 7.2 节所述的非理想信道将局部量化测量值送往融合中心。融合中心由接收到的含噪声的量化测量值对目标状态进行序贯估计，其中目标状态包括其位置和速度。为了分析方便，假定所有传感器节点是静止的且融合中心有所有局部子节点的相关系数，如位置、噪声特性等。值得一提的是，本章的方法可以很容易地推广到其他目标动态模型情况，如常加速模型、当前统计模型等。

基于式（4.47），节点传给融合中心的信息可表示成向量的形式 $M_k = [m_k^1\ m_k^2\ \cdots\ m_k^N]^T$。在现有的结果中，研究往往假定节点与融合中心之间的信道是理想信道，这样融合中心可接收到量化信息的一个完全副本 M_k。然而，如上所述，节点与融合中心之间的信道通常是非理想的，下面用二元对称离散信道模型来描述这种非理想性。定义 Y_k 为经过二元对称离散信道后融合中心接收到的量化测量值：

$$Y_k = [\tilde{m}_k^1\ \tilde{m}_k^2\ \cdots\ \tilde{m}_k^N]^T \tag{7.5}$$

其中，$\tilde{m}_k^i (i=1,2,\cdots,N)$ 为第 i 个传感器的量化测量经 BSC 后的信息。基于 Y_k，融合中心的目的是序贯地估计目标的状态 x_k。整个系统的框架如图 7-2 所示，为了分析方便，假定传感器节点与融合中心之间的所有信道都有独立的，并且拥有相同的比特误差率（bit error rate，BER）。当然，本章方法很容易推广到比特误差率不同的情形。

注 7.3　每个传感器的测量模型本身是非线性的，而局部测量量化过程和不确定无线信道使得非线性更强。虽然如此，从本章的仿真结果来看，所提出的算法依然表现良好，这是因为信道的统计特性在目标跟踪算法中得到了考虑。

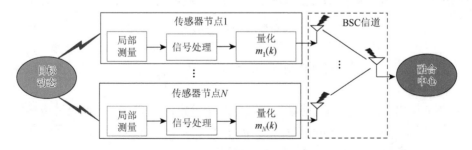

图 7-2　二元对称离散信道无线传感器网络中信道感知目标跟踪框架

7.3.2　目标跟踪策略

考虑到测量模型的非线性、量化过程以及不确定信道，这里采用第 4 章描述的粒子滤波算法。如上所述，为了对后验分布进行计算，必须有如下三个分布：初始状态分布 $p(x_0)$、状态转移模型 $p(x_k|x_{k-1})$ 以及似然函数 $p(Y_k|x_k)$。对于这三个分布，唯一的未知量就是似然函数 $p(Y_k|x_k)$。值得一提的是，似然函数计算依赖于测量模型、量化策略以及不确定无线信道。下面将对似然函数进行计算。

基于上面的分析，可得在给定目标状态 x_k 情况下，局部含噪量化测量 $\tilde{m}_k^i$ 取某一特定值 m 的概率为

$$p(\tilde{m}_k^i = m \mid x_k) = \sum_{m_k^i=0}^{L-1} p(\tilde{m}_k^i = m \mid m_k^i) p(m_k^i \mid x_k) \tag{7.6}$$

注意到式（7.6）使用了 $p(\tilde{m}_k^i \mid x_k, m_k^i) = p(\tilde{m}_k^i \mid m_k^i)$，这是因为 x_k、m_k^i 和 $\tilde{m}_k^i$ 之间构成一马尔可夫链。另外式（7.6）中信道的统计特性由第一项 $p(\tilde{m}_k^i = m \mid m_k^i)$ 描述，例如，给定目标状态 x_k，如果用两个量化水平 $L = 2$ 对测量值进行量化并传输，则融合中心接收到第 i 个传感器的测量值等于 1 的概率为

$$p(\tilde{m}_k^i = 1 \mid x_k) = (1 - \kappa) \cdot p(m_k^i = 1 \mid x_k) + \kappa \cdot p(m_k^i = 0 \mid x_k)$$

由于传感器测量噪声与无线信道独立，融合中心可计算似然函数如下：

$$\begin{aligned} p(Y_k \mid x_k) &= \prod_{i=1}^{N} p(\tilde{m}_k^i \mid x_k) \\ &= \prod_{i=1}^{N} \left(\sum_{m_k^i=0}^{L-1} p(\tilde{m}_k^i \mid m_k^i) p(m_k^i \mid x_k) \right) \end{aligned} \tag{7.7}$$

注意到式（7.7）中 $p(\tilde{m}_k^i \mid m_k^i)$ 为已知，且在式（7.1）和式（7.2）中给出。下面的目标就是计算 $p(m_k^i \mid x_k)$。为此，回顾量化器（4.47），从量化测量值 $m_k^i = m_j(j = 0, 1, \cdots, L-1)$ 中唯一能得到的信息就是未量化测量值满足 $\tau_i^j < \varepsilon_k^i \leqslant \tau_i^{j+1}$，也就是说

$$\tau_i^j < (P_k^i + \upsilon_k^i) - \hat{P}_k^i \leqslant \tau_i^{j+1} \tag{7.8}$$

其中，$P_k^i = \sqrt{\dfrac{\zeta_k d_0^n}{(d_k^i)^n}}$ 表示目标辐射的实际能量；$\hat{P}_k^i = \sqrt{\dfrac{\zeta_k d_0^n}{(d_k^i)^n}} \Bigg|_{x_k = \hat{x}_{k|k-1}}$ 表示基于目标状

态预测估计出来的目标辐射能量。因此，对于给定的时间步，可以通过传感器测量模型（4.2）以及式（7.8）推导出 $p(m_k^i \mid x_k)$，即基于目标状态 x_k，局部量化测量取某个特定值 $m_k^i = m_j(j = 0, 1, \cdots, L-1)$ 的概率为

$$p(m_k^i = m_j \mid x_k) = p(\tau_i^j < (P_k^i + \upsilon_k^i) - \hat{P}_k^i \leqslant \tau_i^{j+1})$$

$$= \varPhi\left(\frac{\tau_i^{j+1} - P_k^i + \hat{P}_k^i}{\sigma_{\upsilon_i}}\right) - \varPhi\left(\frac{\tau_i^j - P_k^i + \hat{P}_k^i}{\sigma_{\upsilon_i}}\right) \tag{7.9}$$

从而将式（7.1）、式（7.2）和式（7.9）代入式（7.6），即可得每个粒子 $x_k^{(j)}$ 的似然函数为

$$p(Y_k \mid x_k^{(j)}) = \prod_{i=1}^{N}\left(\sum_{m_k^i=0}^{L-1} p(\tilde{m}_k^i \mid m_k^i) p(m_k^i \mid x_k^{(j)})\right) \tag{7.10}$$

利用式（7.10），第 4 章所描述的粒子滤波器即可用于二元对称离散信道无线传感器网络中的量化目标状态融合估计。

7.3.3　性能分析

本小节给出二元对称离散信道无线传感器网络中量化目标状态融合估计的性能界，即后验 CRLB。令 $\hat{x}_{k|k}$ 为 k 时刻基于初始密度 $p(x_0)$ 和含噪量化测量 $Y_{1:k} = [y_1 \ y_2 \ \cdots \ y_k]^{\mathrm{T}}$ 的关于状态向量 x_k 的一个无偏估计，则由 4.6 节的推导可知，估计误差协方差的后验 CRLB 可由式（7.11）递推计算：

$$J_{k+1} = (R_k + F_k J_k^{-1} F_k^{\mathrm{T}})^{-1} + E(-\Delta_{x_{k+1}}^{x_{k+1}} \lg p(Y_{k+1} \mid x_{k+1}))$$

$$:= (R_k + F_k J_k^{-1} F_k^{\mathrm{T}})^{-1} + D_k^{22,b} \tag{7.11}$$

其中，递推式由 $J_0 = P_0^{-1}$ 开始，P_0 为初始状态估计方差阵。

由式（7.11）不难发现量化测量以及不确定信道仅对 $D_k^{22,b}$ 产生影响。然而要想得到 $D_k^{22,b}$ 的解析形式并不容易。下面对此进行详细阐述。首先，由式（4.82）可知 $D_k^{22,b}$ 的计算如下：

$$D_k^{22,b} := -\sum_{i=1}^{N} E(g(x_{k+1}, Y_{k+1})) \tag{7.12}$$

其中

$$g(x_{k+1}, Y_{k+1}) := \begin{bmatrix} \dfrac{\partial^2 \lg p(Y_{k+1} \mid x_{k+1})}{\partial x_{k+1}^2} & \dfrac{\partial^2 \lg p(Y_{k+1} \mid x_{k+1})}{\partial x_{k+1} \partial y_{k+1}} & 0 & 0 \\[3mm] \dfrac{\partial^2 \lg p(Y_{k+1} \mid x_{k+1})}{\partial x_{k+1} \partial y_{k+1}} & \dfrac{\partial^2 \lg p(Y_{k+1} \mid x_{k+1})}{\partial y_{k+1}^2} & 0 & 0 \\[3mm] 0 & 0 & 0 & 0 \\ 0 & 0 & 0 & 0 \end{bmatrix} \tag{7.13}$$

$$-E\left(\frac{\partial^2 \lg p(Y_{k+1} \mid x_{k+1})}{\partial x_{k+1}^{(m)} \partial x_{k+1}^{(n)}}\right) = E\left(\frac{\dfrac{\partial p(Y_{k+1} \mid x_{k+1})}{\partial x_{k+1}^{(m)}} \dfrac{\partial p(Y_{k+1} \mid x_{k+1})}{\partial x_{k+1}^{(n)}}}{p^2(Y_{k+1} \mid x_{k+1})}\right) \quad (7.14)$$

然后，由式（7.7）不难得到

$$\frac{\partial p(Y_{k+1} \mid x_{k+1})}{\partial x_{k+1}^{(m)}} = \sum_{m_k^i=0}^{L-1} p(\tilde{m}_k^i \mid m_k^i) \frac{\sqrt{\zeta_k} \, \delta_{x_s^{(m)}}^{x_{k+1}^{(m)}} \beta_{k+1}}{\sqrt{2\pi} \sigma_{\upsilon_i} (d_{k+1}^i)^3} \quad (7.15)$$

其中，$m = \{1, 2\}$；$\delta_{x_s^{(m)}}^{x_{k+1}^{(m)}} = x_{k+1}^{(m)} - x_s^{(m)}$

$$\beta_{k+1} = \mathrm{e}^{-\frac{(\tau_i^{j+1} - P_k^i + \hat{P}_k^i)^2}{2\sigma_{\upsilon_i}^2}} - \mathrm{e}^{-\frac{(\tau_i^j - P_k^i + \hat{P}_k^i)^2}{2\sigma_{\upsilon_i}^2}} \quad (7.16)$$

同样地，可以使用粒子滤波技术来逼近所求的数学期望，即

$$E(-\Delta_{x_{k+1}}^{x_{k+1}} \lg p(Y_{k+1} \mid x_{k+1}))$$

$$\approx -\frac{1}{M} \sum_{j=1}^{M} \sum_{l=1}^{s} \omega_k^{(l)} g(x_{k+1}, Y_{k+1})\big|_{x_{k+1}=x_{k+1}^{(l)}, Y_{k+1}=Y_{k+1}^{(l)}} \quad (7.17)$$

具体来说，M 次蒙特卡罗仿真以后，可以用一系列的赋予权值的粒子（样本）来表示数学期望，s 是粒子数，而 $x_{k+1}^{(l)}$ 和 $z_{k+1}^{(l)}$ 分别为 x_{k+1} 和 z_{k+1} 在第 j 次蒙特卡罗仿真过程中的第 l 次实现。基于此，所求的后验 CRLB 可由 FIM 求逆得到。

7.4　跨层设计与优化

分层的设计方法使设计简化，使互联网稳定、兼容性好，但在无线传感器网络中，却带来了灵活性差、效率不高等缺点。因此，在传感器网络中，需要采用自适应的跨层优化协议，从而可以在能量受限的情况下，满足应用的高吞吐量、低延迟等要求，或者反之，在满足应用需求的情况下，实现能量消耗的最小化。

所谓跨层设计是针对特定的分层结构而言的，是指一切不符合参考分层通信结构的协议设计[144]。例如，创建协议层间新的接口、重新定义协议层的边界、基于另外一个层设计的细节来设计另一个协议层以及联合调节跨层参数等。近年来，跨层设计与优化受到研究者尤其是通信领域学者的极大关注，文献[144]就跨层设计与优化技术进行了很好的综述。对于无线传感器网络来说，跨层设计主要可以分成两种途径[145, 146]：第一种途径是保持原有分层结构不变，但邻层或者跨层之间可以增加新的接口进行信息交互，基于此实现特定应用目的的整体优化[147]；第二种途径包括相邻协议层的融合和耦合，有时也称为联合设计或联合优化，这种情况并不增加新的接口[148]。通常，实现无线网络跨层设计的信息主要有以下三个途径：

（1）协议层之间直接进行通信；

（2）通过共享信息或数据库进行信息交互；

（3）采用全新的数据抽象结构，如与采用分层协议栈结构完全不同的堆结构来组织协议。

图 7-3 给出了一个无线传感器网络跨层设计的模型。各个协议层之间相互依赖，彼此协作，目标就是尽系统所能，最大限度地满足用户应用的需求。可以看出，跨层设计除了包括各个协议层间的自适应问题，还包括各个层之间相互协作以及共享信息和资源，以便获得最佳性能准则，如最小化连接链路维护成本、最小化延迟和最大化网络生命时间等。

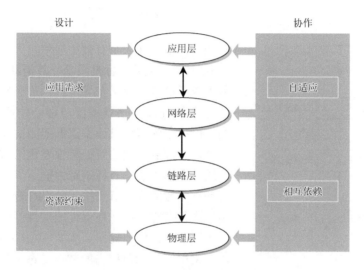

图 7-3　资源约束条件下的无线传感器网络跨层交互与协作

文献[149]给出了几种不同的跨层设计组合解决方案，并且证实了对于特定的应用，如蓝牙无线传感器网络，相比传统的分层设计方法，跨层优化确实带来了更好的系统性能。图 7-4 就是跨层设计和组合优化前后的协议栈对比图。

7.4.1　基于信道感知 CRLB 的传感器调度

目前很少有跨层设计综合考虑信道情况、拓扑控制、应用业务等层次的设计与优化，尤其是针对目标跟踪这个特定的应用需求。拓扑控制的主要任务是利用物理层、链路层或路由层完成拓扑生成，反过来又为它们提供信息支持，优化 MAC 协议和路由协议，提高网络协议的整体效率。链路层功能设计包括数据流多路技术、数据帧形成、MAC 等。MAC 协议需达到两个目标：形成网络基

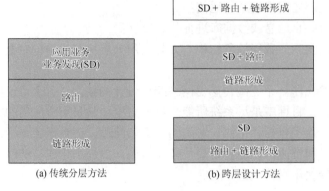

(a) 传统分层方法　　　　　　　(b) 跨层设计方法

图 7-4　跨层设计和组合优化前后协议栈对比图

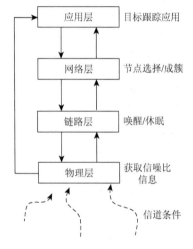

图 7-5　目标跟踪跨层设计与
优化协议栈示意图

础结构和节点间公平有效的通信。无论使用哪种 MAC 协议，主要目标是限制能量消耗。因此，本节主要考虑基于 7.3 节导出的信道感知目标跟踪性能下界进行传感器调度与融合中心选择的问题。所提出的跨层设计整体框架如图 7-5 所示。其中，物理层信道的统计特性发送给目标跟踪应用层，在信道感知目标跟踪性能下界的基础上，将动态分簇的候选节点按后验 CRLB 及能量消耗指标进行节点调度，在保证跟踪性能的基础上进一步减少能量的消耗。

采用第 6 章所提出的节点动态分簇策略，为了引用方便，下面给出该策略的简单描述，细节请参见 6.5.2 节。假定在采样时刻 k 内，有 N_k 候选节点，如采用最近邻原则确定，也就是说感知范围内的节点作为候选节点。先按残余能量（E_{ri}^{-1}）与平均通信距离（$\mathrm{mean}D_i$）的加权和来确定融合中心。后者的定义如下：

$$\mathrm{mean}D_i = \frac{1}{N_k} \sum_{j=1, j \neq i}^{N_k} d_j^{FC} \qquad (7.18)$$

其中，d_j^{FC} 是第 j 个候选节点与目前融合中心之间的距离。融合中心的确定方法就是使 $J_{FC} = \gamma \cdot \mathrm{mean}D_i + (1-\gamma)E_{ri}^{-1}$ 最小的节点。

然而，在节点密集分布的传感器网络中，候选节点的数量比较多，导致融合中心与候选节点之间通信能量消耗比较高；并且由于候选节点距离较近，存在较大的冗余性。一方面，候选节点的增加有利于跟踪精度的提高；另一方面，更多的候选节点使得网络能量消耗增多。而众所周知，后验 CRLB 给出了跟踪性能的下界，也就是说，从 RMSE 意义上来说没有任何跟踪器的性能可以优于此界。因此，为了在跟踪精度和能量消耗之间找到折中，本小节提出如下基于信道感知后验 CRLB 以及通信能量消耗的节点调度方法。

采用 4.2 节中的能量模型，假定第 i 个簇成员节点与融合中心（簇首）之间信号传递遵循某种路径损耗，该损耗与 $a_i = (d_i^{FC})^{\alpha_i}$ 成正比。则发送和接收 $b_i(k)$ bit 所需的总能量为 $E_i(k) = (e_{T_i} + e_{d_i}(d_i^{FC})^{\alpha_i} + e_{R_i})b_i(k)$，其中 e_{T_i} 和 e_{R_i} 分别是由节点发送特性和簇首接收特性确定的常数，e_{d_i} 是路径损耗的比例系数，而 α_i 是路径损耗指数。基于此，传感器调度问题可以描述如下：N_k 个候选节点中使得后验 CRLB 最小，同时满足能量消耗约束的节点将在 k 时刻被激活，即

$$\begin{cases} N_k^* = \arg\min_i \ (J_k^{-1}(1,1) + J_k^{-1}(2,2)) \\ \text{s.t.} \ \sum_i E_i(k) \leqslant E_T \end{cases} \tag{7.19}$$

其中，$E_T > 0$ 为预定的总能量消耗阈值；$J_k^{-1}(i,i)$ 为后验 CRLB 的第 (i,i) 个元。激活传感器节点的最优序列确定后，所有激活节点组成一个临时任务组，对目标信息进行测量并量化送给融合中心。融合中心除对目标进行测量外，还要根据接收到的量化信息进行目标状态的融合估计。

7.4.2　启发式调度策略

很明显，优化问题（7.19）的优化目标函数可由式（7.11）递推求得。进而，问题（7.19）可用枚举法进行求解，从 N_k 个候选节点中枚举出符合能量约束条件的节点集，则使得优化目标最小的节点集为所求的最优解。但是，枚举法的算法复杂度为 $O(\text{card}(N_k)!)$，其中 $\text{card}(N_k)$ 表示集合 N_k 的元素个数。由于枚举法较笨拙，且需记录下每种组合的情况，需要大量的计算时间和内存空间，尤其是 $\text{card}(N_k)$ 较大的情况下，该算法是不可行的。因此，本小节给出一种启发式的节点调度策略，该方法不用求解优化问题（7.19），直接由候选节点中离融合中心最近的节点一次添加一个到簇中成为簇成员节点，直到满足总能量消耗为止。

分析可知，利用的测量数据越多，融合估计的精度就越高。也就是说，候选节点中参与目标测量的节点数越多，融合中心得到的目标状态融合估计精度就越高。而对于特性相同的候选传感器节点，可以认为每个激活节点的信息贡献量近似相等。因此，问题（7.19）的一种启发式策略为，在满足能量约束条件下，使得激活节点个数尽可能地多。而在每个激活节点所分配的带宽都相同的情况下，假定 $b_i(k) = B$，则约束式可表示成

$$\sum_i E_i(k) = \sum_i ((e_{T_i} + e_{d_i}(d_i^{FC})^{\alpha_i} + e_{R_i})b_i(k)) = B\sum_i (e_{T_i} + e_{R_i} + e_{d_i}(d_i^{FC})^{\alpha_i}) \leqslant E_T \quad （7.20）$$

可见，要想使得激活节点数目尽可能地多，采用一次添加一个节点加入簇[125]的原则，优先选择的节点必然是离融合中心近的节点。

综上所述，启发式节点调度方法描述如下：

（1）由目标导向的动态分簇策略确定簇首；

（2）采用"一次添加一个节点"的原则，将离簇首最近的节点依次加入临时任务组中，直到满足总能量消耗约束为止；

（3）临时任务组所有节点参与目标测量、量化，并送往簇首，进行信道感知目标状态融合估计。

7.5　仿真与分析

7.5.1　仿真平台搭建

考虑 6.6 节相同的仿真例子。网络结构如图 7-6 所示，其中每个小方块表示一个传感器节点。假定所有节点具有相同的特性，如感知范围 $\gamma_s = 8\,\mathrm{m}$（假定每个传感器的感知区域为圆盘），测量噪声方差 $\sigma_{v_i}^2 = 1$ 和相同的量化阈值。执行蒙特卡罗仿真 100 次、每次 200 个采样周期、粒子取 200 个。初始状态估计假定为高斯分布，均值为 $[13\ -8\ 0.2\ 0.2]^T$，方差矩阵为 $\mathrm{diag}(5, 5, 1, 1)$。能量模型相关参数如下：$\alpha_i = 2$，$e_{T_i} = 45 \times 10^{-9}\,\mathrm{J/bit}$，$e_{R_i} = 135 \times 10^{-9}\,\mathrm{J/bit}$，$e_{d_i} = 10 \times 10^{-9}\,\mathrm{J/(bit \cdot m^2)}$。对于融合中心的选定取权值 $\gamma = 1$，优化约束的性能阈值取 $E_T = 3 \times 10^{-6}\,\mathrm{J}$。

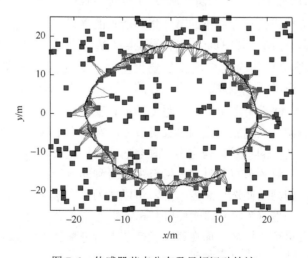

图 7-6　传感器节点分布及目标运动轨迹

7.5.2　结果与讨论

使用启发式调度策略时，激活节点的分布情况在图 7-6 中用节点与目标当前时刻所在位置之间的连线给出，其中激活节点个数见图 7-7。为了更好地显示出本章所提出方法的性能改进，忽略信道不确定性的粒子滤波也被用于上面的目标跟踪（称为传统方法，注意：两者使用完全相同的参数）。对于两种算法，每个激活节点都使用 $L=4$ 个量化水平对局部测量进行量化，也就是说，每个节点使用 $K=\log_2 L$ $=2$bit 量化器。对于信道感知跟踪算法，用二元对称离散信道建模，假定其交叉概率 $\kappa=0.0436$。

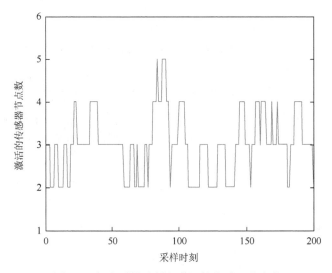

图 7-7　每个采样时刻上激活的传感器节点数

图 7-8 给出了各种算法对位置估计的 RMSE 比较。由图可见，无论最近邻调度还是本章的启发式调度，信道感知目标跟踪粒子滤波器都与后验 CRLB 非常接近，然而传统方法性能较差。这是因为传统方法忽略了信道的不确定性，而本章方法将信道的统计特性考虑在跟踪算法内。

为了进一步体现信道感知目标跟踪算法的有效性，图 7-9 给出了位置估计平均 RMSE 与信道交叉概率的关系曲线。其中性能指标平均 RMSE 定义如下：

$$\text{meanRMSE}=\frac{1}{K}\sum_{k=1}^{K}\text{RMSE}_k \tag{7.21}$$

其中，K 为全部采样周期数；RMSE_k 为 100 次蒙特卡罗仿真后第 k 个采样周期的平均位置估计 RMSE。对于二进制相移键控编码，二元对称离散信道的交叉概率 κ 与

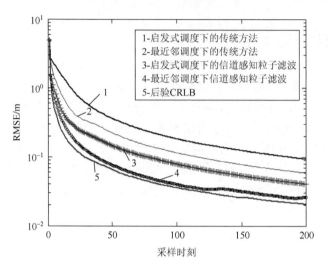

图 7-8　位置估计的 RMSE

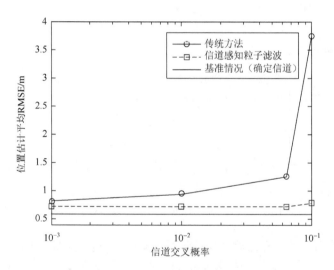

图 7-9　位置估计平均 RMSE 与信道交叉概率的关系曲线

信噪比的关系如下[142]:

$$\kappa = \frac{1}{2}\left(1 - \sqrt{\frac{\text{SNR}}{1 + \text{SNR}}}\right) \tag{7.22}$$

因此，如果 SNR = 5dB，则交叉概率 $\kappa = 0.0436$。为了比较起见，图 7-9 给出了一个基准性能，即所有通道均为确定（不含噪声）情况下使用相同参数粒子滤波算法的跟踪性能。由图可见，随着信道变差，即 κ 增大，传统方法性能急剧下降；

然而，信道感知算法对于信道的不确定性具有很强的鲁棒性。与基准性能比较可以发现，在 $\kappa \leqslant 0.0436$ 情况下信道感知目标跟踪算法的性能几乎不受信道噪声的影响。

图 7-10 将本章节点调度算法与最近邻调度算法的累积能量消耗情况进行了比较。对于最近邻节点调度算法，每个激活节点平均分配带宽，并且使总带宽数与所提出节点调度算法的总带宽数相同。由图可见，对于启发式调度算法，累积能量消耗减少量最大为 82.8%，这对于延长整个网络的生命周期是非常有意义的。

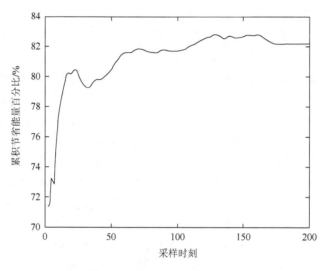

图 7-10 累积节省能量百分比

7.6 本 章 小 结

本章针对无线通信链路信道不确定性中的典型情况——二元对称离散信道——进行信道感知的目标跟踪研究，并对其性能进行分析，给出了信道感知目标跟踪的后验 CRLB。基于此，对传感器调度问题进行跨层设计与优化，使在满足能量消耗要求情况下的跟踪精度最高。由于优化问题求解困难，给出一种启发式节点调度方案。

第8章　对等网络中分布式协同目标跟踪

8.1　引　言

分布式是无线传感器网络的本质特性，也是解决跟踪复杂性与节点能力不足之间矛盾的有力武器。随着分布式大规模无线传感器网络的广泛应用，分布式（distributed）状态估计与目标跟踪问题越来越受到研究者的关注[65-67, 149]。

传统的分散（decentralized）滤波与融合方法，如分散卡尔曼滤波器[150]和分散无迹卡尔曼滤波器[151]基于滤波器间信息的充分交换来进行状态估计，然而这些方法要求传感器网络为全连通的[65]；也就是说，这些算法都是全局到全局的，即每个节点都需要与网络中的所有其他节点进行通信，因此，以上两种滤波或融合方法所需的通信复杂度是 $O(NN)$（N 是网络中的传感器节点或智能体的数目）。很明显，由于通信复杂度高、消耗能量大，以上方法是不能扩展规模的，尤其对于大规模传感器网络是不适用的。因此研究者开始考虑是否可以设计分布式算法，在每个传感器仅跟一部分节点（如邻节点）有信息交换的情况下，进行较优状态估计的同时降低通信复杂性及能量消耗。这正是本章研究的出发点，在每个节点仅与邻节点进行信息交换的基础上，通过动态协同算法达到全局一致的状态估计融合。

8.2　P2P 传感器网络及其图模型

P2P 网络，即点对点网络或对等网络，是平面型网络的一种。这种网络拓扑结构简单，易维护，具有较好的健壮性。本节针对 P2P 传感器网络利用代数图理论进行建模。假定在监测区域内随机散布大量低成本无线传感器节点，两个节点之间的距离如果小于某个阈值（如节点的通信距离），则它们之间可以建立通信链接。这样，每个传感器节点只与通信距离范围内的点进行信息交换（点对点的单跳路由方式）。这种点对点的传感器网络可以用代数图论中的无向图进行建模，下面给出图的相关定义[152]。这些概念在对等自组网络的分布式目标跟踪过程中将起着重要的作用。

定义 8.1　（图）令 $V = \{v_1, v_2, \cdots, v_N\}$ 是包含 N 个元素的有限集合，则图定义为由顶点集 V 和若干条边 $E = \{(v_i, v_j) \in V \times V\}$ 构成的结构，用 $G = (V, E)$ 表示。如

果 $(v_i, v_j) \in E \Leftrightarrow (v_j, v_i) \in E$，称为无向图或者对称图；否则为有向图。

因此，图就是由有限个顶点以及这些顶点之间的连接构成的一个结构。无向图具有连通性对称的属性，即如果 v_i 与 v_j 连通，则 v_j 也与 v_i 连通。

本章用无向图对对等无线传感器网络进行建模，其中每个节点对应图的顶点，而节点之间的通信链路对应图的边。因此，如果没有特别指出，后续章节中的图均指无向图。

定义 8.2　（邻节点）令 $G = (V, E)$ 表示一个图。对于任意节点 $v_i, \forall i \in \{1, 2, \cdots, N\}$，定义节点 i 的邻节点为 $\aleph_i = \{j : (i, j) \in E\}$。

众所周知，可以把多种矩阵与图联系起来，这些矩阵及相关的线性代数即代数图论所要研究的内容。这里我们只引出代数图论里的若干个概念，目的是定义图的 Laplace 矩阵，为后面的动态协同分析奠定基础。

定义 8.3　（邻接矩阵）令 $G = (V, E)$ 表示一个图，且 $|v_i| = N$，其中 $|\cdot|$ 表示集合的基数。邻接矩阵 A_{ij} 的定义如下：

$$A_{ij} = \begin{cases} 1, & (i, j) \in E \\ 0, & \text{其他} \end{cases} \tag{8.1}$$

对于无向图，邻接矩阵 A 很显然是对称的。

定义 8.4　（度矩阵）令 $G = (V, E)$ 表示一个图，且 $|v_i| = N$。节点 i 的度定义为 $d_i = |\aleph_i|$，全局最大度 $d_{\max} = \max_i d_i$。网络的度矩阵 Δ 定义为 $\Delta = \mathrm{diag}(d_i)$。

定义 8.5　（Laplace 矩阵）令 $G = (V, E)$ 表示一个图，且 $|v_i| = N$。图 G 的 Laplace 矩阵 $L = \Delta - A$。

图的 Laplace 矩阵表征了整个网络的连通性，即如果 L 的秩为 $N-1$，则网络是连通的。下面不加证明地给出 Laplace 矩阵的一些基本属性[153]：令 $G = (V, E)$ 表示一个无向图，$|v_i| = N$，且 L 为其对应的 Laplace 矩阵，则：

（1）L 是正半定的；

（2）0 是矩阵 L 的特征值，且 1_N（由全 1 组成的列向量）为其对应的特征向量；

（3）L 的所有特征值都为实数且非负，可以写成如下形式：

$$0 = \lambda_1(L) < \lambda_2(L) \leqslant \cdots \leqslant \lambda_N(L) \leqslant 2d_{\max} \tag{8.2}$$

（4）$\lambda_2(L)$ 称为图 L 的代数连通性（algebraic connectivity），它表征了协同算法的收敛速度。

下面以一个四节点的无向图为例加以说明。如图 8-1 所示，网络中有 8 条边，分别为 $(1,2)$、$(2,1)$、$(2,3)$、$(3,2)$、$(1,3)$、$(3,1)$、$(3,4)$、$(4,3)$。因此有如下邻接矩阵、度矩阵和 Laplace 矩阵：

$$A = \begin{bmatrix} 0 & 1 & 1 & 0 \\ 1 & 0 & 1 & 0 \\ 1 & 1 & 0 & 1 \\ 0 & 0 & 1 & 0 \end{bmatrix}, \quad D = \begin{bmatrix} 2 & 0 & 0 & 0 \\ 0 & 2 & 0 & 0 \\ 0 & 0 & 3 & 0 \\ 0 & 0 & 0 & 1 \end{bmatrix}, \quad L = \begin{bmatrix} 2 & -1 & -1 & 0 \\ -1 & 2 & -1 & 0 \\ -1 & -1 & 3 & -1 \\ 0 & 0 & -1 & 1 \end{bmatrix}$$

很显然，$\mathrm{rank}(L) = 3$，因而这个无向图是连通的。这从图 8-1 中也不难看出，即网络中每个节点都存在到其他所有节点的路径。另外不难得出

$$\lambda_1(L) = 0, \quad \lambda_2(L) = 1, \quad \lambda_3(L) = 3, \quad \lambda_4(L) = 4, \quad 2d_{\max} = 6 \qquad (8.3)$$

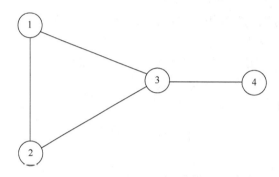

图 8-1　一个由四个顶点组成的连通无向图的简单例子

8.3　协　同　策　略

协同问题（consensus problem，一致性问题）的概念来源于分布式系统，在计算科学、管理科学等领域已经有相当长的研究历史[154, 155]。所谓"协同"是指随着时间的演化，一个多智能体系统中所有个体的状态趋于一致。协同协议（滤波器）是指多智能体系统中个体之间相互作用的规则，它描述了每个个体与它相邻的个体间的信息交换过程。近年来，由于多智能体系统的广泛应用以及合作与协调控制问题的深入研究，多智能体协同问题的研究得到迅速发展，无论在理论还是在应用上都取得了丰硕的成果。协同策略已被应用到如蜂拥[61]和群集问题[62]、聚集[63]、传感器网络估计问题[64]、随机网络问题[156]、时间同步问题[157]以及编队控制[158]等。

8.3.1　传统方法

协同协议描述了节点之间的相互作用方式，它一般分为两种：线性协同和非线性协同。

文献[159]～[161]中对多智能系统中的协同问题的模型进行了描述。假设一个

多智能系统，其拓扑结构为 $G = (V, E)$，它反映了系统中各个体之间的连接关系。节点 i 的动态特性为 $\dot{y}_i = x_i (i = 1, 2, \cdots, N)$（或者等价地具有 $y_i(k+1) = y_i(k) + \eta x_i(k)$ 离散形式，其中 $\eta > 0$ 为步长），每一个节点在 t 时刻仅和它在 $G = (V, E)$ 中邻近的节点相互交换信息。如果当 $t \to \infty$ 时，有 $\left\| y_i - y_j \right\| \to 0$，$\forall i \neq j$，则称系统达到了一致性。相关研究给出了如下连续时间协同协议的基本形式：

$$\dot{y}_i(t) = \sum_{j \in \aleph_i} a_{ij}(t)(x_j(t) - x_i(t)), \quad i = 1, 2, \cdots, N \tag{8.4}$$

其中，$a_{ij}(t)$ 是一个非负实数，表示在 t 时刻，第 j 个节点送给第 i 个节点信息的权值因子；节点的输入量 $x_i(t)$ 的初始值为 $x_i(0) = c_i$。如果该时刻第 j 个节点没有传送信息给第 i 个节点，那么 $a_{ij}(t) = 0$。值得一提的是，对于无向图来说，如果第 j 个节点与第 i 个节点连通，则 $a_{ij} = 1$；若不连通，则 $a_{ij} = 0$。若传感器网络系统具有固定的拓扑结构，则每个节点的邻接集和节点之间的权值因子从初始时刻一直保持不变。

可以证明，以上线性协同算法可以通过邻节点的信息交换达到一致性[160]。简单说明如下：对于一个无向连通网络，所有节点的状态最终收敛到一个合并状态集 $y^* = [\mu \cdots \mu]^\mathrm{T}$，其中 $\mu = \dfrac{1}{N} \sum_i c_i$，即所有节点都收敛至其初始输入和的平均值。这正是文献[159]中称式（8.4）为"平均一致性"的原因。协同算法（8.4）可以更紧凑地用式（8.5）表示：

$$\dot{y} = -Lx \tag{8.5}$$

其中，L 即以上定义的 Laplace 矩阵。Laplace 矩阵的次最小特征值决定了协同算法（8.4）的收敛速度[159-161]。

离散时间协同算法的基本形式如下：

$$y_i(k) = y_i(k-1) + \frac{\delta}{\sum_{j \neq i} a_{ij}} \sum_{j \in \aleph_i} a_{ij}(k)(x_j(k-1) - x_i(k-1)), \quad i = 1, 2, \cdots, N \tag{8.6}$$

其中，$0 < \delta \leqslant 1$ 为耦合系数；$a_{ij}(k)$ 表示在 k 时刻，第 j 个节点送给第 i 个节点信息的权值因子。

非线性协同算法主要针对实际的物理系统，如移动机器人或太空船队等的姿态协同问题。在这类问题中，每个智能体的状态改变有一定的约束，因此考虑如下的非线性协同算法：

$$\dot{y}_i = \sum_{j \in \aleph_i} \phi_{ij}(y_j - y_i), \quad i = 1, 2, \cdots, N \tag{8.7}$$

其中，ϕ_{ij} 表示执行函数，详细定义参见文献[161]。上面是一阶非线性协同算法，还有高阶非线性协同等其他形式。

以上考虑的协同算法都是假定算法输入为确定性的量。每个传感器节点的测量为被加性零均值高斯白噪声 υ_i 污染的信号 $r(t)$，即节点的测量模型为

$$x_i(t) = r(t) + \upsilon_i(t) \qquad (8.8)$$

文献[162]和[163]中提出如下动态协同算法：

$$\dot{y}_i(t) = \sum_{j \in \aleph_i} a_{ij}(t)(y_j(t) - y_i(t)) + \sum_{j \in \cup \aleph_i} a_{ij}(t)(x_j(t) - y_i(t)) \qquad (8.9)$$

可以证明式（8.9）是一个稳定的低通滤波器，且可以达到全局一致性。式（8.9）对应的离散形式如下：

$$y_i(k) = y_i(k-1) + \delta \sum_{j \in \aleph_i} a_{ij}(y_j(k-1) - y_i(k-1)) + \sum_{j \in i \cup \aleph_i} (x_j(k) - y_i(k)) \qquad (8.10)$$

8.3.2　新协同算法及其性能分析

本小节提出如下离散形式的动态协同滤波器，用于对目标状态估计及协方差阵进行协同处理：

$$y_i(k) = y_i(k-1) + \delta\beta \sum_{j \in \aleph_i} \left(y_j(k-1) - y_i(k-1)\right) + x_i(k) - x_i(k-1) \qquad (8.11)$$

其中，$\beta > 0$ 是相对较大的滤波器增益（$\beta \sim O(1/\lambda_2)$，其中 λ_2 为 Laplace 矩阵 L 次最小特征值）。相对于式（8.10）来说，式（8.11）不需要邻节点的输入信息 $x_j(k)$（$j \in \aleph_i$），这样减少了邻节点之间的通信量和通信能量。另外，可以证明式（8.11）是一个稳定的高通滤波器，并且能应用于异质传感器节点的协同信息处理（见 8.8 节的仿真部分）。从定理 8.2 可以看到，$y_i(k)$ 将渐近收敛至局部输入 $x_i(k)$ 的平均值，即

$$y_i(k) \to \frac{1}{N} \sum_{i=1}^{N} x_i(k) \qquad (8.12)$$

注 8.1　式（8.11）可以由如下连续形式表示：

$$\dot{y}_i = \beta \sum_{j \in \aleph_i} (y_j - y_i) + \dot{x}_i \qquad (8.13)$$

下面将证明系统（8.11）是一个高通滤波器并且以零稳态误差跟踪系统的协同值。

定理 8.1　如式（8.11）所示的动态协同系统是一个多输入多输出高通滤波器。

证明　首先将所有节点的状态 y_i 和输入 x_i 分别合并成向量的形式和 x，则式（8.11）可以等价表示如下：

$$\dot{y} = -\beta L y + \dot{x} \tag{8.14}$$

基于此，可以得到对应的多输入多输出传递函数为

$$H(s) = \frac{Y(s)}{X(s)} = (sI + \beta L)^{-1} s \tag{8.15}$$

可见 $\lim\limits_{s\to\infty} H(s) = I$，因此，如式（8.11）所示的动态协同系统是一个多输入多输出高通滤波器。

注 8.2　由式（8.11）可以看出，每个节点仅需要与相邻节点进行通信，因此这是一个完全分布式的算法。另外，对于一个连通的无向图 G，其 Laplace 矩阵是一个对称正半定矩阵，这意味着 $\sum\limits_j L_{ij} = 0$，从而 $Ly = 0$。因此，该动态协同算法具有如下守恒性质[157]：

$$\frac{\mathrm{d}}{\mathrm{d}t}\left(\sum_{i=1}^{N} y_i\right) = \frac{\mathrm{d}}{\mathrm{d}t}\left(\sum_{i=1}^{N} x_i\right) \tag{8.16}$$

也就是说，协同滤波器输出 y_i 的瞬时和（instantaneous sum）与输入 x_i 的瞬时和相等。直观上来说，这正是我们设计动态协同算法以达到时变平均一致性所需要的，可以用如下定理表述。

定理 8.2　对于式（8.11），即具有如式（8.15）所示传递函数的动态协同算法，假定输入 $X(s)$ 的全部极点都在左半平面，且最多有一个位于 $s = 0$ 的极点。则对于所有 i 有

$$\lim_{t\to\infty}\left(y_i(t) - \frac{1}{N}\sum_{i=1}^{N} x_i(t)\right) = 0 \tag{8.17}$$

也就是说，网络中的每个节点都能以零稳态误差跟踪系统的协同值。

证明　定义跟踪协同的误差信号 $e(t)$ 为协同估计 $y_i(t)$ 与所有输入 $x_i(t)$ 的瞬时平均之差所构成的向量，则其 Laplace 变换为

$$E(s) = Y(s) - \frac{1}{N}11^{\mathrm{T}} X(s) \tag{8.18}$$

其中，1 是由 N 个标量 1 组成的列向量。由式（8.15）和式（8.18）可知，由输入 $X(s)$ 至误差 $E(s)$ 具有如下多输入多输出传递函数：

$$H_{\mathrm{ex}}(s) = \frac{E(s)}{X(s)} = (sI + \beta L)^{-1} s - \frac{1}{N}11^{\mathrm{T}} \tag{8.19}$$

由于网络图 G 的 Laplace 矩阵是一个对称阵，可以有如下谱分解：

$$L = \sum_{i=1}^{N} \lambda_i P_i \tag{8.20}$$

其中，λ_i 是实特征值；P_i 是相互正交特征空间上的正交投影。由图论的基本理论可知，G 的连通性表征了如下属性：① $\lambda_1 = 0$；② $P_1 = \frac{1}{N}11^{\mathrm{T}}$；③ $\lambda_i > 0, \forall i > 1$。从而式（8.19）可以表示如下：

$$
\begin{aligned}
H_{\mathrm{ex}}(s) &= \left(\frac{1}{N}11^{\mathrm{T}} + \sum_{i=2}^{N} \frac{s}{s + \beta\lambda_i} P_i \right) - \frac{1}{N}11^{\mathrm{T}} \\
&= \sum_{i=2}^{N} \frac{s}{s + \beta\lambda_i} P_i
\end{aligned}
\tag{8.21}
$$

由式（8.21）可见，该传递函数只有一个零点位于 $s = 0$，并且所有求和式中的所有项都是稳定的。因此，对于任意稳定的输入信号 $X(s)$，如果最多只有一个位于 $s = 0$ 的极点，由终值定理可得当 $t \to \infty$ 时，$e(t) \to 0$。

8.3.3　仿真分析

为了验证新提出的协同滤波算法的有效性，本小节分别设计了由 50 个节点组成的三种不同代数连通性的网络：①全连通的网络，如图 8-2（a）所示；②每个节点与最近的 10 个邻节点互连的正则图，如图 8-3（a）所示；③随机产生的连通图，如图 8-4（a）所示。节点的初始状态分别为 $x_i(0) = i$，其中 $i = 1, 2, \cdots, 50$，每个节点的动态演化表示如下[①]：

$$x_i(k) = x_i(k-1) + 0.5, \quad i = 1, 2, \cdots, 50 \tag{8.22}$$

分别将所提出的动态协同算法用于这三种图，对节点的状态平均值进行协同估计，效果图分别如图 8-2（b）～图 8-4（b）所示。另外，为了对节点的协同一致性进行评估，采用歧异度函数（disagreement function）定义如下[151]：

$$D(y) = y^{\mathrm{T}}Ly = \frac{1}{2}\sum_{i,j}(y_j - y_i)^2 \tag{8.23}$$

三种图的歧异度函数分别如图 8-2（c）～图 8-4（c）所示。由图可见，全连通的网络的收敛速度最快，10 近邻互连的正则图其次，随机产生的连通图收敛速度最慢。这是因为三种图的代数连通性 $\lambda_2(L)$ 具有如下关系：

$$\lambda_2(L_{全连通}) = 49 > \lambda_2(L_{正则图}) = 0.848 > \lambda_2(L_{随机图}) = 0.023 \tag{8.24}$$

---

① 对随机噪声影响的节点动态也进行了仿真，即 $x_i(k) = x_i(k-1) + \mathrm{rand}$，其中 rand 是均匀分布的伪随机数；仿真效果与图 8-2～图 8-4 类似，这里不再列出。

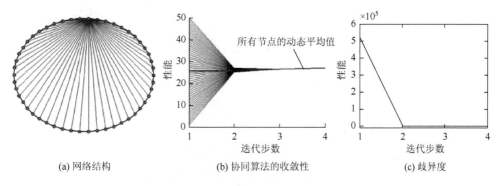

(a) 网络结构　　　　　(b) 协同算法的收敛性　　　　　(c) 歧异度

图 8-2　全连通网络的协同滤波算法性能及其歧异度函数

图（a）中只画出其中一个节点的连接情况

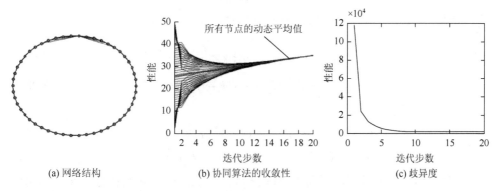

(a) 网络结构　　　　　(b) 协同算法的收敛性　　　　　(c) 歧异度

图 8-3　正则图的协同滤波算法性能及其歧异度函数（其中每个节点与最近的 10 个邻节点互连）

图（a）中只画出其中一个节点的连接情况

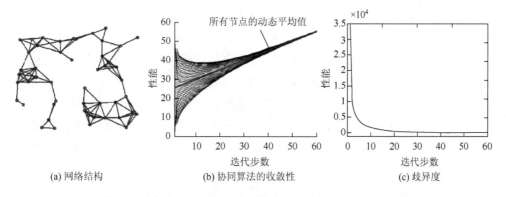

(a) 网络结构　　　　　(b) 协同算法的收敛性　　　　　(c) 歧异度

图 8-4　随机产生连通图的协同滤波算法性能及其歧异度函数

8.4　信息滤波器

8.4.1　信息卡尔曼滤波器

考虑离散时间线性时变系统：

$$x(k+1) = F(k)x(k) + \omega(k) \tag{8.25}$$

$$z_i(k) = H_i(k)x(k) + \upsilon_i(k), \quad i = 1, 2, 3, \cdots, N \tag{8.26}$$

其中，状态变量 $x(k) \in \Re^n$；第 i 个传感器的测量 $z_i(k) \in \Re^m$；$F(k) \in \Re^{n \times n}$ 和 $H_i(k) \in \Re^{m \times n}$ 分别为状态转移矩阵和第 i 个传感器的测量矩阵；$\omega(k) \in \Re^n$ 和 $\upsilon_i(k)$ 分别为均值为零、方差为 $Q(k)$ 和 $R_i(k)$ 的相互独立的系统噪声和测量噪声。

信息形式的卡尔曼滤波器由预测和更新两个阶段构成[152]。

（1）状态预测：

$$\hat{x}_i(k \mid k-1) = F(k)\hat{x}_i(k-1 \mid k-1) \tag{8.27}$$

$$P_i(k \mid k-1) = F(k)P_i(k-1 \mid k-1)F^{\mathrm{T}}(k) + Q(k) \tag{8.28}$$

（2）测量更新：

$$P_i^{-1}(k \mid k) = P_i^{-1}(k \mid k-1) + H_i^{\mathrm{T}}(k)R_i^{-1}(k)H_i(k) \tag{8.29}$$

$$\hat{x}_i(k \mid k) = \hat{x}_i(k \mid k-1) + K(k)(z_i(k) - H_i(k)\hat{x}_i(k \mid k-1)) \tag{8.30}$$

其中，信息卡尔曼滤波器的增益 $K(k) = P_i(k \mid k)H_i^{\mathrm{T}}(k)R_i^{-1}$。初始状态估计 $\hat{x}_i(0 \mid 0) = x_0$，对应的协方差阵 $P_i(0 \mid 0) = P_0$。另一种更为直观的信息卡尔曼滤波器公式与式（8.27）～式（8.30）相同，区别仅在于式（8.30）用 $\hat{y}_i(k \mid k) = \hat{y}_i(k \mid k-1) + H_i^{\mathrm{T}}(k)R_i^{-1}(k)z_i(k)$ 取代，$\hat{y}_i(k \mid k) = P^{-1}(k \mid k)\hat{x}_i(k \mid k)$ 称为信息状态向量，而 $I_i(k) = H_i^{\mathrm{T}}(k)R_i^{-1}(k)H_i(k)$ 和 $i_i(k) = H_i^{\mathrm{T}}(k)R_i^{-1}(k)z_i(k)$ 称为第 i 个传感器的局部信息贡献。

注 8.3　注意到 $\hat{x}_i(k \mid k)$ 和 $P_i(k \mid k)$ 的更新只需要传感器子系统的局部信息。相比于标准卡尔曼滤波算法的求逆矩阵是 $n \times n$ 的矩阵，信息卡尔曼滤波器的求逆是对 $m \times m$ 的矩阵进行的，因此当测量信息维数远大于状态向量维数时（如传感器网络等传感器个数比较多的环境），采用信息卡尔曼滤波算法可以显著降低计算量，所以它很容易扩展用于分散式状态估计[150]。但传统的分散式卡尔曼滤波器所需的信息流为全交换（all-to-all）的，即每个节点必须与网络中的其他所有节点进行信息交换，其通信复杂度为 $O(N^2)$。通常对于此种分散式估计，其通信能量很大，这对于资源受限的低成本、低功耗传感器网络来说是不希望出现的。这正是 8.5 节提出分布式协同卡尔曼滤波器的原因。

8.4.2　信息鲁棒滤波器

考虑由 N 个传感器组成的网络中的离散时间线性时变系统：

$$x(k+1) = F(k)x(k) + G(k)r(k) \tag{8.31}$$

$$z_i(k) = H_i(k)x(k) + D_i(k)r(k), \quad i = 1,2,3,\cdots,N \tag{8.32}$$

其中，$x(k) \in \Re^n$；$r(k) \in \Re^p$ 是由扰动和建模误差引起的噪声过程；$F(k)$、$G(k)$、$H_i(k)$ 和 $D_i(k)$ 为对应维数的矩阵。假定系统是可镇定的和可检测的[164]：

$$D_i(k) \begin{bmatrix} G^{\mathrm{T}}(k) \\ D_i^{\mathrm{T}}(k) \end{bmatrix} = \begin{bmatrix} 0 \\ R_i(k) \end{bmatrix}$$

其中，$R_i(k)$ 是 $m \times m$ 的满秩矩阵。此假设保证了鲁棒滤波器的存在，并指出噪声和（或）扰动 $r(k)$ 进入系统和测量的方式。

注 8.4　在上述假设条件下，由式（8.31）和式（8.32）所描述的系统实际上包含了再广泛的不确定系统[165]。例如，文献[150]中假定过程噪声和测量噪声为相互独立的已知方差阵的白噪声序列，即系统可描述如下：

$$x(k+1) = F(k)x(k) + \Gamma_\omega(k)\omega(k) \tag{8.33}$$

$$z_i(k) = H_i(k)x(k) + \Gamma_{\upsilon_i}(k)\upsilon(k) \tag{8.34}$$

其中，$\omega(k)$ 和 $\upsilon(k)$ 表示互不相关的高斯噪声，其均值为零，方差为单位阵。系统（8.33）和（8.34）是系统（8.31）和（8.32）的一个特例，其中 $r(k) = [\omega^{\mathrm{T}}(k)\ \upsilon^{\mathrm{T}}(k)]^{\mathrm{T}}$，$G(k) = [\Gamma_\omega(k)\ 0]$，$D_i(k) = [0\ \Gamma_{\upsilon_i}(k)]$。

本小节的目的是针对系统（8.31）和（8.32）设计递推形式的鲁棒滤波器，通过含噪测量序列 $z_i(k) = \{z_i(1), z_i(2), \cdots, z_i(k)\}$ 对系统的状态变量 $x(k)$ 进行估计。此处的鲁棒性包含两个方面的内容：①不需要噪声序列和初始估计误差 $\|\hat{x}_i(0) - x(0)\|$ 的统计特性；②网络中任何一个传感器失效或者出错，都不至于使整个网络瘫痪，只要网络是连通的。

下面给出所谓的信息鲁棒滤波器[165]，它可以通过导入 L_2-范数上界来确定：

$$J = \sup_{r_i, \hat{x}(0)-x(0) \neq 0} \frac{\|e_i\|^2}{\|r_i\|^2 + \|\hat{x}_i(0) - x(0)\|_{P_0}^2} \tag{8.35}$$

具体来说，信息鲁棒滤波器可以保证式（8.35）中的上界不大于某个给定的噪声抑制水平 γ_i。γ_i 越大，意味着对不确定模型置信度越高，而滤波器在最小方差意义下性能也越好。定义如下信息状态估计向量和信息状态预测向量：

$$\hat{y}_i(k|k) = Y_i(k|k)\hat{x}_i(k|k) \tag{8.36}$$

$$\hat{y}_i(k|k-1) = Y_i(k|k-1)\hat{x}_i(k|k-1) \tag{8.37}$$

其中，$Y_i(k|k)$ 和 $Y_i(k|k-1)$ 表示第 i 个节点的局部信息矩阵。从而，第 i 个节点的信息鲁棒滤波器包括以下两个阶段。

（1）状态预测：

$$\hat{y}_i(k|k-1) = Y_i(k|k-1)F(k)Y_i^{-1}(k-1|k-1)\hat{y}_i(k-1|k-1) \tag{8.38}$$

$$Y_i(k|k-1) = \left(F(k)Y_i^{-1}(k-1|k-1)F^{\mathrm{T}}(k) + G(k)G^{\mathrm{T}}(k)\right)^{-1} - \gamma_i^{-2}I \tag{8.39}$$

（2）测量更新：

$$\hat{y}_i(k|k) = \hat{y}_i(k|k-1) + H_i^{\mathrm{T}}(k)R_i^{-1}(k)z_i(k) \tag{8.40}$$

$$Y_i(k|k) = Y_i(k|k-1) + G_i^{\mathrm{T}}(k)R_i^{-1}(k)G_i(k) \tag{8.41}$$

注 8.5　与标准信息滤波器相比，鲁棒信息滤波器依然保持了其递推形式，结构简单，计算量低。二者唯一区别在于后者多一附加项 $\gamma_i^{-2}I$。当 $\gamma_i \to \infty$ 时，鲁棒信息滤波器退化为标准信息滤波器。此时，$Y_i(k|k-1)$ 就是预测方差矩阵的逆阵，因此 $Y_i(k|k-1)$ 起到了在测量到达之前可用信息量测度的作用。

注 8.6　由于具有与标准信息滤波器相似的结构，此处的鲁棒信息滤波器不难应用于分散式估计[150]。然而，传统的分散式鲁棒滤波器所需的信息流为全交换的，即每个节点必须与网络中的其他所有节点进行信息交换，其通信复杂度为 $O(N^2)$。通常对于此种分散式估计其通信能量很大，这对于资源受限的低成本、低功耗传感器网络来说是不希望出现的。这正是 8.5 节提出分布式协同鲁棒滤波算法的动机。

8.4.3　信息形式 Sigma 点滤波器

考虑如 4.2 节描述的由 N 个传感器节点组成的传感器网络，离散非线性动态系统运动模型和传感器观测方程分别如式（4.1）和式（4.2）所示，噪声满足式（4.3）分布。下面基于加权统计线性化方法得到递推信息形式 Sigma 点滤波器。

1. 加权统计线性化

考虑一个非线性函数 $u = g(x)$，试图通过 r 个 Sigma 点的传递来进行逼近：

$$\mu_j = g(\chi_j), \quad j = 1, 2, \cdots, r \tag{8.42}$$

其中，点 χ_j $(j=1,2,\cdots,r)$ 的选取原则是其均值和方差与先验信息一致，即 $\bar{x} = \hat{x}$，$\bar{P}_{xx} = P_{xx}$，其中 $\bar{x} = \sum_{j=1}^{r}\omega_j\chi_j$，$\bar{P}_{xx} = \sum_{j=1}^{r}\omega_j(\chi_j - \bar{x})(\chi_j - \bar{x})^{\mathrm{T}}$，且 $\sum_{j=1}^{r}\omega_j = 1$。加权统计线性化的目的是寻求线性回归 $\mu = g(x) \approx Ax + b$ 参数，使得平均误差的加权和最小[166, 167]：

$$\{A,b\} = \arg\min_{A,b} \sum_{j=1}^{r} \omega_j \varepsilon_j^{\mathrm{T}} \varepsilon_j \tag{8.43}$$

其中，每个 Sigma 点的线性化误差定义为 $\varepsilon_j = \mu_j - (A\chi_j + b)$。如果进一步定义 Sigma 点通过非线性映射后 μ_j 的估计误差及其方差（高斯逼近）如下：

$$E(u) \approx \bar{u} = \sum_{j=1}^{r} \omega_j \mu_j \tag{8.44}$$

$$\mathrm{var}(u) \approx \bar{P}_{uu} = \sum_{j=1}^{r} \omega_j (\mu_j - \bar{u})(\mu_j - \bar{u})^{\mathrm{T}} \tag{8.45}$$

$$\mathrm{cov}(x,u) \approx \bar{P}_{xu} = \sum_{j=1}^{r} \omega_j (\chi_j - \bar{x})(\mu_j - \bar{u})^{\mathrm{T}} \tag{8.46}$$

则加权统计线性回归解就是加权最小二乘拟合的解：$A = \bar{P}_{xu}^{\mathrm{T}} \bar{P}_{xx}^{-1}$，$b = \bar{u} - A\bar{x}$。线性化误差的均值和方差可表示为

$$\bar{\varepsilon} = \sum_{j=1}^{r} \omega_j \varepsilon_j = \bar{u} - A\bar{x} - b = 0 \tag{8.47}$$

$$\bar{P}_{\varepsilon\varepsilon} = \sum_{j=1}^{r} \omega_j \varepsilon_j \varepsilon_j^{\mathrm{T}} = \bar{P}_{uu} - A\bar{P}_{xx} A^{\mathrm{T}} \tag{8.48}$$

统计线性化确定以后，就可以通过式（8.49）来逼近非线性函数 $u = g(x)$：

$$g^{\mathrm{lin}}(x) = Ax + b + \varepsilon \tag{8.49}$$

其中，误差项 ε 的均值为零、方差为 $\bar{P}_{\varepsilon\varepsilon}$，而且独立于 x。注意到加权统计线性化（8.49）给出了与式（8.44）～式（8.46）等同的逼近：

$$E(g^{\mathrm{lin}}(x)) = A\bar{x} + (\bar{u} - A\bar{x}) + 0 = \bar{u} \tag{8.50}$$

$$\mathrm{var}(g^{\mathrm{lin}}(x)) = A\bar{P}_{xx} A^{\mathrm{T}} + (\bar{P}_{uu} - A\bar{P}_{xx} A^{\mathrm{T}}) = \bar{P}_{uu} \tag{8.51}$$

$$\mathrm{cov}(x, g^{\mathrm{lin}}(x)) = \mathrm{var}(x) A^{\mathrm{T}} = \bar{P}_{xx} (\bar{P}_{xu}^{\mathrm{T}} \bar{P}_{xx}^{-1})^{\mathrm{T}} = \bar{P}_{xu} \tag{8.52}$$

2. 递推形式的信息 Sigma 点滤波器

根据式（8.49），离散时间系统（4.1）和（4.2）可以分别加权统计线性化如下：

$$x(k+1) = \bar{F}(k)x(k) + b^x(k) + \bar{\omega}(k) \tag{8.53}$$

$$z_i(k) = \bar{H}_i(k)x(k) + b_i^z(k) + \bar{\upsilon}_i(k), \quad i = 1, 2, 3, \cdots, N \tag{8.54}$$

为了得到（统计）线性化方程（8.53），$2n+1$ 个 Sigma 点 $\{\chi_j(k|k), \omega_j\}$ 按以下规则产生：

$$\chi_0(k|k) = \hat{x}(k|k), \quad \omega_0 = \frac{\kappa}{n+\kappa} \tag{8.55}$$

$$\chi_j(k|k) = \hat{x}(k|k) + \left(\sqrt{(n+\kappa)P_{xx}}\right)_j, \quad \omega_j = \frac{1}{2(n+\kappa)} \tag{8.56}$$

$$\chi_{j+n}(k \mid k) = \hat{x}(k \mid k) - \left(\sqrt{(n+\kappa)P_{xx}} \right)_j \tag{8.57}$$

$$\omega_{j+n} = \frac{1}{2(n+\kappa)}, \quad j = 1, 2, \cdots, n \tag{8.58}$$

其中，κ 为尺度参数，一般取 0 或 3–n；$(\sqrt{P})_j$ 表示方差阵 P 的 Cholesky 分解的第 j 行。每个 Sigma 点都通过目标状态非线性方程（8.42）进行传递；为了得到（统计）线性化方程（8.55），由式（8.56）～式（8.58）产生的 $2n+1$ 个 Sigma 点 $\{\chi_j(k+1 \mid k), \omega_j\}$ 通过传感器节点的非线性测量方程进行传递。基于这些 Sigma 点的传递，式（8.53）和式（8.54）中的相关矩阵可以由式（8.49）计算如下：

$$\begin{cases} \bar{F}(k) = \bar{P}_{xx}^{\mathrm{T}}(k+1, k+1 \mid k) \bar{P}_{xx}^{-1}(k \mid k) \\ b^x(k) = \bar{x}(k+1 \mid k) - \bar{F}(k)\bar{x}(k \mid k) \end{cases} \tag{8.59}$$

$$\begin{cases} \bar{H}_i(k) = \bar{P}_{xz_i}^{\mathrm{T}}(k+1 \mid k) \bar{P}_{xx}^{-1}(k+1 \mid k) \\ b_i^z(k) = \bar{z}_i(k \mid k-1) - \bar{H}_i(k)\bar{x}(k \mid k-1) \end{cases} \tag{8.60}$$

此外，线性化以后的总过程噪声 $\bar{\omega}(k) = \omega(k) + \varepsilon^x(k)$ 和第 i 个传感器的总测量噪声 $\bar{\upsilon}_i(k) = \upsilon_i(k) + \varepsilon_i^{z_i}(k)$ 均为零均值噪声，其方差分别为

$$\mathrm{var}(\bar{\omega}(k)) = \bar{Q}(k) = Q(k) + \bar{P}_{\varepsilon\varepsilon}^x(k)$$
$$= Q(k) + \bar{P}_{xx}(k+1 \mid k) - \bar{F}(k)\bar{P}_{xx}(k \mid k)\bar{F}^{\mathrm{T}}(k) \tag{8.61}$$

$$\mathrm{var}(\bar{\upsilon}_i(k)) = \bar{R}_i(k) = R_i(k) + \bar{P}_{\varepsilon\varepsilon}^{z_i}(k)$$
$$= R_i(k) + \bar{P}_{z_i z_i}(k \mid k-1) - \bar{H}_i(k)\bar{P}_{xx}(k \mid k-1)\bar{H}_i^{\mathrm{T}}(k) \tag{8.62}$$

以上两式中的第二个等号，我们使用了线性化误差（8.47）的相关结果。

然后，把信息卡尔曼滤波器的结果应用到加权统计线性化系统方程（8.53）和（8.54），可以得到信息 Sigma 点滤波器的如下递推公式。

（1）状态预测：

$$\hat{x}_i(k \mid k-1) = \bar{F}(k)\hat{x}_i(k-1 \mid k-1) + b^x(k) \tag{8.63}$$

$$P_i(k \mid k-1) = \bar{F}(k)P_i(k-1 \mid k-1)\bar{F}^{\mathrm{T}}(k) + \bar{Q}(k) \tag{8.64}$$

（2）测量更新：

$$P_i^{-1}(k \mid k) = P_i^{-1}(k \mid k-1) + \bar{H}_i^{\mathrm{T}}(k)\bar{R}_i^{-1}(k)\bar{H}_i(k) \tag{8.65}$$

$$\hat{x}_i(k \mid k) = \hat{x}_i(k \mid k-1) + P_i(k \mid k)\bar{H}_i^{\mathrm{T}}(k)\bar{R}_i^{-1}$$
$$\times (z_i(k) - b_i^z(k) - H_i(k)\hat{x}_i(k \mid k-1)) \tag{8.66}$$

众所周知，Sigma 点滤波器正是应用于统计线性化系统的标准卡尔曼滤波器。对于线性系统来说，信息卡尔曼滤波器和标准卡尔曼滤波器是严格等价的[150]。因此，信息 Sigma 点滤波器与标准 Sigma 点滤波器也是等价的。

注 8.7　由于具有与标准信息滤波器相似的结构，信息 Sigma 点滤波器不难推

广到分散式估计[150]。然而，传统的分散式鲁棒滤波器所需的信息流为全交换的，即每个节点必须与网络中的其他所有节点进行信息交换，其通信复杂度为 $O(N^2)$。通常对于此种分散式估计其通信能量很大，这对于资源受限的低成本、低功耗传感器网络来说是非常不希望看到的。这正是 8.5.3 小节提出分布式协同 Sigma 点滤波算法的动机。

8.5　分布式协同滤波器

8.5.1　分布式协同卡尔曼滤波器

为了在 P2P 传感器网络中对动态目标的状态进行协同估计，文献[61]提出了基于 μKF 的协同框架，如图 8-5 所示，其中低通协同滤波器和带通协同滤波器分别用作传感器节点对目标的状态估计值和对应的方差阵进行协同融合处理。而在文献[49]中，发现这种结构的分布式滤波器存在如下缺陷：只能用于相同测量模型的传感器网络，也就是说，式（8.26）中 $H_i(\forall i)$ 完全相同的情形，不能用于异类多传感器协同融合。针对这个问题，本节提出了一种改进的协同框架用于不同传感器测量模型的传感器网络，即用高增益高通协同滤波器[157]取代图 8-5 中的低通滤波器和带通滤波器。仿真结果证明了新提出的协同估计框架能使目标状态估计在整个网络中达到一致性。

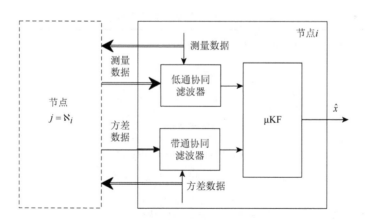

图 8-5　完全分布式卡尔曼滤波器的节点与网络结构示意图

所提出的高通协同滤波器表述如下：

$$\begin{cases} \dot{q}_i = \beta \sum_{j \in \aleph_i}(q_j - q_i) + \beta \sum_{j \in \aleph_i}(x_j - x_i), & \beta > 0 \\ y_i = q_i + x_i \end{cases} \tag{8.67}$$

其中，q_i 是协同滤波器的状态变量；$\beta > 0$ 是一相对较大的增益（$\beta \sim O(1/\lambda_2)$，$\lambda_2$ 为 Laplace 矩阵 L 次最小特征值）。式（8.67）的离散形式和收敛性详见文献[152]，这里不再赘述。

文献[48]中给出了 μKF 递推形式，见定理 8.3。

定理 8.3　（μKF）假定网络中所有节点使用如下递推过程：

$$\hat{x}_i(k|k-1) = F(k)\hat{x}_i(k-1|k-1) \tag{8.68}$$

$$P_i(k|k-1) = (P_i^{-1}(k-1|k-1) + U(k))^{-1} \tag{8.69}$$

$$P_i(k|k) = F(k)P_i^{-1}(k|k-1)F^{\mathrm{T}}(k) + Q_i(k) \tag{8.70}$$

$$\hat{x}_i(k|k) = \hat{x}_i(k|k-1) + P_i(k|k)(u(k) - U(k)\hat{x}_i(k|k-1)) \tag{8.71}$$

其中，$Q_i(k) = NQ_i(k)$；$P_i(0) = NP(0)$。则所有节点都能获得与集中式状态估计器相同的结果，即 $\hat{x}_i(k|k) = \hat{x}_c(k|k), \forall i$。另外，定理 8.3 中定义了两个网络范围（network-wide）的变量，即平均逆方差矩阵：

$$U(k) = \frac{1}{N}\sum_{i=1}^{N} U_i(k) = \frac{1}{N}\sum_{i=1}^{N} H_i^{\mathrm{T}}(k)R_i^{-1}(k)H_i(k) \tag{8.72}$$

和平均传感器测量：

$$u(k) = \frac{1}{N}\sum_{i=1}^{N} u_i(k) = \frac{1}{N}\sum_{i=1}^{N} H_i^{\mathrm{T}}(k)R_i^{-1}(k)z_i(k) \tag{8.73}$$

则由定理 8.3 可以得到完全分布式卡尔曼滤波器算法表述如下。

算法 8.1　分布式卡尔曼滤波器流程

---

1. 初始化：$X_i = 0_{m\times m}$，$q_i = 0$，$\hat{x}_i(0|0) = x_0$，$P_i(0) = NP(0)$
2. 状态更新：

$$u_j = H_j^{\mathrm{T}}R_j^{-1}z_j, \quad \forall j \in \aleph_i \bigcup \{i\}$$

$$q_i \leftarrow q_i + \delta\beta \sum_{j\in N_i}\left((q_j - q_i) + \sum_{j\in N_i}(u_j - u_i) \right)$$

$$u_i \leftarrow q_i + u_i$$

3. 估计方差阵更新：

$$U_j(k) = H_j^{\mathrm{T}}(k)R_j^{-1}(k)H_j(k), \quad \forall j \in \aleph_i \bigcup \{i\}$$

$$X_i \leftarrow X_i + \delta\beta \sum_{j\in N_i}((X_j - X_i) + \sum_{j\in N_i}(U_j - U_i))$$

$$U_i \leftarrow X_i + U_i$$

4. 根据定理 8.3 中的式（8.68）和式（8.69）更新 μKF 的目标状态；
5. 根据定理 8.3 中的式（8.70）和式（8.71）进行 μKF 时间更新。

8.5.2　分布式协同鲁棒滤波器

现在考虑基于动态协同的分布式鲁棒滤波问题。同样定义式（8.72）和式（8.73）

中的两个网络范围的变量：平均逆方差矩阵和平均传感器测量。注意到这两个平均量可以使用动态协同滤波器分布式地进行估计[154]。通过动态协同算法，每个节点只需与相邻节点交换局部信息贡献，从而基于邻节点和自身的信息贡献即可估计全局信息贡献。具体来说，利用新提出的动态协同滤波器（8.11）分别对式（8.40）和式（8.41）中的信息贡献量的平均值进行协同估计，由定理 8.2 可知，滤波器的输出可以渐近达到一致性，即全局平均信息贡献。综上所述，分布式鲁棒滤波器算法总结如下。

算法 8.2　分布式协同鲁棒滤波器流程

1. 初始化：

$$P_i(0\,|\,0) = P_0\,, \quad \hat{x}_i(0\,|\,0) = x_0$$

$$\hat{U}_i(0) = 0_{n \times n}, \quad \hat{u}_i(0) = 0_{n \times 1}$$

2. 局部信息贡献更新：

$$U_i(k) = H_i^{\mathrm{T}}(k)R_i^{-1}(k)H_i(k)$$

$$u_i(k) = H_i^{\mathrm{T}}(k)R_i^{-1}(k)z_i(k)$$

3. 协同滤波器更新：在与相邻节点交换信息贡献的基础上，每个节点根据式（8.11）对全局信息贡献进行估计；
4. 根据式（8.38）和式（8.39）对局部状态预测信息及对应方差矩阵进行更新；
5. 根据式（8.40）和式（8.41）对局部状态估计信息及对应方差矩阵进行更新。

注 8.8　算法 8.2 中，第 i 个传感器只需将自身的信息贡献广播给它的邻节点 $\aleph_i$ 即可，而文献[165]和[61]中的分散式滤波器需要把自身的信息贡献广播给网络中的所有节点，或者所有节点都将自身的信息贡献送给融合中心，通信量大。因此，算法 8.2 具有更好的鲁棒性和可扩展性，尤其对于节点密集分布的大规模传感器网络更是如此[168]。

注 8.9　相比于算法 8.1 中的动态协同滤波器（即式（8.67）），算法 8.2 中的协同滤波器（即式（8.11））不需要相邻节点的协同滤波器输入量，很显然，具有更小的通信代价，有助于延长整个网络的生命周期。

8.5.3　分布式协同 Sigma 点卡尔曼滤波器

根据信息形式 Sigma 点卡尔曼滤波器的递推形式（8.63）～（8.66），每个节点在与相邻节点互换局部信息贡献 $u_i(k)$ 和 $U_i(k)$ 的基础上，即可根据以下协同滤波器估计全局信息贡献：

$$\hat{u}_i(k) = \hat{u}_i(k-1) + \delta\beta \sum_{j \in \aleph_i}(\hat{u}_j(k-1) - \hat{u}_i(k-1)) + u_i(k) - u_i(k-1) \quad （8.74）$$

$$\hat{U}_i(k) = \hat{U}_i(k-1) + \delta\beta \sum_{j \in \aleph_i}(\hat{U}_j(k-1) - \hat{U}_i(k-1)) + U_i(k) - U_i(k-1) \quad （8.75）$$

定理 8.2 保证了以上协同滤波器的渐近收敛性，即在保证网络连通的条件下，网络中的所有节点通过协同滤波器可以估计全局平均信息贡献。分布式 Sigma 点卡尔曼滤波器算法流程总结如图 8-6 所示。

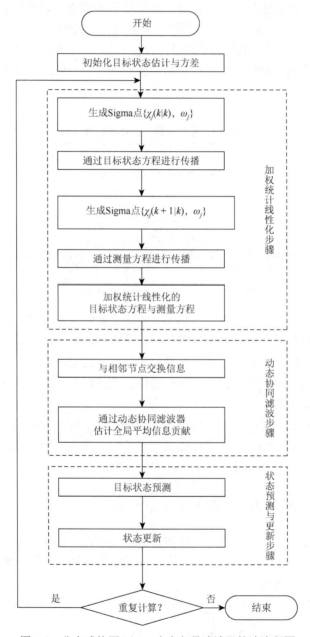

图 8-6 分布式协同 Sigma 点卡尔曼滤波器算法流程图

注 8.10 所提出的可扩展规模的分布式 Sigma 点卡尔曼滤波算法中，第 i 个传感器只需与它的邻节点 $\aleph_i$ 交换信息。相反地，文献[151]中的分散性滤波算法需要把自身的信息贡献广播给网络中的所有节点，或者所有节点都将自身的信息贡献送给融合中心，其通信量大。因此，所提出的可扩展规模的分布式 Sigma 点卡尔曼滤波算法具有更好的可扩展性[168, 169]，适用于节点密集分布的大规模传感器网络。而且，只要网络是连通的，动态协同滤波器（8.11）就是收敛的，这使得所提出的可扩展规模的分布式 Sigma 点卡尔曼滤波算法在变网络拓扑及通信链接出错情况下鲁棒性更强。

8.6　量化情况下动态协同目标状态估计融合

本节采用算法 8.1 中的 k 均值向量量化算法。同样地，每个传感器分配 L(bit) 带宽时，取 2^L 个分类模式。分类算法运行之前，进行如下预处理：首先将状态估计向量 $\hat{x}(k|k)$ 与方差阵 $P(k|k)$ 的上三角部分合并为一个向量 x_k；其次，对合并后的向量 x_k 进行归一化处理，归一化的方法可以取 x_k 中绝对值最大元作为尺度因子对该向量进行缩放，记为 $\bar{x}_k$。然后，运行 k 均值法对归一化向量 $\bar{x}_k$ 样本进行适当的训练，样本根据传感器网络区域以及目标运动模式的先验知识进行离线仿真产生。训练的结果：2^L 个模式中每个模式对应的聚类中心即为量化码书，而每个模式即对应一个量化位；融合中心和每个子系统仅需存储这些 2^L 个聚类中心，子系统根据当前采样周期的归一化向量 $\bar{x}_k$，确定与哪种聚类中心距离最近，即按对应的码字（索引号）进行量化。每个节点在接收到邻节点的量化信息后，并行地进行解量化，并根据分布式滤波算法（如 8.5 节中的任何一种可扩展分布式算法）进行目标状态融合估计。详细的 k 均值矢量量化流程见 6.3.2 节，这里不再赘述。

8.8.3 节中给出了量化情况下分布式 Sigma 点卡尔曼滤波算法的跟踪性能，虽然采用了量化通信，其性能还是与未量化的分散性融合算法相当，取得了满意的跟踪效果。

8.7　分布式协同估计融合框架

本节将提出一种分层结构的可扩展融合框架。该框架由两层结构组成，如图 8-7 所示。底层由对等自组织传感器网络节点构成，其中 SF（scalable filter）表示分布式协同滤波器，可以是 8.5 节所提出的任何一种分布式滤波算法，如基本的分布式卡尔曼滤波器、应用于无噪声统计的分布式鲁棒滤波器以及应用于非线性系统的分布式 Sigma 点卡尔曼滤波器；由于采用动态协同策略，每个节点都相当于一个融合中心（FC）。为了进一步提高精度，可以增加一个高层融合中心，该中心可以是对等网络中的任一节点（如由动态分簇策略确定的簇首），也可为网络内的汇聚节点或者数据处理中心。高层融合中心随机选取下层对等网络中的节点作为信息源，再采用第6章中的航迹融合算法对局部航迹估计进行估计融合，如简单凸组合法、协方差交叉法以及新提出的内椭球逼近法等。

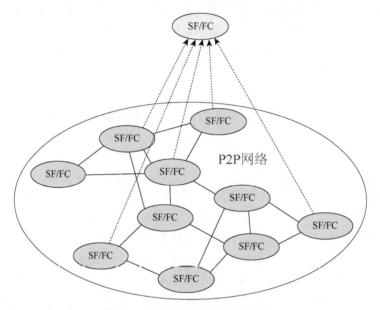

图 8-7　分布式协同估计融合框架

值得一提的是，所提出的可扩展分布式估计融合框架不同于经典的分布式融合[103]。经典的分布式融合要求所有局部子系统将状态估计及其方差阵送往固定的融合中心，这不仅通信量大，而且一旦融合中心出现故障，整个系统就会瘫痪。而协同分布式估计融合由于采用动态协同策略，网络中所有节点在性能上基本达到一致性，因此高层融合中心可以随机选择网络中的节点进行估计融合。考虑到无线传感器网络的能量约束，一般选离高层融合中心近的节点，这样通信能量消耗小，在一定程度上延长网络的生命周期。另外，分布式协同估计融合框架在通信链接/节点失效以及丢包情况下具有较强的鲁棒性。

8.8　仿真与分析

8.8.1　分布式稳健滤波器

假定 $N=50$ 个传感器随机分布在 $50\text{m}\times50\text{m}$ 的监测区域内，传感器节点分布如图 8-8 所示，其中每个"〇"代表一个节点。图中有 240 个通信链路，网络的最大度 $d_{\max}=9$。考虑如下目标动态：

$$\dot{x} = A_c x + B_c w \tag{8.76}$$

其中，$x = [x_k \ y_k]^T$ 是目标的状态向量，表示目标在第 k 个采样点上的位置

$$A_c = \begin{bmatrix} 0 & -2 \\ 2 & 0 \end{bmatrix} \tag{8.77}$$

$B_c = 25I_2$。仿真过程中使用式（8.76）的离散化形式：

$$A = I_2 + \varepsilon A_c + \frac{\varepsilon^2}{2} A_c^2 + \frac{\varepsilon^3}{6} A_c^3, \quad \Gamma_\omega = \varepsilon B_c \tag{8.78}$$

其中，步长 $\varepsilon = 0.025 (\approx 40\text{Hz})$。网络中部分节点对目标的 x 轴方向的位置进行测量，其他节点对目标的 y 轴方向位置进行测量。也就是说，测量模型（8.29）中 $H_i = H_x = [1 \ 0]$ 或者 $H_i = H_y = [0 \ 1]$，而测量噪声矩阵 $\Gamma_\upsilon = \log_2(i)(i = 1,2,\cdots,50)$。仿真中将所提出的分布式鲁棒滤波器与文献[59]中的基于协同滤波器的分布式卡尔曼滤波算法进行比较。

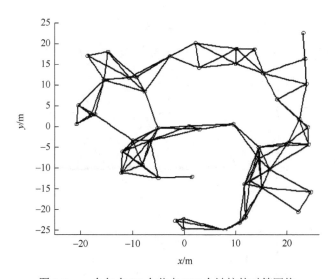

图 8-8　一个包含 50 个节点 240 个链接的对等网络

仿真过程中考虑了两种噪声分布情形：一为标准高斯白噪声；二为能量有界的未知统计特性噪声。对于鲁棒滤波器，两种情形中噪声抑制水平参数 γ 都定为 10，而协同滤波器参数 $\delta = 1/d_{\max} + 5$。

对于第一种噪声情形，两种算法的沿 x 方向和 y 方向的跟踪效果（RMSE）比较分别如图 8-9（a）和（b）所示。由图可见，分布式鲁棒算法获得与分布式卡尔曼滤波器等同的跟踪精度。

对于第二种噪声情形，图 8-10 表示了两种算法的 RMSE 比较结果。很显然，分布式鲁棒滤波算法是收敛的，而分布式卡尔曼滤波器却不然。

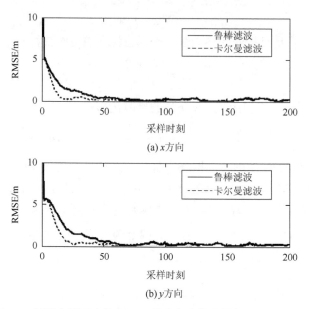

图 8-9   标准高斯噪声情况下两种分布式算法的位置 RMSE 比较

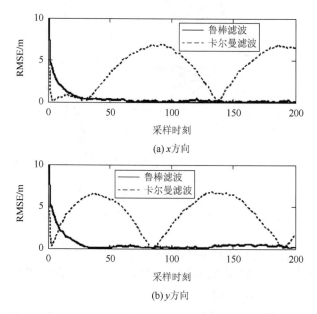

图 8-10   未知统计特性噪声情况下两种分布式算法的位置 RMSE 比较

8.8.2 分布式 Sigma 点滤波

同样取 8.8.1 节中的仿真算例，不同的是假定第 i 个传感器节点采用如下非线性测量方程：

$$y_i(k) = a / \|(x(k), y(k)) - (x_s(i), y_s(i))\| + \upsilon_i(k) \qquad (8.79)$$

其中，$a = 40$；$\|(x(k), y(k)) - (x_s(i), y_s(i))\|$ 为目标与第 i 个传感器的距离；测量噪声 $\upsilon_i(k)$ 的方差为 $R_i(k) = \sqrt{i}$ $(i = 1, 2, \cdots, 50)$。目标运动轨迹及传感器节点分布如图 8-11 所示。

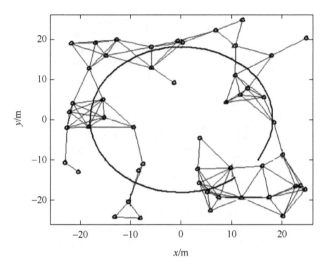

图 8-11　方形监测区域内传感器部署及通信链接示意图

每个小圆圈为一个传感器节点，而圆圈之间的连线表示这两个节点之间存在通信链接

经过 100 次蒙特卡罗仿真实验，将分布式协同 Sigma 点卡尔曼滤波方法与集中式融合方法（采用 Sigma 点卡尔曼滤波器）以及分布式融合方法（假设每个传感器都根据自己的测量进行状态估计，然后将估计值及方差送至融合中心，融合中心采用加权平均法进行航迹融合）进行比较。

如图 8-12 和图 8-13 所示，比较结果中分别列出了第 26，11，44，16，45 个传感器节点的估计结果，它们的连接度分别为 2，4，6，7 和 8。很明显，分布式协同 Sigma 点卡尔曼滤波方法获得与分布式融合方法等同（如节点 11）甚至更好（如节点 44，16 和 45）的跟踪精度。更重要的是所提出方法获得的跟踪精度非常接近集中式融合方法。众所周知，后者由于没有信息丢失，在均方误差意义上是最优融合估计。三者的区别在于集中式融合方法和分布式融合方法都需要各局部传感器节点与融合中心进行通信，存在带融合中心传感器网络的固有缺陷：第一，这两种融合方法都是不可扩展规模的；第二，如果出现融合中心故障，那么整个系统就会瘫痪。相反，本章提出的 Sigma 点卡尔曼滤波方法中没有特定的融合中心，每个传感器节点都对目标状态进行估计并达到一致，同时每个传感器节点都能达到接近最优的估计精度。每个节点的估计一致性允许用户通过查询网络中的任何一个节点获得目标的状态估计。

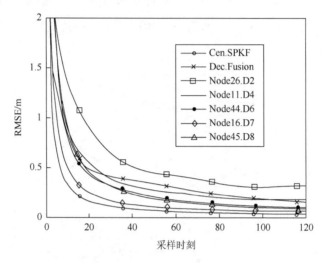

图 8-12　x 方向的 RMSE 比较

Cen.SPKF 表示集中式无迹卡尔曼滤波；Dec.Fusion 表示分散式基于无迹卡尔曼滤波的航迹融合；而 Node∗.D∗表示本章所提出的分布式 Sigma 点卡尔曼滤波方法，其中的两个∗分别表示传感器节点号和该节点的度

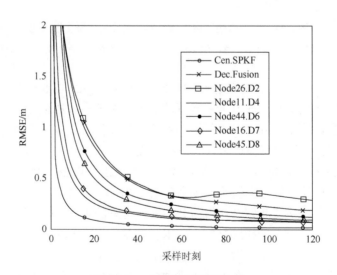

图 8-13　y 方向的 RMSE 比较

如图 8-14 所示为在不同采样时刻上所有传感器节点基于可扩展分布式 Sigma 点卡尔曼滤波方法对目标状态的估值。可见估计的一致性越来越高，且各个传感器节点对目标状态的估计如同粒子围绕在目标真实轨迹的周围。另

外，与分散 Sigma 点卡尔曼滤波方法相比，分布式 Sigma 点卡尔曼滤波方法所需通信量由 $O(2450)$ 减少为 $O(230)$，这在很大程度上降低了网络拥塞的可能性。

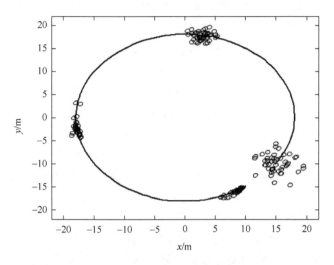

图 8-14　移动目标在图 8-11 中方形区域移动的真实航迹及每一个传感器节点在各采样时刻点上的估计效果

大圆圈表示目标的运动轨迹，每个小圆圈分别表示当前时刻某节点对目标位置的估值

综上所述，与现有技术相比，本章所提出的基于动态协同的可扩展分布式滤波方法具有如下有益效果：

（1）网络中的每一个节点只需与其相邻节点（而不是与网络中所有其他节点）进行信息交换，基于动态协同滤波算法，所有节点都能对目标的状态估计达成一致，这样，显著降低了滤波算法的通信复杂度；

（2）在降低通信量的同时，具有与集中式融合方法和分散融合方法可比的跟踪性能；

（3）只要整个网络是连通的，整个网络中所有节点都能达到一致性，从而增强了算法在通信失败和节点失效情况下的鲁棒性。

因此，本章方法在大规模传感器网络和多智能体系统等军用和民用领域有广泛的应用前景。

8.8.3　量化情形

仿真情景与 8.8.2 节一样，假定所有传感器与其邻节点之间交换量化后的状态信息贡献，采用算法 6.1 中的 k 均值矢量量化方法。每个传感器分配 $L=6$bit 的量化带宽，即取 $2^L = 64$ 个分类模式。离线训练设计好矢量量化码书后，每个传感器用最近邻原则取量化值并与邻节点进行信息交换。其中归一化参数取所有训练样本中绝对值最大的元，仿真过程中我们假定归一化参数是全部传感器都拥有的先验信息，因此不再进行量化。传感器根据解量化后的邻节点信息贡献以及自身的信息贡献，由如图 8-14 所示分布式 Sigma 点卡尔曼滤波器流程进行全局平均信息贡献估计及目标状态估计。采用 8.7 节中提出的可扩展分布式估计融合框架，随机选取其中的 8 个节点进行上层估计融合。上层估计融合采用最简单的凸组合法，仿真结果见图 8-15 和图 8-16。为了比较起见，应用量化情况下的分散融合、未量化情况下的集中式融合、未量化情况下的分散融合等三种融合算法的跟踪精度与采样步的曲线也在图中给出。其中，量化分散融合采用与量化 P2P 融合同样的 k 均值矢量量化方向和量化带宽；对于两种分散式融合均将所有节点的（量化）估计值及（量化）方差阵送往融合中心进行估计融合。由图可见，量化情况下的 P2P融合虽然只随机选取了 8 个节点进行融合，其精度与量化情况下的分散融合、未量化情况下的分散融合基本相当，三者均比未量化情况的集中式融合精度略差。其原因是 P2P 融合由于采用动态协同策略，网络中所有节点在性能上基本达到一致性，并且接近全局最优估计（见 8.8.2 小节的仿真结果）。另外，分布式协同估计融合框架只需选取网络中极小部分的节点进行估计融合即可，这将降低网络中通信所消耗的能量，延长网络的生命周期。

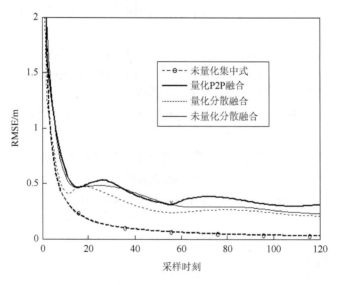

图 8-15　融合框架在 x 方向的目标估计精度比较

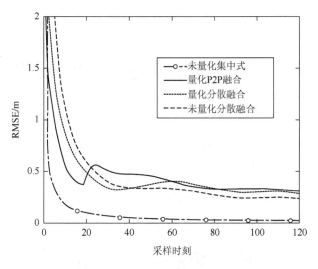

图 8-16　融合框架在 y 方向的目标估计精度比较

8.9　本 章 小 结

针对对等自组织传感器网络，本章提出两种基于动态协同策略的完全分布式滤波算法：分布式鲁棒滤波器与分布式 Sigma 点卡尔曼滤波器。其优势在于每个节点仅需与邻节点进行信息交换就能对状态估计融合达到全局一致性，因此是规模可扩展的，适用于大规模传感器网络。另外，给出一种新的动态协同算法和分层结构的可扩展融合框架，该框架对网络链接故障、节点失效以及数据包丢失具有较强的稳健性。

第9章 基于量化信息融合的目标跟踪应用

9.1 引　言

在上述各章算法理论研究的基础上，本章针对 WSN 中（多）目标跟踪的任务需求，设计基于量化新息跟踪算法的处理流程，对 WSN 中的实际情景模拟数据进行仿真与实验。

9.2　系统体系结构设计

系统通过综合状态监测和移动目标跟踪等应用场景来实现对无线传感器网络目标跟踪应用的全面研究。传感器节点均匀或随机地部署在矩形监测区域内，由若干个中间节点（即局部融合中心，同时负责发送目标状态至远程监控中心）和大量的传感器节点所组成。每隔一段固定时间，中间节点激活并对附近区域监测，发现目标后开始激活相关传感器节点，执行目标跟踪任务，见图9-1。当目标没有出现时，中间节点继续对周围区域进行周期性的采集，这时无线传感器网络用于状态监测。

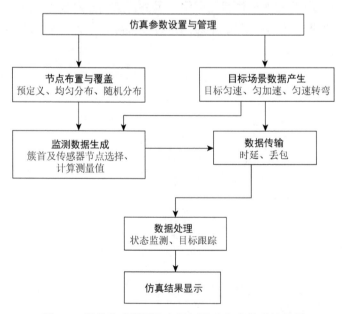

图 9-1　无线传感器网络中目标跟踪仿真体系结构图

无线传感器网络中目标跟踪仿真系统按照模块化设计。主要分为参数定制模块、仿真数据生成模块、数据传输和处理模块、仿真结果显示模块，以及相关的能量模型。

首先进行参数定制。所需要定制的参数有传感器节点数目（单位：个）、传感器节点布置（随机、均匀、预定义）、监测区域范围（面积、长、宽）。仿真数据生成模块包括：目标运动模式设定（匀速直线运动、匀速转弯运动、匀加速直线运动）、目标状态参数生成（位置、速度）、测量数据生成。数据传输和处理模块包括：由于量化滤波算法的特殊性，数据的传输和处理是一个有机的整体，所以将这两个过程放在一个模块。

仿真结果显示模块：主要是将仿真场景和目标跟踪结果以图形的形式显示。能量模型：正如 5.4 节的说明，这里主要考虑各节点通信操作所消耗的能量，包括传感器节点发射和接收数据、融合中心发射和接收数据所损耗的能量。这里所采用的能量模型与 5.4 节中的能量模型完全相同。

通过定制参数、场景设置，经过仿真任务初始化，随后进行目标跟踪算法仿真来验证算法的有效性。

9.3　数　据　生　成

为了实现 WSN 中基于量化新息的目标跟踪算法仿真，需要首先生成目标状态数据、状态监测数据、通信模块数据等。本节介绍本章中生成这些数据的具体参数和设计方法。

9.3.1　场景数据生成

场景数据，本章中指目标状态数据，主要包括目标的位置、速度等。根据设定的目标数目、初始位置、速度和运动模型（1 = CV、2 = CA、3 = TC、匀速（CV）、匀加速（CA）、匀速转弯（CT）等），即可生成目标状态数据。

具体的参数设置详见表 9-1。这里仅提供一个比较典型的例子，具体的数据可以根据需要进行更为复杂的定义。

表 9-1　目标状态参数设计

参数	设置
targetNumber =	1
TimeStepNumber =	100
timeStepLength =	1

续表

参数	设置
MovementModel =	1
StardPointX =	40
StardPointY =	30
StardVelocityX =	1.0
StardVelocityY =	1.5
SystemNoiseMean =	0
SystemNoiseVariance =	0.2
...	...

9.3.2　监测数据生成

监测数据参数设置，即与生成测量有关的参数，主要包括传感器节点的数目、分布方式（1 = 均匀、2 = 随机、3 = 预定义）、监测区域范围、探测数据范围、节点位置等。具体的参数设置详见表 9-2。

表 9-2　监测参数设计

参数	设置
NodeNumber =	81
NodeDistributionMode =	1
DateMinimum =	0
DateMaximum =	100
MonitoringIntervalX =	[0 400]
MonitoringIntervalY =	[0 400]
MeasurementNoiseMean =	0
MeasurementNoiseVariance =	1.0
...	...

监测数据，可以定义为对目标跟踪时所采集的数据。例如，根据移动目标所发出的声音进行定位跟踪的数据，可以先根据目标的运动轨迹计算出每一时刻目标所在的位置坐标，然后根据节点所在的位置计算从目标到达节点的距离。最后对这些数据加入一些随机分布的测量噪声，使其更符合实际的情况。表 9-2 仅提供一个比较典型的例子，具体的数据可以根据需要进行更为复杂的定义。

9.3.3　数据传输设计

在无线传感器网络实际运行过程中，数据的传输往往会出现时延和丢包等现象，为了使得算法仿真更接近于真实情景，在仿真过程中也设定数据的时延和丢包现象。由于时延可以看作丢包的特殊情况，所以在本章中仅考虑丢包现象对算法的影响。是否丢包，是通过给定丢包概率生成 0-1 二项分布来决定的。

当随机数为 0 时，表示数据丢失；当随机数为 1 时，反之。具体的参数设置见表 9-3。当然也可以随机地指定某个固定时间段来作为丢包的时段。这种方法用来比较算法性能会更方便一些，因为丢包时段相同，容易比较出丢包对算法影响的大小。

表 9-3　通信参数设计（丢包）

参数	设置
PacketLossProbability =	0.02
DateNumber =	timeStepNumber
…	…

9.4　单目标跟踪情形

9.4.1　数据预处理

在仿真数据生成之后，就是数据处理模块。数据处理流程图详见图 9-2。首先进行相关初始化，通过监测数据发现目标初始位置，并激活距离目标最近的中间节点（又称局部融合中心、簇首）和相关的感知节点，开始执行目标跟踪任务。中间节点将目标当前状态估计值和估计误差协方差阵传送给相关感知节点，感知节点计算测量预测值，并结合测量值计算测量新息以及量化测量新息；接下来传送回中间节点；中间节点接收到量化信息之后，利用量化滤波算法进行目标状态估计。在数据传输过程中，如果出现丢包现象，中心节点则直接对目标状态进行外推。每过一固定时段，要进行中心节点切换，以保证跟踪任务的连续性。

9.4.2　结果与分析

例 9.1　丢包情形首先考虑 5.5 节中的例子，除了转弯参数，本仿真中其他应用场景参数设置与 5.5 节中的例 5.1 完全相同。为了使得仿真更接近于真实情景，

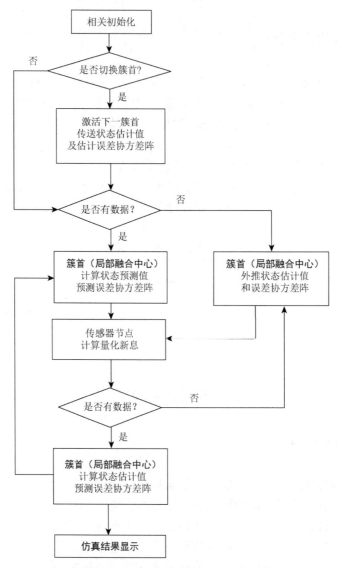

图 9-2　无线传感器网络中量化新息目标跟踪算法流程图

在仿真的第 $30\sim35$ 步，设置为丢包情形，在这一时间段中，数据通信完全中断，中心节点只能利用外推获得目标的状态估计。具体的仿真结果在图 9-3～图 9-11 中给出。

由仿真结果可见，当出现丢包情形时，滤波效果会急剧退化，但是当数据通信恢复之后，目标跟踪任务会迅速恢复。同时还注意到，在丢包情况下，前面章节中所提出的算法波动与原始测量条件下的 UKF 算法的波动情况较为接近，而另外两种量化滤波算法[28, 169]的波动性却明显较大。

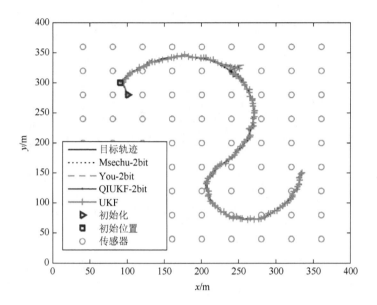

图 9-3　例 9.1 中目标位置估计结果（彩图扫二维码）

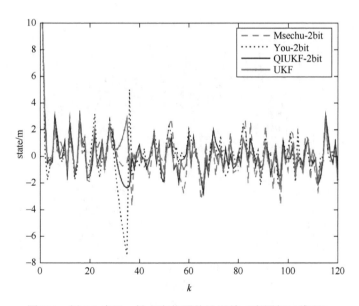

图 9-4　例 9.1 中沿 x 轴方向位置估计误差（彩图扫二维码）

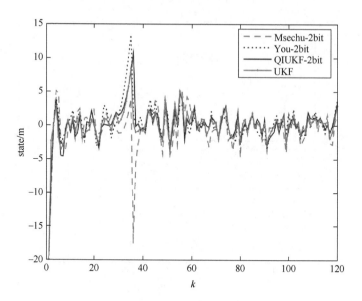

图 9-5　例 9.1 中沿 y 轴方向位置估计误差（彩图扫二维码）

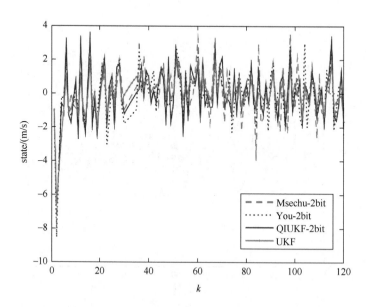

图 9-6　例 9.1 中沿 x 轴方向速度估计误差（彩图扫二维码）

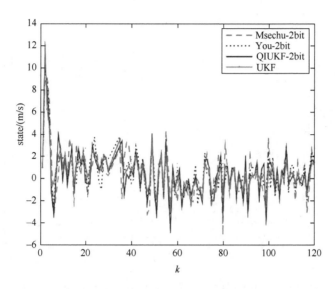

图 9-7　例 9.1 中沿 y 轴方向速度估计误差（彩图扫二维码）

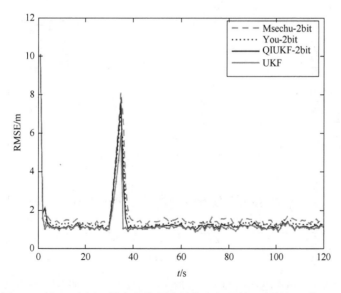

图 9-8　例 9.1 中沿 x 轴方向位置估计均方根误差（彩图扫二维码）

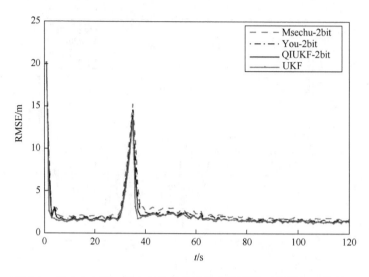

图 9-9　例 9.1 中沿 y 轴方向位置估计均方根误差（彩图扫二维码）

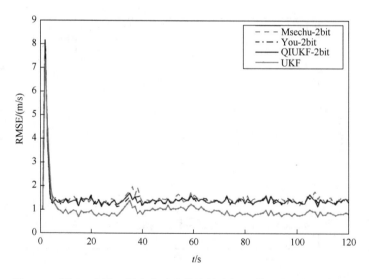

图 9-10　例 9.1 中沿 x 轴方向速度估计均方根误差（彩图扫二维码）

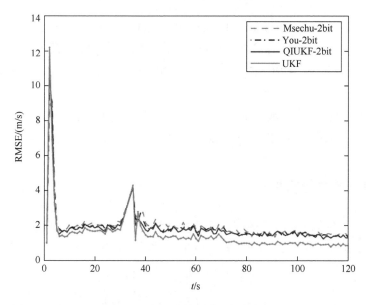

图 9-11　例 9.1 中沿 y 轴方向速度估计均方根误差（彩图扫二维码）

9.5　多目标跟踪情形

本节考虑 WSN 中多目标跟踪问题。多目标跟踪就是根据多个传感器节点所获得的量测信息，同时对多个目标的状态进行估计。要实现目标的精确定位跟踪，每个目标至少需三个节点组成监测联盟[170]。若监测区域出现多个目标，则需构建多个监测联盟。当多个目标相近（或相遇）时，目标附近节点可能会出现任务分配的竞争冲突问题。无线传感器网络的多目标跟踪可分为三个阶段：在第一阶段目标距离较远，可以作为单目标分别进行跟踪；在第二阶段，当目标相互接近引起量测与目标配对关系的模糊，为解模糊则需要进行数据关联；在第三阶段，当目标分开传感器又可以明显地区分后，回到单目标跟踪模式。如果在前一阶段出错，就会造成目标丢失或混淆，在第三阶段就需要进行重新起始或者识别。

9.5.1　目标运动模型

考虑 WSN 监测区域内的两个运动目标 $Target_A$ 和 $Target_B$。$Target_A$ 采用匀速转弯（CT）运动模型，见式（5.54）～式（5.57）；$Target_B$ 采用匀速直线（CV）运动模型。

具体的状态生成参数如下。

对于目标 $Target_A$，选取如下参数：总时间 $T = 100s$，时间步长为 $\Delta t = 1s$；

不同时段的转弯速率–0.05rad（$1 \leqslant k \leqslant 70$）、0.15rad（$71 \leqslant k \leqslant 100$）和 0.25rad（$101 \leqslant k \leqslant 120$）。系统噪声是高斯噪声 $\omega_k \sim \mathcal{N}(0, \mathrm{diag}(\varrho_1^2, \varrho_2^2))$，其中 $\varrho_1 = 2, \varrho_2 = 0.2$。目标初始状态为 $X_0^1 = [90\,3\,300\,4]^T$。跟踪算法的初始化为 $x_{0|0} = [100\,2\,280\,5]^T$，$P_{0|0} = 30Q$。

对于目标 Target_B，选取如下参数：目标初始状态为 $X_0^1 = [50\,3\,100\,6]^T$。跟踪算法的初始化为 $x_{0|0} = [60\,2\,80\,5]^T$，$P_{0|0} = 30Q$。其中 $Q = \mathrm{diag}(\varrho_1^2, \varrho_2^2)$，$\varrho_1 = 2, \varrho_2 = 0.2$。

9.5.2　传感器测量模型

考虑一般的传感器测量模型，即测量值为目标辐射信号的强度。节点所接收到的强度随着距离的增加线性递减，测量的数学模型为

$$E_i(X_k) = K - \lambda d_i(X_k) \qquad (9.1)$$

$$h_i(X_k) = d_i(X_k) = \frac{K - K_i(X_k)}{\lambda} \qquad (9.2)$$

$$y_k^i = h_i(X_k) + \upsilon_k^i \qquad (9.3)$$

其中，$E_i(X_k)(k = 1,2,\cdots; i = 1,2,\cdots,N)$ 是第 i 个传感器测量到的能量强度；$d_i(X_k)$ 是第 i 个传感器和目标之间的相对距离；K 是辐射能量值；$\lambda(> 0)$ 是能量丢失系数；υ_k^i 是传感器节点的加性测量噪声。这些参数与辐射环境、天线特征、地势等有关。本章中假设无通信损失且传感器测量同步。

具体设定如下：每个目标的辐射能量是 $K = 5\mathrm{dBm}$，能量丢失系数为 $\lambda = 0.2$。每个传感器的感知范围是 $[R_i, \overline{R_i}] = [0\mathrm{m}, 100\mathrm{m}]$，通信范围是 150m。

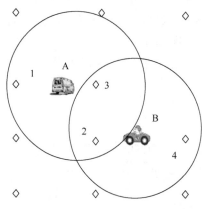

图 9-12　多目标跟踪传感器测量
模糊示意图

9.5.3　多目标情形测量解模糊

在多目标的情形下，当距离较远时，量测信息只是对单目标的量测，不存在数据模糊问题；然而当两目标距离很近时，量测与目标配对模糊，而存在数据模糊问题。如图 9-12 所示为无线传感器网络中节点对目标状态探测的情况，目标 A 被节点 1、2 和 3 探测，目标 B 被节点 2、3 和 4 探测，其中节点 2 和 3 同时探测到目标 A 与 B，存在数据模糊问题。因此网络中的节点可分为三类：睡眠

节点、唤醒且无数据模糊的节点和唤醒且有数据模糊的节点[133]。

　　首先要解决的问题是判断被激活的传感器节点是否存在测量模糊问题。这可以根据目标的预测位置以及所唤醒节点的测量范围来确定，如果被激活的节点到两个目标预测位置的距离小于传感器节点感知范围，则该节点属于唤醒且有数据模糊的节点；反之，则为唤醒且无数据模糊的节点。

　　现在以节点 2 为例，讨论传感器测量解模糊，即测量分配问题。注意到传感器节点 2 同时测量到了目标 A 和 B 所辐射的能量。根据测量系统方程（9.1）～（9.3），其测量值应为

$$E_2(X_k^{\mathrm{A}}) + E_2(X_k^{\mathrm{B}}) = K - \lambda d_2(X_k^{\mathrm{A}}) + K - \lambda d_2(X_k^{\mathrm{B}}) \tag{9.4}$$

$$h_2(X_k^{\mathrm{A}}) + h_2(X_k^{\mathrm{B}}) = d_2(X_k^{\mathrm{A}}) + d_2(X_k^{\mathrm{B}}) = \frac{2K - (E_2(X_k^{\mathrm{A}}) + E_2(X_k^{\mathrm{B}}))}{\lambda} \tag{9.5}$$

$$y_{2k} = h_2(X_k^{\mathrm{A}}) + h_2(X_k^{\mathrm{B}}) + \upsilon_k^i \tag{9.6}$$

融合中心根据目标运动模型预测下一时刻的目标状态值分别为 $X_{k-1|k}^{\mathrm{A}}$ 和 $X_{k-1|k}^{\mathrm{B}}$，从而通过测量系统模型（9.1）～（9.3）可以算得传感器节点 2 在时刻 k 对于目标 A 和 B 的预测测量值分别为

$$\hat{y}_{2k}^{\mathrm{A}} = h_2(X_{k-1|k}^{\mathrm{A}}) = d_2(X_{k-1|k}^{\mathrm{A}}) \tag{9.7}$$

$$\hat{y}_{2k}^{\mathrm{B}} = h_2(X_{k-1|k}^{\mathrm{B}}) = d_2(X_{k-1|k}^{\mathrm{B}}) \tag{9.8}$$

将 $\hat{y}_{2k}^{\mathrm{A}}$ 和 $\hat{y}_{2k}^{\mathrm{B}}$ 及相应的估计误差协方差 S_k^{A} 和 S_k^{B} 传送至节点 2，节点 2 首先依据 $\hat{y}_{2k}^{\mathrm{A}}$ 和 $\hat{y}_{2k}^{\mathrm{B}}$ 的值将测量值 y_{2k} 按比例分解，分别得到目标 A 和 B 的去模糊测量值：

$$y_{2k}^{\mathrm{A}} = y_{2k} \times \frac{\hat{y}_{2k}^{\mathrm{A}}}{\hat{y}_{2k}^{\mathrm{A}} + \hat{y}_{2k}^{\mathrm{B}}} \tag{9.9}$$

$$y_{2k}^{\mathrm{B}} = y_{2k} \times \frac{\hat{y}_{2k}^{\mathrm{B}}}{\hat{y}_{2k}^{\mathrm{A}} + \hat{y}_{2k}^{\mathrm{B}}} \tag{9.10}$$

然后根据 5.3 节中的量化策略分别计算关于目标 A 和 B 的量化新息 $\varXi_{2k}^{\mathrm{A}}$ 和 $\varXi_{2k}^{\mathrm{B}}$。接着，传感器节点 2 将量化新息 $\varXi_{2k}^{\mathrm{A}}$ 和 $\varXi_{2k}^{\mathrm{B}}$ 传送至融合中心。融合中心则可以根据接收到的所有节点的量化新息以及量化新息滤波算法进行目标状态估计。

　　由上述讨论可见，对于 WSN 中多目标跟踪问题，其算法流程整体上与基于量化新息的单目标跟踪问题相似，只是在数据处理模块中需要加入传感器节点测量模糊判断和解测量模糊功能，具体的 WSN 中基于量化新息的多目标跟踪的数据处理模块流程图见图 9-13。

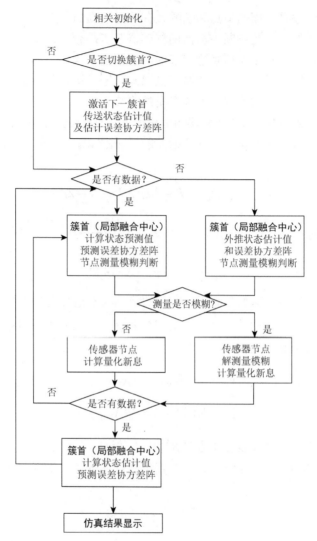

图 9-13　无线传感器网络中多目标量化新息目标跟踪流程图

9.5.4　结果与分析

本小节中给出多目标跟踪问题的仿真结果[171]。

例 9.2　考虑例 9.1 中的目标运动模型，即转弯模型[172]，目标运动方程详见例 9.1。目标（如小车等）被视作在二维平面内的点目标。

记 X_k 为目标运动状态。X_k 分别表示目标的位置 X_k^1、X_k^2 和速度 $\dot{X}_k^1$、$\dot{X}_k^2$ 及转弯速率 ϕ_k：$X_k = \{X_k^1, X_k^2, \dot{X}_k^1, \dot{X}_k^2, \phi_k\}^{\mathrm{T}}$。目标在直角坐标系下的运动模型为 $X_k = \phi_{k-1} X_{k-1} + \Gamma_{k-1}\omega_{k-1}$，$\omega_k$ 是方差为 Q_k 的过程噪声。系统噪声是高斯噪声 $\omega_k \sim$

$\mathcal{N}(0,\mathrm{diag}(\varrho_1^2,\varrho_2^2,\varrho_\phi^2))$，其中 $\varrho_1 = \varrho_2 = \varrho_\phi = 0.001$。状态转移矩阵 Φ_k 和噪声系数矩阵 Γ_k 分别见式（5.56）和式（5.57）。对于目标运动仿真，选取如下参数：总时间 T 为 100s，时间步长为 $\Delta t = 1\mathrm{s}$。

关于第一个目标，不同时段的转弯速率 ϕ 为 $-0.08\mathrm{rad}$（$1 \leqslant k \leqslant 30$）、$0.11\mathrm{rad}$（$31 \leqslant k \leqslant 60$）、$-0.15\mathrm{rad}$（$61 \leqslant k \leqslant 80$）和 $0.1\mathrm{rad}$（$81 \leqslant k \leqslant 100$）。目标初始状态为 $X_0 = [40\ 4\ 110\ 5\ 0.08]^\mathrm{T}$，跟踪算法的初始化为

$$x_{0|0} = [50\ 3\ 90\ 6\ 0.08]^\mathrm{T}$$
$$P_{0|0} = 3 \times Q$$

关于第二个目标，转弯速率 ϕ 恒为 $-0.01\mathrm{rad}$（$1 \leqslant k \leqslant 100$）。目标初始状态为 $X_0 = [80\ 2\ 110\ 1.5\ 0.01]^\mathrm{T}$，跟踪算法的初始化为

$$x_{0|0} = [70\ 1\ 130\ 6\ -0.01]^\mathrm{T}$$
$$P_{0|0} = 3 \times Q$$

传感器节点的测量模型为式（9.4）～式（9.6）。均方根误差是采用 400 次蒙特卡罗仿真结果计算的。

图 9-14～图 9-18 给出了多目标跟踪仿真效果以及相应估计的均方根误差。由图可见，当两个目标相遇时，基于量化新息的多目标跟踪的算法仍能保持良好的跟踪效果。

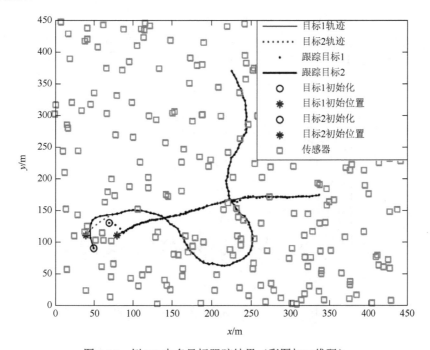

图 9-14　例 9.2 中多目标跟踪结果（彩图扫二维码）

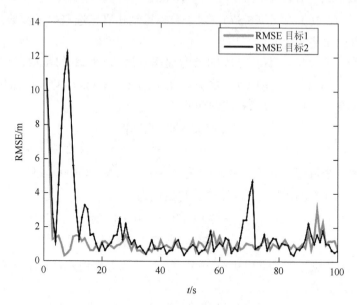

图 9-15　例 9.2 中沿 x 轴方向位置估计均方根误差

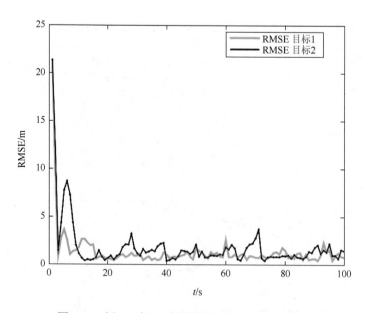

图 9-16　例 9.2 中沿 y 轴方向位置估计均方根误差

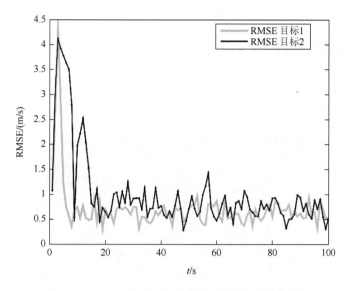

图 9-17　例 9.2 中沿 x 轴方向速度估计均方根误差

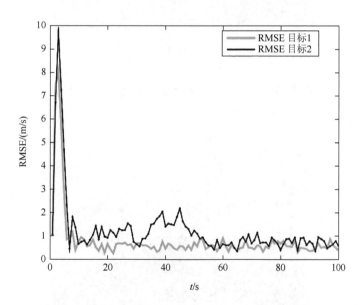

图 9-18　例 9.2 中沿 y 轴方向速度估计均方根误差

9.6　基于 WSN 的目标跟踪硬件平台

该无线传感器网络目标跟踪平台是由上海交通大学智能信息处理与控制研究室自行开发研制的[173]。该平台可以对单目标和多目标进行定位跟踪和性能评估。

9.6.1　系统体系结构

该无线传感器网络由无线传感器硬件节点、无线通信协议、移动目标和上位机组成。其实物图如图 9-19 所示。

图 9-19　无线传感器网络

上位机控制部分如图 9-20 所示，其中最左边的计算机为上位机，其余两个计算机分别控制两个移动小车。

图 9-20　无线传感器网络上位机控制部分

无线传感器网络系统结构体系图如图 9-21 所示。

系统主要流程为上位机通过 RS232 与簇节点相连，簇节点和无线节点通过无线通信协议组成网络，上位机通过簇节点来控制网络，并获取网络采集的数据。

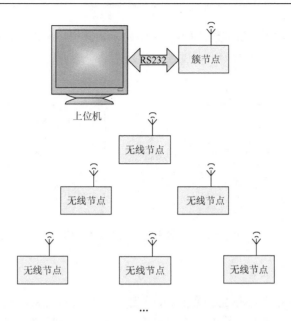

图 9-21　无线传感器网络结构体系图

9.6.2　无线传感器节点

无线传感器节点是无线传感器网络的基本组成部分。它可以作为簇节点（cluster node）和普通传感器节点（sensor node）。

无线传感器节点由无线射频模块、调度模块和超声波模块组成，其实物图如图 9-22 所示。

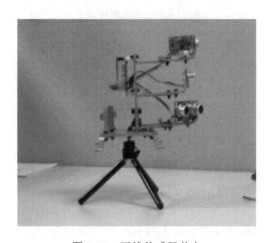

图 9-22　无线传感器节点

无线传感器节点体系结构图如图 9-23 所示，其中，无线射频模块与调度模块通过 RS232 相连以传输指令，调度模块通过 I²C 总线调度三个超声波模块。

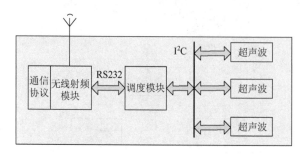

图 9-23　无线传感器节点体系结构图

1. 无线射频模块

无线射频模块是无线传感器节点的主体，它负责将传感器采集到的数据通过无线方式发送给簇节点，并接收簇节点的指令来对传感器进行控制。无线射频模块通过 RS232 与调度模块相连，将通过无线接收到的来自簇节点的指令发送给调度模块，并由调度模块根据指令具体来调度超声波模块。

考虑到无线传感器节点采用电池供电，要求能耗比较低，而且考虑到采用国际上成熟的 ZigBee 无线通信协议，结合市面情况，TI 公司的 CC2530 芯片具有低能耗和支持 ZigBee 协议的特点，因此无线射频模块采用 CC2530 芯片。其实物如图 9-24 所示。

图 9-24　无线射频模块

无线射频模块的芯片外围电路主要有时钟发生电路、射频收发电路。其电路原理图如图 9-25 所示。

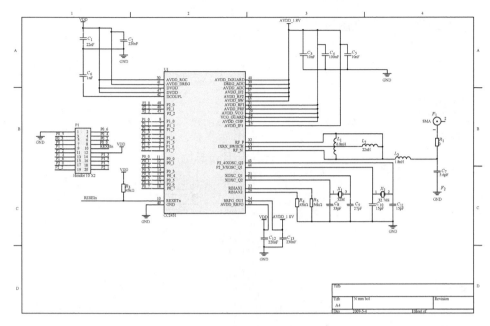

图 9-25 无线射频模块电路原理图

2. 调度模块

调度模块通过 RS232 与无线射频模块相连,以接收无线射频模块发送的指令。通过 I^2C 总线与三个超声波模块相连,调度模块可根据不同的指令分别令 1 个、2 个或 3 个超声波模块同时工作,并且可以控制多个超声波模块切换时间。

调度模块采用 ATmega8 单片机,主要外围电路有串口通信电路。

调度模块的实物图如图 9-26 所示。

图 9-26 调度模块

调度模块电路原理图如图 9-27 所示。

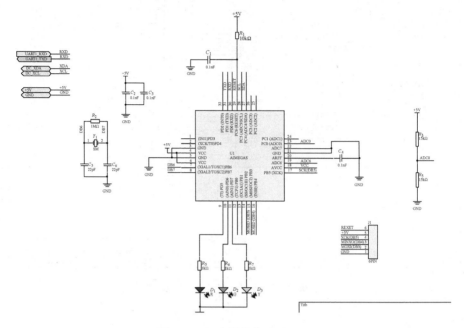

图 9-27　调度模块电路原理图

3. 超声波模块

由于考虑到定位跟踪的精度要求，所以无线传感器节点的传感器部分采用超声波。采用单片机来控制的超声波传感器定位测量模块是先由单片机控制外围电路产生 40kHz 的方波，经整形放大后加到超声波换能器发射出频率为40kHz 的超声波，并向某一方向发射超声波。在发射 40kHz 的超声波的同时开始计时，超声波在空气中传播，途中碰到障碍物就立即返回来。超声波换能器接收到的超声波信号经过放大、滤波后作为接收信号来产生模拟比较器的中断，计数停止，完成一次超声波测距的时间操作。只要计算出超声波信号从发射到接收到回波信号的时间，并且知道在介质中的传播速度，就可以计算出被测物体的距离。

超声波模块同样采用 ATmega8 单片机，外围电路包括时钟发生电路、超声波发射电路、运算放大电路、串口通信电路和超声波接收电路。

超声波模块的实物图如图 9-28 所示。

超声波模块电路原理图如图 9-29 所示。

图 9-28　超声波模块

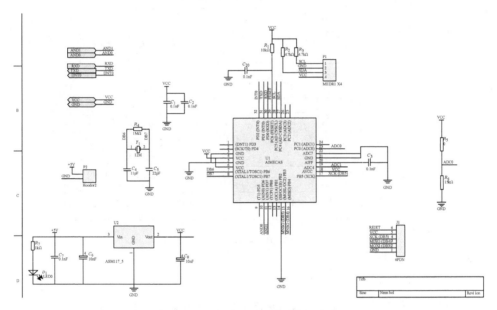

图 9-29　超声波模块电路原理图

9.6.3　网络通信协议

1. ZigBee 协议

ZigBee 协议是基于 IEEE 802.15.4 协议的一种短距离、低功耗的无线通信技术。它主要有低成本、高容量、低速率、低功耗的特点。由于采用 TI 公司的 CC2530 无线芯片，本章使用 TI 提供的基于 ZigBee 协议的 Z-Stack 协议栈[76]。

Z-Stack 协议栈分为四层：物理层、MAC 层、网络层和应用层。不同层之间通过管理接口和数据接口相连。并通过一个操作系统 OSAL 对不同层之间消息的传递进行处理。协议栈结构如图 9-30 所示。

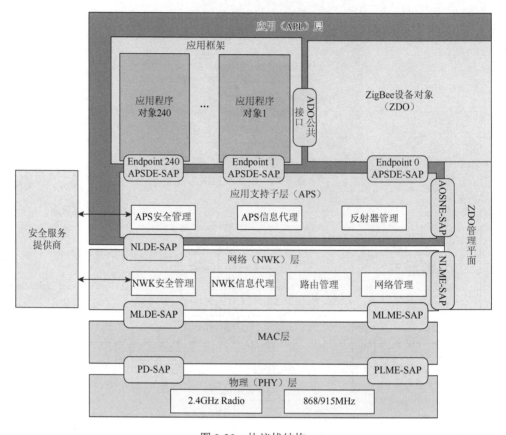

图 9-30　协议栈结构

2. 网络通信流程

当一个无线节点上电后，Z-Stack 系统流程图如图 9-31 所示。

Z-Stack 系统流程主要步骤为系统启动、驱动初始化、OSAL 启动与初始化、任务轮询。

无线网络产生流程为：首先在簇节点进行栈配置，确定网络拓扑类型，如树形网络、星形网络或网状网络，确定网络的路由深度，确定各个层中每个路由器可以最多挂载的路由器节点数目和终端设备数目，确定网络的加密等级；其次簇节点确定一个信道和网络 ID（PANID）；最后簇节点定义自己在用户层上的端点，以便收发数据包。确定好网络这些属性后，簇节点开始启动网络。

簇节点建网流程图如图 9-32 所示。

当簇节点建网完毕后，其他无线传感器节点上电后即开始扫描检测已存在的无线信道与网络标识，随后向簇节点发送加入网络请求，待收到来自簇节点的加入答复后，以事先定义好的路由器形式或终端设备形式加入网络并建立无线通道。

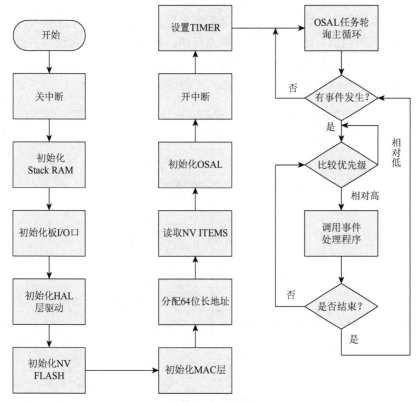

图 9-31　Z-Stack 系统流程图

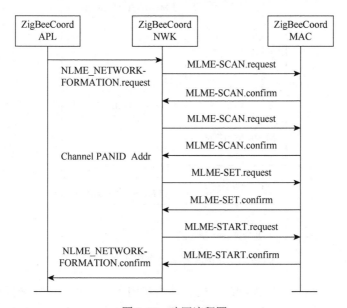

图 9-32　建网流程图

各个无线节点再加入同时获得簇节点分配的网络地址，最后各个无线节点定义自己在用户层上的端点。这样无线网络建立完毕，每个节点只需知道对方的网络地址和端点号，就可以和对方进行无线通信。

无线节点加入网络与簇节点接收加入流程图如图 9-33 所示。

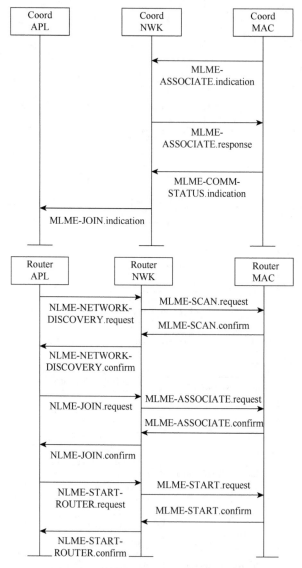

图 9-33　无线传感器节点加入网络过程

无线传感器网络工作流程：首先管理人员用上位机软件发送采集指令，上位机通过 RS232 产生中断将指令发送给簇节点，簇节点通过消息管理机制将底层接收到的中断指令传递至用户层，然后根据指令不同发送数据包到要求的目的无线传感器节点，该无线传感器节点的无线射频模块接收到数据包后，经过解析后将数据包中的指令通过 RS232 发送给调度模块，调度模块根据指令具体内容通过 I^{2}C 总线来调度不同的超声波模块工作，超声波传感器将采集的数据信息返回给调度模块，调度模块通过 RS232 产生中断，返回采集到的数据信息给无线射频模块，无线射频模块通过消息管理机制将底层接收到的中断数据信息包传递至用户层，用户层将其打包后发送给簇节点，簇节点收到这个无线传感器节点采集数据包后，继续发送指令给下一个节点，直到管理人员通过上位机发送别的指令为止。

9.6.4　上位机显示

该软件提供无线传感器网络跟踪动态目标的用户界面。通过无线传感器网络中节点的测量信息，经簇节点由串口发送到 PC 端，PC 端软件经过处理后，将测量数据代入定位算法得到目标的位置，并且经过连续动态跟踪得到目标的轨迹。该软件主要包括以下三个部分。

（1）测量数据处理。按照规定的数据传送格式，将 PC 端接收到的数据流首先组合为节点测量值；然后，按照一定的规则来判断该测量值是否有效。

（2）节点定位算法。定位算法采用的是三角定位法和基于量化新息的多目标跟踪算法。

（3）图形界面显示。当定位算法给出节点的位置后，界面显示部分动态显示目标的当前位置与历史轨迹，并且按照一定的规则判断网络当前是处于跟踪单目标还是多目标状态。动态显示多条轨迹或者单条轨迹。

软件界面如图 9-34 所示。

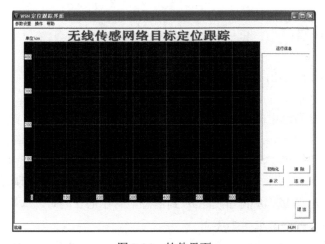

图 9-34　软件界面

程序主要实现以下两种情况的目标跟踪定位：

（1）单目标跟踪情况如图 9-35 所示。

（2）多目标跟踪情况如图 9-36 所示。

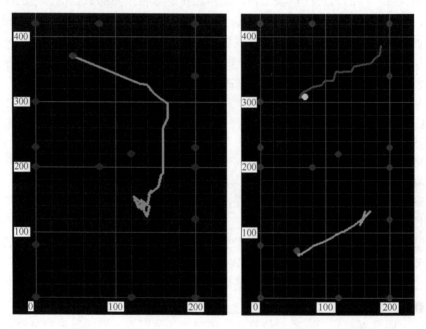

图 9-35　单目标跟踪　　　　　　　　图 9-36　多目标跟踪

9.7　实验与分析

9.7.1　场景设置

无线传感器网络由 $N=120$ 个传感器节点与一个信息融合中心组成，这些节点随机部署在 $70\text{m}\times70\text{m}$ 的区域，并且它们的位置坐标均为已知。

无线传感器网络中有两个运动目标，其运动在二维平面内。此无线传感器网络的时间步长为 $T=1\text{s}$，在此时间步长内，距离移动目标最近的三个无线传感器节点会被激活。每个被激活的无线传感器节点会接收到信息融合中心发送的当前时刻的 $\hat{z}_{k|k-1}$ 与 S_k。同时节点会测量出运动目标与自身之间的相对距离，测量之后节点会计算出 b_k 并将其量化后发送 b_k^q 到信息融合中心。同时，本章认为在无线通信传输过程中不存在数据包丢失。

在 k 时刻，目标的运动状态为 $x_k=[x_k\ \dot{x}_k\ \ddot{x}_k\ y_k\ \dot{y}_k\ \ddot{y}_k]^{\mathrm{T}}$，其中 x_k 和 y_k 分别为

x 方向与 y 方向上的距离分量；$\dot{x}_k$ 和 $\dot{y}_k$ 分别为 x 方向与 y 方向上的速度分量，而 $\ddot{x}_k$ 和 $\ddot{y}_k$ 分别为 x 方向与 y 方向上的加速度分量。假设目标状态的动态运动模型为匀加速模型（CA）[39]。而量测方程用于测量节点与目标的欧氏距离。其中 ω_k 与 υ_k 分别为过程噪声序列与观测噪声序列，其均为零均值高斯白噪声，且方差分别为 $\mathrm{var}(\omega_{k-1}) = 0.01^2$ 和 $\mathrm{var}(\upsilon_k) = 10^2$。

本节设计两个实验，如下所述。

实验一，当规范化新息的量化区间数目为 $L = 2$ 时，基于量化新息的联合概率数据关联算法对两个目标的跟踪。

实验二，当规范化新息的量化区间数目为 $L = 4$ 时，基于量化新息的联合概率数据关联算法对两个目标的跟踪。

对于每一个实验，所有算法在本实验场景下运行蒙特卡罗仿真 1000 次。

9.7.2　结果与分析

实验一为当量化区间数目 $L = 2$ 时，基于量化新息的联合概率数据关联算法对两个目标的跟踪。

一方面，对于算法的数据关联准确度，图 9-37 为基于量化新息的联合概率数据关联算法对两个目标的跟踪关联效果图。

另一方面，对于算法的跟踪估计精度，以目标 1 为例，图 9-38 与图 9-39 分别为当量化区间数目 $L = 2$ 时，基于量化新息的联合概率数据关联算法对目标 1 在 x 轴和 y 轴距离的 RMSE 图。

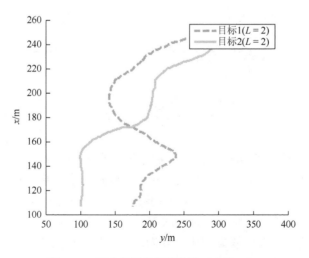

图 9-37　两个目标的跟踪轨迹（实验一）

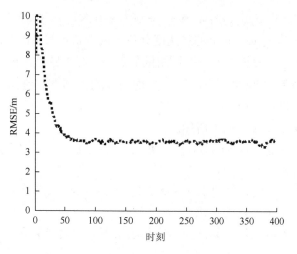

图 9-38　基于量化新息的联合概率数据关联算法在 x 方向上的
RMSE 跟踪精度（实验一）

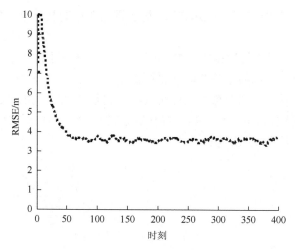

图 9-39　基于量化新息的联合概率数据关联算法在 y 方向上的
RMSE 跟踪精度（实验一）

由图 9-37～图 9-39 可以看出，当量化区间数目 $L=2$ 时，基于量化新息的联合概率数据关联算法能够对两个交叉目标成功跟踪，并且具有较好的跟踪精度。

而对于实验二，其为当规范化新息的量化区间数目 $L=4$ 时，基于量化新息的联合概率数据关联算法对两个目标的跟踪。

对于算法的数据关联效果，图 9-40 为基于量化新息的联合概率数据关联算法对两个目标的跟踪关联图。

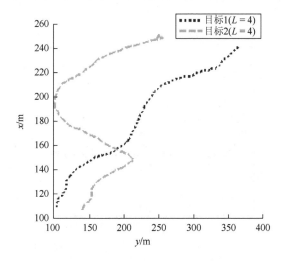

图 9-40　两个目标的跟踪轨迹（实验二）

此外，对于算法的跟踪估计精度，同样以目标 1 为例，图 9-41 与图 9-42 分别为当量化区间数目 $L=4$ 时，基于量化新息的联合概率数据关联算法对目标 1 在 x 轴和 y 轴距离的 RMSE 图。

由图 9-40～图 9-42 可以看出，本章所提出的多目标算法对这两个交叉目标也能够成功跟踪，并且跟踪精度较高。

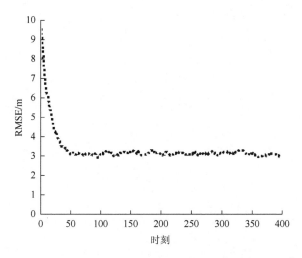

图 9-41　基于量化新息的联合概率数据关联算法在 x 方向上的
RMSE 跟踪精度（实验二）

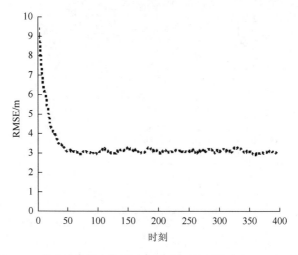

图 9-42　基于量化新息的联合概率数据关联算法在 y 方向上的
RMSE 跟踪精度（实验二）

9.8　本　章　小　结

本章给出了基于量化信息融合的目标跟踪系统的设计流程，并给出相关重要的参数设置。为了更加接近于真实情景，在场景设置中考虑了丢包等实际应用中时常发生的突发事件。实验结果表明，即使在长时间丢包情形下，所提出的方法仍能够保持较好的跟踪效果。

参 考 文 献

[1]   韩崇昭，朱洪艳，段战胜，等. 多源信息融合[M]. 2 版. 北京：清华大学出版社，2010.

[2]   何友，王国宏，关欣，等. 信息融合理论及应用[M]. 北京：电子工业出版社，2010.

[3]   李建勋. 信息融合理论及应用[D]. 西安：西北工业大学，1996.

[4]   Liggins M E，Hall D L，Llinas J. Handbook of Multisensor Data Fusion：Theory and Practice[M]. 2nd ed. Florida：CRC Press，2017.

[5]   文志诚，陈志刚，唐军.基于信息融合的网络安全态势量化评估方法[J]. 北京航空航天大学学报，2016，42（8）：1593-1602.

[6]   李宁，韦道知，张翌宇，等. 制导引信一体化信息融合技术[J]. 电光与控制，2021，28（10）：94-98.

[7]   周志中，俞祖卿. 基于信息融合和策略转换的商品期货量化投资策略[J]. 系统管理学报，2021，30（2）：253-263.

[8]   李文峰，许爱强，陈涛，等.多源信息融合的航空部附件状态退化预测[J]. 自动化仪表，2016，37（8）：25-29.

[9]   王小艺，白玉廷，阳译，等. 基于多源异构信息的藻类水华治理群决策方法[J]. 安全与环境学报，2022，22（3）：1575-1584.

[10] Wang R X，Sun S L. Distributed matrix-weighted fusion consensus filtering with two-stage filtering for sensor networks[J]. IEEE Sensors Journal，2023，23（5）：5003-5013.

[11] Bhargava A，Zoltowski M. Sensors and wireless communication for medical care[C]// Proceedings of the 14th International Workshop on Database and Expert Systems Applications，Prague，2003：956-960.

[12] Pakzad S，Kim S，Fenves G，et al. Multi-purpose wireless accelerometers for civil infrastructure monitoring[C]//Proceedings of the 5th International Workshop on Structural Health Monitoring，San Francisco，2005.

[13] Xu N，Rangwala S，Chintalapudi K K，et al. A wireless sensor network for structural monitoring[C]// Proceedings of the 2nd International Conference on Embedded Networked Sensor Systems，Baltimore，2004：13-24.

[14] Petriu E M，Georganas N D，Petriu D C，et al. Sensor-based information appliances[J]. IEEE Instrumentation & Measurement Magazine，2000，3（4）：31-35.

[15] Lam W M，Reibman A R. Design of quantizers for decentralized estimation systems[J]. IEEE Transactions on Communications，1993，41（11）：1602-1605.

[16] Luo Z Q. Universal decentralized estimation in a bandwidth constrained sensor network[J]. IEEE Transactions on Information Theory，2005，51（6）：2210-2219.

[17] Xiao J J, Cui S G, Luo Z Q, et al. Power scheduling of universal decentralized estimation in sensor networks[J]. IEEE Transactions on Signal Processing, 2006, 54 (2): 413-422.

[18] Duan Z S, Jilkov V P, Li X R. State estimation with quantized measurements: Approximate MMSE approach[C]//Proceedings of the 11th International Conference on Information Fusion, 2008.

[19] Ribeiro A, Giannakis G B. Distributed quantization-estimation using wireless sensor networks[D]. Minnesota: The University of Minnesota, 2005.

[20] Ribeiro A, Giannakis G B, Roumeliotis S I. SOI-KF: Distributed Kalman filtering with low-cost communications using the sign of innovations[J]. IEEE Transactions on Signal Processing, 2006, 54 (12): 4782-4795.

[21] Msechu E J, Roumeliotis S I, Ribeiro A, et al. Decentralized quantized Kalman filtering with scalable communication cost[J]. IEEE Transactions on Signal Processing, 2008, 56 (8): 3727-3741.

[22] You K Y, Xie L H, Sun S L, et al. Multiple-level quantized innovation Kalman filter[C]// Proceedings of IFAC World Congress, Seoul, 2008: 1420-1425.

[23] Sun S L, Lin J Y, Xie L H, et al. Quantized Kalman filtering[C]//Proceedings of the 22nd IEEE International Symposium on Intelligent Control, Singapore, 2007: 1-3.

[24] Zhou P, Yao J H, Pei J L. Implementation of an energy-efficient scheduling scheme based on pipeline flux leak monitoring networks[J]. Science in China Series F: Information Sciences, 2009, 52 (9): 1632-1639.

[25] Xu X L, Ge Q B. Networked Strong Tracking Filters with Noise Correlations and Bits Quantization[M]. Berlin: Springer, 2011: 183-192.

[26] 管冰蕾, 汤显峰, 徐小良. 噪声相关的带宽约束传感器网络融合算法[J]. 河南大学学报 (自然科学版), 2013, 43 (2): 200-203.

[27] 汤显峰, 管冰蕾, 葛泉波, 等. 一种非合作目标的多传感器量化融合跟踪方法[J]. 计算机应用研究, 2014, 31 (10): 2902-2906.

[28] Sripad A, Snyder D. A necessary and sufficient condition for quantization errors to be uniform and white[J]. IEEE Transactions on Acoustics, Speech, and Signal Processing, 1977, 25 (5): 442-448.

[29] Gray R M, Stockham T G. Dithered quantizers[J]. IEEE Transactions on Information Theory, 1993, 39 (3): 805-812.

[30] Schuchman L. Dither signals and their effect on quantization noise[J]. IEEE Transactions on Communication Technology, 1964, 12 (4): 162-165.

[31] Gray R M. Quantization noise spectra[J]. IEEE Transactions on Information Theory, 1990, 36 (6): 1220-1244.

[32] Clements K, Haddad R. Approximate estimation for systems with quantized data[J]. IEEE Transactions on Automatic Control, 1972, 17 (2): 235-239.

[33] Curry R, Vander Velde W E, Potter J. Nonlinear estimation with quantized measurements— PCM, predictive quantization, and data compression[J]. IEEE Transactions on Information

Theory，1970，16（2）：152-161.

[34] Sviestins E，Wigren T. Optimal recursive state estimation with quantized measurements[J]. IEEE Transactions on Automatic Control，2000，45（4）：762-767.

[35] Karlsson R，Gustafsson F. Particle filtering for quantized sensor information[C]//Proceedings of the 13th European Signal Processing Conference，Antalya，2005.

[36] Karlsson R，Gustafsson F. Filtering and estimation for quantized sensor information[D]. Linköping：Linköpings Universitet，2005.

[37] Lacoss R，Walton R. Strawman design of a DSN（distributed sensor networks）to detect and track low flying aircraft[C]//Proceedings of the Distributed Sensor Nets Workshop，Pittsburgh，1978：41-52.

[38] Tubaishat M，Madria S. Sensor networks：An overview[J]. IEEE Potentials，2003，22（2）：20-23.

[39] 宋文，王兵，周应宾，等. 无线传感器网络技术与应用[M]. 北京：电子工业出版社，2007.

[40] Sohraby K，Minoli D，Znati T. Wireless Sensor Networks：Technology，Protocols，and Applications[M]. New Jersey：Wiley-Interscience，2007.

[41] Akyildiz I F，Melodia T，Chowdury K R. Wireless multimedia sensor networks：A survey[J]. IEEE Wireless Communications，2007，14（6）：32-39.

[42] Yick J，Mukherjee B，Ghosal D. Wireless sensor network survey[J]. Computer Networks，2008，52（12）：2292-2330.

[43] 唐剑，史浩山，韩忠祥. 无线传感器网络中的目标跟踪算法[J]. 空军工程大学学报（自然科学版），2006，7（5）：25-29.

[44] Guo W H，Liu Z Y，Wu G B. An energy-balanced transmission scheme for sensor networks[C]//Proceedings of the 1st International Conference on Embedded Networked Sensor Systems，Los Angeles，2003：300-301.

[45] Kung H T，Vlah D. Efficient location tracking using sensor networks[C]//IEEE Wireless Communications and Networking，New Orleans，LA，2003：1954-1961.

[46] Zhang W S，Cao G H. DCTC：Dynamic convoy tree-based collaboration for target tracking in sensor networks[J]. IEEE Transactions on Wireless Communications，2004，3（5）：1689-1701.

[47] 周鸣争，楚宁，周涛，等. 一种基于能量约束的传感器网络动态数据融合算法[J]. 仪器仪表学报，2007，28（1）：172-175.

[48] Burrell J，Brooke T，Beckwith R. Vineyard computing：Sensor networks in agricultural production[J]. IEEE Pervasive Computing，2004，3（1）：38-45.

[49] Gupta R，Das S R. Tracking moving targets in a smart sensor network[C]//The VTC Fall 2003 Symposium，Orlando，2003.

[50] Guo D，Wang X D. Dynamic sensor collaboration via sequential Monte Carlo[J]. IEEE Journal on Selected Areas in Communications，2004，22（6）：1037-1047.

[51] Zhao F，Shin J，Reich J. Information-driven dynamic sensor collaboration for tracking applications[J]. IEEE Signal Processing Magazine，2002，19（2）：61-72.

[52] Chu M，Haussecker H，Zhao F. Scalable information-driven sensor querying and routing for ad

hoc heterogeneous sensor networks[J]. The International Journal of High Performance Computing Applications，2002，16（3）：293-313.

[53] Ramanathan P. Location-centric approach for collaborative target detection，localization，and tracking[C]//IEEE CAS Workshop on Wireless Communications and Networking，California，2002.

[54] Brooks R R，Ramanathan P，Sayeed A M. Distributed target classification and tracking in sensor networks[J]. Proceedings of the IEEE，2003，91（8）：1163-1171.

[55] 李迅，李洪峻. 基于簇结构的无线传感器网络移动目标精确跟踪[J]. 传感技术学报，2009，22（12）：1813-1817.

[56] 杨小军，邢科义，施坤林，等. 传感器网络下机动目标动态协同跟踪算法[J]. 自动化学报，2007，33（10）：1029-1035.

[57] Chen W P，Hou J C，Sha L. Dynamic clustering for acoustic target tracking in wireless sensor networks[J]. IEEE Transactions on Mobile Computing，2004，3（3）：258-271.

[58] Phoha S，Jacobson N，Friedlander D，et al. Sensor network based localization and target tracking through hybridization in the operational domains of beamforming and dynamic space-time clustering[C]//IEEE Global Telecommunications Conference，San Francisco，2003.

[59] Phoha S，Koch J，Grele E，et al.Space-time coordinated distributed sensing algorithms for resource efficient narrowband target localization and tracking[J]. International Journal of Distributed Sensor Networks，2005，1（1）：81-99.

[60] 魏雪云，廖惜春. 基于卡尔曼的无线传感器网络时空融合研究[J]. 传感器与微系统，2007，26（9）：72-75.

[61] Cucker F，Smale S. Emergent behavior in flocks[J]. IEEE Transactions on Automatic Control，2007，52（5）：852-862.

[62] Gazi V，Passino K M. Stability analysis of swarms[J]. IEEE Transactions on Automatic Control，2003，48（4）：692-697.

[63] Cortes J，Martinez S，Bullo F. Robust rendezvous for mobile autonomous agents via proximity graphs in arbitrary dimensions[J]. IEEE Transactions on Automatic Control，2006，51（8）：1289-1298.

[64] Cortes J. Distributed kriged Kalman filter for spatial estimation[J]. IEEE Transactions on Automatic Control，2009，54（12）：2816-2827.

[65] Olfati-Saber R. Distributed Kalman filter with embedded consensus filters[C]//44th IEEE Conference on Decision and Control，and the European Control Conference，Seville，2005：8179-8184.

[66] Olfati-Saber R. Distributed Kalman filtering for sensor networks[C]//46th IEEE Conference on Decision and Control，New Orleans，2007.

[67] Carli R，Chiuso A，Schenato L，et al. Distributed Kalman filtering based on consensus strategies[J]. IEEE Journal on Selected Areas in Communications，2008，26（4）：622-633.

[68] Schizas I D，Giannakis G B，Roumeliotis S I，et al. Consensus in ad hoc WSNs with noisy links—Part Ⅱ：Distributed estimation and smoothing of random signals[J]. IEEE Transactions

on Signal Processing，2008，56（4）：1650-1666.

[69] Schizas I D，Mateos G，Giannakis G B. Distributed LMS for consensus-based in-network adaptive processing[J]. IEEE Transactions on Signal Processing，2009，57（6）：2365-2382.

[70] Mechitov K，Sundresh S，Kwon Y，et al. Cooperative tracking with binary-detection sensor networks[C]//Proceedings of the 1st International Conference on Embedded Networked Sensor Systems，Los Angeles，2003.

[71] Kim W，Mechitov K，Choi J Y，et al. On target tracking with binary proximity sensors[C]// Proceedings of the 4th International Symposium on Information Processing in Sensor Networks，Boise，2005：308-310.

[72] Aslam J，Butler Z，Constantin F，et al. Tracking a moving object with a binary sensor network[C]//Proceedings of the 1st International Conference on Embedded Networked Sensor Systems，Los Angeles，2003：150-161.

[73] Vemula M，Bugallo M F，Djurić P M. Particle filtering-based target tracking in binary sensor networks using adaptive thresholds[C]//Proceedings of the 2nd IEEE International Workshop on Computational Advances in Multi-Sensor Adaptive Processing，St. Thomas，2007：165-168.

[74] 李煜，程远国，杨露菁. 一种二元探测传感器网络目标跟踪算法[J]. 传感技术学报，2008，21（11）：1900-1904.

[75] Ruan Y H，Willett P，Marrs A，et al. Practical fusion of quantized measurements via particle filtering[J]. IEEE Transactions on Aerospace and Electronic Systems，2008，44（1）：15-29.

[76] 骆吉安，柴利，王智. 无线传感器网络中基于多比特量化数据的滚动时域状态估计[J]. 电子与信息学报，2009，31（12）：2819-2823.

[77] Ozdemir O，Niu R X，Varshney P K. Tracking in wireless sensor networks using particle filtering：Physical layer considerations[J]. IEEE Transactions on Signal Processing，2009，57（5）：1987-1999.

[78] 关小杰，陈军勇. 无线传感器网络中基于量化观测的粒子滤波状态估计[J]. 传感技术学报，2009，22（9）：1337-1341.

[79] You K Y，Xie L H，Sun S L，et al. Multiple-level quantized innovation Kalman filter[J]. IFAC Proceedings Volumes，2008，41（2）：1420-1425.

[80] Sukhavasi R T，Hassibi B. Particle filtering for quantized innovations[C]//IEEE International Conference on Acoustics，Speech and Signal Processing，Taibei，China，2009.

[81] Bar-Shalom Y，Li X R. Multitarget-multisensor Tracking：Principles and Techniques[M]. Storrs：YBS Publishing，1995.

[82] Kalman R E. A new approach to linear filtering and prediction problems[J]. Journal of Basic Engineering，1960，82（1）：35-45.

[83] Simon D. Optimal State Estimation：Kalman，H∞，and Nonlinear Approaches[M]. New Jersey：John Wiley & Sons，2006.

[84] Julier S，Uhlmann J，Durrant-Whyte H F. A new method for the nonlinear transformation of means and covariances in filters and estimators[J]. IEEE Transactions on Automatic Control，

2000，45（3）：477-482.

[85] Arulampalam M S, Maskell S, Gordon N, et al. A tutorial on particle filters for online nonlinear/non-Gaussian Bayesian tracking[J]. IEEE Transactions on Signal Processing，2002，50（2）：174-188.

[86] Curry R E. Estimation and Control with Quantized Measurements[M]. Cambridge: MIT Press，1970.

[87] Anderson B D O, Moore J B. Optimal Filtering[M]. New Jersey: Prentice-Hall，1979.

[88] Brown R G, Hwang P Y C. Introduction to Random Signals and Applied Kalman Filtering[M]. New Jersey: Wiley，1992.

[89] Sukhavasi R T, Hassibi B. The Kalman like particle filter: Optimal estimation with quantized innovations/measurements[C]//Proceedings of the 48th IEEE Conference on CDC，Shanghai，2009.

[90] Nagpal K M, Khargonekar P P. Filtering and smoothing in an H^{∞} setting[J]. IEEE Transactions on Automatic Control，1991，36（2）：152-166.

[91] Yaesh I, Shaked U. A transfer function approach to the problems of discrete-time systems H_{∞}-optimal linear control and filtering[J]. IEEE Transactions on Automatic Control，1991，36（11）：1264-1271.

[92] Xie L H, de Souza C E, Fu M Y. H_{∞} estimation for discrete-time linear uncertain systems[J]. International Journal of Robust and Nonlinear Control，1991，1（2）：111-123.

[93] Grimble M J, El Sayed A. Solution of the H_{∞} optimal linear filtering problem for discrete-time systems[J]. IEEE Transactions on Acoustics，Speech and Signal Processing，1990，38（7）：1092-1104.

[94] Boyd S, El Ghaoui L, Feron E, et al. Linear matrix inequalities in systems and control theory[M]//SIAM Studies in Applied Mathematics，1994.

[95] Nemirovskii A. Several NP-hard problems arising in robust stability analysis[J]. Mathematics of Control，Signals and Systems，1993，6（2）：99-105.

[96] de Oliveira M C, Bernussou J, Geromel J C. A new discrete-time robust stability condition[J]. Systems & Control Letters，1999，37（4）：261-265.

[97] Tuan H D, Apkarian P, Nguyen T Q. Robust and reduced-order filtering: New LMI-based characterizations and methods[J]. IEEE Transactions on Signal Processing，2001，49（12）：2975-2984.

[98] Wilson D A. Convolution and Hankel operator norms for linear systems[J]. IEEE Transactions on Automatic Control，1989，34（1）：94-97.

[99] Gao H J, Wang C H. A delay-dependent approach to robust H_{∞} filtering for uncertain discrete-time state-delayed systems[J]. IEEE Transactions on Signal Processing，2004，52（6）：1631-1640.

[100] Scherer C. Mixed H_2/H_{∞} Control[M]//Isidori A. Trends in Control. Berlin: Springer，1995：173-216.

[101] Skelton R E, Iwasaki T, Grigoriadis K M. A Unified Algebraic Approach to Linear Control Design[M]. London: Taylor & Francis，1998.

[102] Grigoriadis K M, Watson J T. Reduced-order H_∞ and L_2-L_∞ filtering via linear matrix inequalities[J]. IEEE Transactions on Aerospace and Electronic Systems, 1997, 33 (4): 1326-1338.

[103] Xu S Y, Yang C W. Stabilization of discrete-time singular systems: A matrix inequalities approach[J]. Automatica, 1999, 35 (9): 1613-1617.

[104] Wong P W. Quantization noise, fixed-point multiplicative roundoff noise, and dithering[J]. IEEE Transactions on Acoustics, Speech, and Signal Processing, 1990, 38 (2): 286-300.

[105] Lee C M, Fong I K. H_∞ optimal singular and normal filter design for uncertain singular systems[J]. IET Control Theory & Applications, 2007, 1 (1): 119-126.

[106] 王志胜, 姜斌, 甄子洋. 融合估计与融合控制[M]. 北京: 科学出版社, 2009.

[107] Lee C M, Fong I K. H_∞ filter design for uncertain discrete-time singular systems via normal transformation[J]. Circuits, Systems and Signal Processing, 2006, 25 (4): 525-538.

[108] Dogandzic A, Zhang B H. Nonparametric probability density estimation for sensor networks using quantized measurements[C]//2007 41st Annual Conference on Information Sciences and Systems, Baltimore, 2007: 759-764.

[109] Fan J Q, Yao Q W. Nonlinear Time Series: Nonparametric and Parametric Methods[M]. New York: Springer Science + Business Madia, 2005: 193-214.

[110] Miu Q. Probability and Mathematical Statistics[M]. 2nd ed. Shanghai: East China Normal University Press, 1997.

[111] Jacobson B. On the mean value theorem for integrals[J]. The American Mathematical Monthly, 1982, 89 (5): 300-301.

[112] Xu J, Li J X, Xu S. Analysis of quantization noise and state estimation with quantized measurements[J]. Journal of Control Theory and Applications, 2011, 9 (1): 66-75.

[113] Kahn J M, Katz R H, Pister K S J. Next century challenges: Mobile networking for smart dust[C]//Proceedings of the 5th annual ACM/IEEE International Conference on Mobile Computing and Networking, Seattle, 1999: 483-492.

[114] Djuric P M, Vemula M, Bugallo M F. Target tracking by particle filtering in binary sensor networks[J]. IEEE Transactions on Signal Processing, 2008, 56 (6): 2229-2238.

[115] Gubner J A. Distributed estimation and quantization[J]. IEEE Transactions on Information Theory, 1993, 39 (4): 1456-1459.

[116] Gan Q, Harris C J. Comparison of two measurement fusion methods for Kalman-filter-based multisensor data fusion[J]. IEEE Transactions on Aerospace and Electronic Systems, 2001, 37 (1): 273-279.

[117] Li X R, Zhu Y M, Han C Z. Unified optimal linear estimation fusion[C]//Proceedings of the 3rd International Conference on Information Fusion, Paris, 2000.

[118] Boyd S, Vandenberghe L. Convex Optimization[M]. Cambridge: Cambridge University Press, 2004.

[119] Sheng X H, Hu Y H. Maximum likelihood multiple-source localization using acoustic energy measurements with wireless sensor networks[J]. IEEE Transactions on Signal Processing, 2005,

53（1）：44-53.

[120] Kinsler L E，Frey A R. Fundamentals of Acoustics[M]. 2nd ed. New York：Wiley，1962.

[121] Levanon N. Radar Principles[M]. New York：Wiley，1988.

[122] Tichavsky P，Muravchik C H，Nehorai A. Posterior Cramer-Rao bounds for discrete-time nonlinear filtering[J]. IEEE Transactions on Signal Processing，1998，46（5）：1386-1396.

[123] Van Trees H L. Detection，Estimation，and Modulation Theory[M]. New York：John Wiley & Sons，1968.

[124] Bar-Shalom Y，Li X R，Kirubarajan T. Estimation with Applications to Tracking and Navigation[M]. New York：Wiley，2002.

[125] Chen L J，Arambel P O，Mehra R K. Estimation under unknown correlation：Covariance intersection revisited[J]. IEEE Transactions on Automatic Control，2002，47（11）：1879-1882.

[126] Uhlmann J K. Covariance consistency methods for fault-tolerant distributed data fusion[J]. Information Fusion，2003，4（3）：201-215.

[127] Sun S L，Deng Z L. Multi-sensor optimal information fusion Kalman filter[J]. Automatica，2004，40（6）：1017-1023.

[128] Julier S J，Uhlmann J K. A non-divergent estimation algorithm in the presence of unknown correlations[C]//Proceedings of the American Control Conference，Albuquerque，1997：2369-2373.

[129] Tse D，Viswanath P. Fundamentals of Wireless Communication[M]. Cambridge：Cambridge University Press，2005.

[130] 孙圣和，陆哲明. 矢量量化技术及应用[M]. 北京：科学出版社，2002.

[131] Bhardwaj M，Chandrakasan A P. Bounding the lifetime of sensor networks via optimal role assignments[C]//Proceedings of the IEEE Computer and Communications Societies，New York，2002：1587-1596.

[132] Duda R O，Hart P E，Stork D G. Pattern Classification[M]. 2nd ed. New York：Wiley India Pvt. Ltd.，2006.

[133] Hurley M B. An information theoretic justification for covariance intersection and its generalization[C]//Proceedings of the Fifth International Conference on Information Fusion，Annapolis，2002：505-511.

[134] Benaskeur A R. Consistent fusion of correlated data sources[C]//Proceedings of the 28th Annual Conference of the Industrial Electronics Society，Seville，2002：2652-2656.

[135] Vazhentsev A Y. On internal ellipsoidal approximation for problems of control synthesis with bounded coordinates[J]. Journal of Computer and System Sciences International，2000，39：399-406.

[136] Kurzhanski A B，Vályi I. Ellipsoidal techniques for dynamic systems：The problem of control synthesis[J]. Dynamics and Control，1991，1（4）：357-378.

[137] Ben-Tal A，Nemirovski A. Lectures on Modern Convex Optimization[M]. Philadelphia：SIAM，2001.

[138] Intanagonwiwat C，Estrin D，Govindan R，et al. Impact of network density on data aggregation

in wireless sensor networks[C]//Proceedings of the 22nd International Conference on Distributed Computing Systems, Vienna, 2002.

[139] Krishnamachari L, Estrin D, Wicker S. The impact of data aggregation in wireless sensor networks[C]//Proceedings of the 22nd International Conference on Distributed Computing Systems Workshops, Vienna, 2002: 575-578.

[140] 周彦. 无线传感器网络中基于量化信息的目标状态估计与融合[D]. 上海: 上海交通大学, 2010.

[141] 潘峰, 秦丽, 孟令军. 具有声定位功能的无线传感器网络节点设计[J]. 计算机工程, 2008, 34 (23): 107-109.

[142] Proakis J G. Digital Communications[M]. 4th ed. Boston: McGraw-Hill, 2001.

[143] Luo X L, Giannakis G B. Energy-constrained optimal quantization for wireless sensor networks[J]. EURASIP Journal on Advances in Signal Processing, 2008, 2008 (1): 462930.

[144] Srivastava V, Motani M. Cross-layer design: A survey and the road ahead[J]. IEEE Communications Magazine, 2005, 43 (12): 112-119.

[145] Melodia T, Vuran M C, Pompili D. The state of the art in cross-layer design for wireless sensor networks[M]//Wireless Systems and Network Architectures in Next Generation Internet, Heidelberg: Springer-Verlag, 2006: 78-92.

[146] Kwon H, Kim T H, Choi S, et al. A cross-layer strategy for energy-efficient reliable delivery in wireless sensor networks[J]. IEEE Transactions on Wireless Communications, 2006, 5 (12): 3689-3699.

[147] Raman B, Bhagwat P, Seshan S. Arguments for cross-layer optimizations in bluetooth scatternets[C]//Proceedings Symposium on Applications and the Internet, San Diego, 2001: 176-184.

[148] Kaplan L M. Global node selection for localization in a distributed sensor network[J]. IEEE Transactions on Aerospace and Electronic Systems, 2006, 42 (1): 113-135.

[149] Gu D B. Distributed EM algorithm for Gaussian mixtures in sensor networks[J]. IEEE Transactions on Neural Networks, 2008, 19 (7): 1154-1166.

[150] Mutambara A G O. Decentralized Estimation and Control for Multisensory Systems[M]. Boca Raton: CRC Press, 1998.

[151] Vercauteren T, Wang X D. Decentralized sigma-point information filters for target tracking in collaborative sensor networks[J]. IEEE Transactions on Signal Processing, 2005, 53 (8): 2997-3009.

[152] Wang H, Yang Y H, Ma M D, et al. Network lifetime maximization with cross-layer design in wireless sensor networks[J]. IEEE Transactions on Wireless Communications, 2008, 7 (10): 3759-3768.

[153] Godsil C, Royle G. Algebraic Graph Theory[M]. New York: Springer-Verlag, 2001.

[154] Lynch N A. Distributed Algorithms[M]. Burlington: Morgan Kaufmann Publishers, Inc., 1997.

[155] Degroot M H. Reaching a consensus[J]. Journal of the American Statistical Association,

1974，69（345）：118-121.

[156] Benediktsson J A，Swain P H. Consensus theoretic classification methods[J]. IEEE Transactions on Systems，Man，and Cybernetics，1992，22（4）：688-704.

[157] Hatano Y，Mesbahi M. Agreement over random networks[J]. IEEE Transactions on Automatic Control，2005，50（11）：1867-1872.

[158] Yang W，Wang X F. Consensus filters on small world networks[J]. Dynamics of Continous，Discrete，and Impulsive Systems，2006，13（3/4）：379-386.

[159] Tanner H G，Pappas G J，Kumar V. Leader-to-formation stability[J]. IEEE Transactions on Robotics and Automation，2004，20（3）：443-455.

[160] Olfati-Saber R，Murray R M. Consensus protocols for networks of dynamic agents[C]// Proceedings of the 2003 American Control Conference，Denver，2003：951-956.

[161] Olfati-Saber R，Murray R M. Consensus problems in networks of agents with switching topology and time-delays[J]. IEEE Transactions on Automatic Control，2004，49（9）：1520-1533.

[162] Olfati-Saber R. Ultrafast consensus in small-world networks[C]//Proceedings of the 2005 American Control Conference，Portland，2005：2371-2378.

[163] Spanos D P，Olfati-Saber R，Murray R M. Dynamic consensus for mobile networks[C]//The 16th IFAC World Congress，Prague，2005.

[164] Mangoubi R S. Roubst Estimation and Failure Detection：A Concise Treatment[M]. London：Springer，1998.

[165] Zhang Y，Soh C Y，Chen W H. Robust information filter for decentralized estimation[J]. Automatica，2005，41（12）：2141-2146.

[166] Lefebvre T，Bruyninckx H，De Schutter J. Comment on a "new method for the nonlinear transformation of means and covariances in filters and estimations" [J]. IEEE Transactions on Automatic Control，2002，47（8）：1406-1409.

[167] Merwe R，Wan E. Gaussian mixture sigma-point particle filters for sequential probabilistic inference in dynamic state-space models[C]//Proceedings of International Conference on Acoustics，Speech，and Signal Processing，Xianggang，2003.

[168] Estrin D，Govindan R，Heidemann J，et al. Next century challenges：Scalable coordination in sensor networks[C]//MobiCom'99，Seattle，1999.

[169] Blackman S，Popoli R. Design and Analysis of Modern Tracking Systems[M]. Boston：Artech House，1999.

[170] Xu L F，Li X R，Duan Z S，et al. Modeling and state estimation for dynamic systems with linear equality constraints[J]. IEEE Transactions on Signal Processing，2013，61（11）：2927-2939.

[171] 许建. 基于量化信息的目标状态估计与融合[D]. 上海：上海交通大学，2012.

[172] Ahmad A，Serpedin E，Nounou H，et al. Joint node localization and time-varying clock synchronization in wireless sensor networks[J]. IEEE Transactions on Wireless Communications，2013，12（10）：5322-5333.

[173] 张直. 无线传感器网络中基于量化新息的状态估计研究[D]. 上海：上海交通大学，2015.